改訂版 Q&A100で学ぶ

Management for safety and health relating to the construction work

建設工事の安全衛生管理

［編著］
建設工事安全技術研究会

大成出版社

まえがき

わが国の建設業における労働災害は、関係者の努力により年々減少していることは喜ばしいかぎりです。しかしながら、建設業の労働災害のうち、特に死亡災害については、いまだに全産業の約35％を占めています。

このような建設業における労働災害を防止するため、工事の設計、積算、施工計画の樹立、設計管理、施工管理等を担当する工事関係技術者の役割は非常に大きなものがあります。特に、現場の管理を担当する所長をはじめ工事主任等の工事関係技術者は、労働災害の防止に直接の管理責任があり、このような現場における労働災害の防止のための管理すなわち安全衛生管理は、品質管理、工程管理、原価管理等と同様に重要な職務となっています。また、建設工事の安全衛生管理は工事の設計、請負契約等の段階から実施することが大切であり、これらの事務を担当する発注者、建設業の本社、支店等の店社に所属する工事関係技術者にとって、安全衛生管理に関する知識は欠かせないものとなっています。

本書においては、労働安全衛生法に定められている事項や安全衛生管理上最近問題となっている事項等を中心に工事関係技術者として安全衛生管理を進めるうえで最少限知っておく必要がある基本的な事項を質疑応答の形式で解説することといたしました。

本書が、建設工事の安全衛生管理を担当する工事関係技術者をはじめ多くの工事関係者の方々の参考となり、わが国の建設業における労働災害の防止に少しでも役立つことができれば幸いです。

2012年 7 月

建設工事安全技術研究会

執筆者一覧（五十音順）

安西　　愈	弁護士、安西法律事務所
飯島　清次	（一社）全国登録教習機関協会　調査役
臼井伸之介	大阪大学大学院人間科学研究科　教授
大幢　勝利	（独）労働安全衛生総合研究所　上席研究員
尾添　　博	前（一社）全国登録教習機関協会　会長
狩野　幸司	（一社）全国登録教習機関協会　事務局長
河尻　義正	元（財）安全衛生技術試験協会　参与
北山　宏幸	元（一社）日本クレーン協会　会長
小森　　勲	（一社）全国登録教習機関協会　事務局次長
玉手　　聡	（独）労働安全衛生総合研究所　上席研究員
豊澤　康男	（独）労働安全衛生総合研究所　安全研究領域長・建設安全研究グループ部長
堀井　宣幸	（社）仮設工業会　専務理事

凡　例

・本書で使用した法令の略称は次のとおりです。

労働安全衛生法……………………………………………安衛法
労働安全衛生法施行令……………………………………安衛令
労働安全衛生規則…………………………………………安衛則
ボイラー及び圧力容器安全規則………………ボイラー則
クレーン等安全規則……………………………クレーン則
ゴンドラ安全規則………………………………ゴンドラ則
有機溶剤中毒予防規則……………………………………有機則
鉛中毒予防規則………………………………………………鉛則
特定化学物質障害予防規則………………………………特化則
高気圧作業安全衛生規則…………………………………高圧則
電離放射線障害防止規則…………………………………電離則
酸素欠乏症等防止規則……………………………………酸欠則
粉じん障害防止規則…………………………………粉じん則
石綿障害予防規則…………………………………………石綿則
東日本大震災により生じた放射性物質により汚染された土壌等を除染するための業務等に係る電離放射線障害防止規則………………………………………除染電離則
労働安全衛生法及びこれに基づく命令に係る登録及び指定に関する省令…………………………………登録省令
労働基準法…………………………………………………労基法
労働基準法施行規則………………………………………労基則

目 次

第１章　安全衛生管理の組織と責任体制

第２章　計画の届出とセーフティ・アセスメント

第３章　安全衛生教育と就業制限

第4章　具体的な労働災害防止対策

第5章　快適職場、労働衛生対策

第6章　労働災害統計、災害報告等

参考資料

第１章

安全衛生管理の組織と責任体制

1─1　労働安全衛生マネジメントシステムの構築とリスクアセスメントの導入

Q 1

建設業に適した労働安全衛生マネジメントシステムを構築するにはどのような方法がよいのですか

Answer

今日の建設業界では、国の建設投資が年々大幅に減少する中にあって、厳しい経営環境の下での激しい受注競争にさらされております。

このような状況の下で、技術と経営に優れた企業として生き残る条件として、品質管理、工程管理、原価管理はもとより労働災害防止を主眼とする安全衛生管理についても、企業間の競争に打ち勝っていくことのできる社内体制の強化が求められております。

特に最近では、災害、事故の発生に伴う発注者からの指名停止などのペナルティが経営リスクとしてクローズアップされ、現場の安全衛生管理の仕組みのあり方が企業経営上の大きな課題となっております。

このため、企業経営の合理化、システム化の一環として、経営と一体的に安全衛生管理のノウハウが社内体制の中にシステムとして組織的かつ体系的に取り込まれ、確実に実施し、継承され、結果として自社の安全衛生水準が連続的に、着実に向上する仕組みの構築・導入、即ち、労働安全衛生マネジメントシステムの構築・導入が必要とされるようになってきております。

このように、労働安全衛生マネジメントシステムは経営管理の一環としての「仕組み」であり、安全衛生管理は、企業経営にとって大きな柱の一つとして位置づけられるようになってきております。

1．建設業に適した労働安全衛生マネジメントシステムとは

厚生労働省では、平成11年4月30日に制定した「労働安全衛生マネジメントシステムに関する指針」（労働省告示第53号、以下「国の指針」という）を改正し、平成18年3月10日に新しい国の指針（厚生労働省告示第113号）を公表しております。この国の指針は、事業者が労働者の協力の下に一連の過程〔計画─実施─評価─改善（PDCAサイクル）〕を定めて、継続的に行う自主的な

安全衛生活動を促進し、事業場における安全衛生水準の向上に資することを目的としたものであり、すべての業種及び規模の事業場を対象にしています。

一方、建設業労働災害防止協会では、国の指針に基づき、建設業の固有の特性である、①工事が有期であること、②元請業者と専門工事業者の協力体制のもとに工事が進められていること、③建設事業場の店社と作業所が一体となって工事管理が行われていること等を考慮して、必要な安全衛生管理の仕組みを示した建設業労働安全衛生マネジメントシステムガイドライン（以下、「ガイドライン」という）を建設業界統一的なものとして発表しており、建設業にとって理解しやすく、かつ、取り組みやすくまとめられています（平成11年11月16日に制定、その後平成18年６月１日に改正）。

２．ガイドラインの基本的スタンス

このガイドラインは、建設業の大きな特性の一つである店社と作業所の存在に着目して、建設業労働安全衛生マネジメントシステム（以下、「システム」という）を確立する際に必要となる基本的事項を、店社と作業所相互に関連を持たせて示しています。

建設業界の方々が、このシステムを構築・導入しようとする際には、このガイドラインを活用し、それぞれの建設企業の安全衛生管理のノウハウを生かしたシステムを構築・導入することが望まれます。

３．ガイドラインの概要

このガイドラインは、建設事業場の店社と作業所が一体となって取り組めるよう、システムの構築と導入に必要な基本的事項を、店社と作業所に区分してその役割を明確にしています。

なお、参考資料２．に、ガイドラインの全文を掲載しております。

４．システム構築・導入建設企業のメリット

システムを構築・導入した建設企業のメリットとして次のことがあげられます。

① 安全衛生管理のノウハウの確実な継承が可能となり、安全衛生管理の人材育成が図れること。

② 安全衛生管理実務の組織的、効率的な実施が可能となること。

③ 建設企業にマッチした独創性に富んだマネジメントツールの開発・導入ができること。

④ 建設企業の安全衛生水準の連続的、継続的な向上が図れること。

⑤ 日常の地道な安全衛生活動の取組みが適正に評価できるようになること。

⑥ 建設企業の健全性、信頼性のアップにつながること。

Q 2

建設業に適したリスクアセスメントを行うにはどのような方法がよいのですか

Answer

今日の建設現場においては、施工技術、工程等の多様化と複雑化が進展しており、様々な機械設備、作業設備、原材料等が導入され、また、様々な作業方法、作業手順等が採用されております。

このため、建設現場で発生する労働災害、事故等の態様とその原因は多様化しており、その把握がだんだんむずかしくなってきております。

このような建設現場の機械設備・作業設備等の不安全な状態・有害な状態又は作業手順の逸脱等による不安全行動や不衛生な行動に起因して発生する様々な労働災害、事故等には、元来、こうした不安全状態や不安全行動を引き起こすもととなった「予測される災害要因」、「予測される危険要因」又は「有害な要因」が存在しております。そこで、建設現場における労働災害、事故等を防止し、安全衛生水準の確実な向上を図るためには、建設現場や作業に潜在するこれらの危険性又は有害性等を工事の計画段階及び作業開始前に事前に調査し、それを評価して、除去・低減対策を実施することが重要となります。

1．危険性又は有害性等の調査（リスクアセスメント）の法的規制等

厚生労働省では、事業場の安全衛生水準の向上を図っていくため、労働安全衛生法を改正し（平成18年４月１日施行）、その第28条の２第１項において、労働安全衛生関係法令に規定される最低基準としての危害防止基準を遵守するだけでなく、事業者が自主的に個々の事業場の建設物、設備、原材料、ガス、蒸気、粉じん等による、又は作業行動その他業務に起因する危険性又は有害性等の調査（以下「リスクアセスメント」という）を実施し、その結果に基づいて労働者の危険又は健康障害を防止するため必要な措置を講ずることが事業者の努力義務として規定されたところです。

また、この規定に基づいて平成18年３月10日、「危険性又は有害性等の調査等に関する指針」（厚生労働省指針公示第１号）が公表されており、建設企業の事業者に対して、建設店社と現場における危険性又は有害性等の調査（リスクアセスメント）の実施を求めております。

さらにこの指針は、「労働安全衛生マネジメントシステム関する指針」に定める危険性又は有害性等の調査及び実施事項の決定の具体的事項としても位置づけられております。

2．危険性又は有害性等の調査（リスクアセスメント）の目的

危険性又は有害性等の調査（リスクアセスメント）は、現場や作業に潜在する労働災害、事故等の発生原因となる危険性又は有害性等を洗い出し、その危険性又は有害性等に対する「災害発生の可能性（度合）」と「災害の重大性（重篤度）」（（注）参考資料３「危険性又は有害性等の調査等に関する指針」参照のこと。）を見積って危険度（リスクレベル）を判定し、危険性又は有害性等を除去・低減させるもので、安全衛生水準の向上を目指すことを目的とするものです。

建設業においては、これまで工事計画、作業計画の事前検討会、安全パトロール、危険予知活動、安全施工サイクル等で危険性又は有害性等を発見し、特定して、その対策を講じてきていますが、危険性又は有害性等の調査はそうした流れを活用していくものですので、建設現場で比較的取り組みやすい方法のものです。

3．危険性又は有害性等の調査項目

危険性又は有害性等の調査は、調査記録により、次の項目に対して実施することになります。

① 毎日の機械設備や作業手順で予測される災害
② 過去の労働災害、事故、ヒヤリハットの事例
③ 安全衛生パトロールで発見・指摘された事項
④ 元請から指導された事項
⑤ その他、施工に伴って発生する問題点

4．リスクアセスメントの５つのステップ

リスクアセスメントとは、危険性又は有害性等の洗い出しから除去・低減対策の実施、内容の記録までの一連の体系をいい、具体的には次のステップで実施します。

① ステップ１：危険性又は有害性等の洗い出し（特定）

② ステップ2：危険性又は有害性等の見積り
③ ステップ3：危険性又は有害性等の評価（優先度の決定）
④ ステップ4：危険性又は有害性等の除去・低減対策の検討と実施
⑤ ステップ5：実施内容の記録と見直し

ステップ1 危険性又は有害性等の洗い出し（特定）	○ 危険性又は有害性等の洗い出し（特定） ○ 災害に至る経緯の把握
ステップ2 危険性又は有害性等の見積り	※危険性又は有害性等の見積りとは、危険性又は有害性等がもたらす「災害の発生の可能性（度合）」と災害が発生したときの「災害の重大性（重篤度）」を組み合わせたもの ○ 災害の発生の可能性（度合） ○ 災害の重大性（重篤度）
ステップ3 危険性又は有害性等の評価（優先度の決定）	○ 危険性又は有害性等の評価 ○ 危険度（リスクレベル）の判定（優先度の決定）
ステップ4 危険性又は有害性等の除去・低減対策の検討と実施	○ 対策の優先順位の決定 ○ 危険度（リスクレベル）の高い事項に対する除去・低減対策の検討と実施
ステップ5 実施内容の記録と見直し	○ リスクアセスメント及び対策等の実施内容を記録する ○ 実施結果を見直す

（左側：残留危険性の再見積りと評価）

5．リスクアセスメントの各ステップの取組み

① 危険性又は有害性等の洗い出し（特定）（ステップ1）

リスクアセスメントは、混在する現場や作業の危険性又は有害性等の洗い出し（特定）にはじまります。現場の管理者等に求められるものは、現場の作業

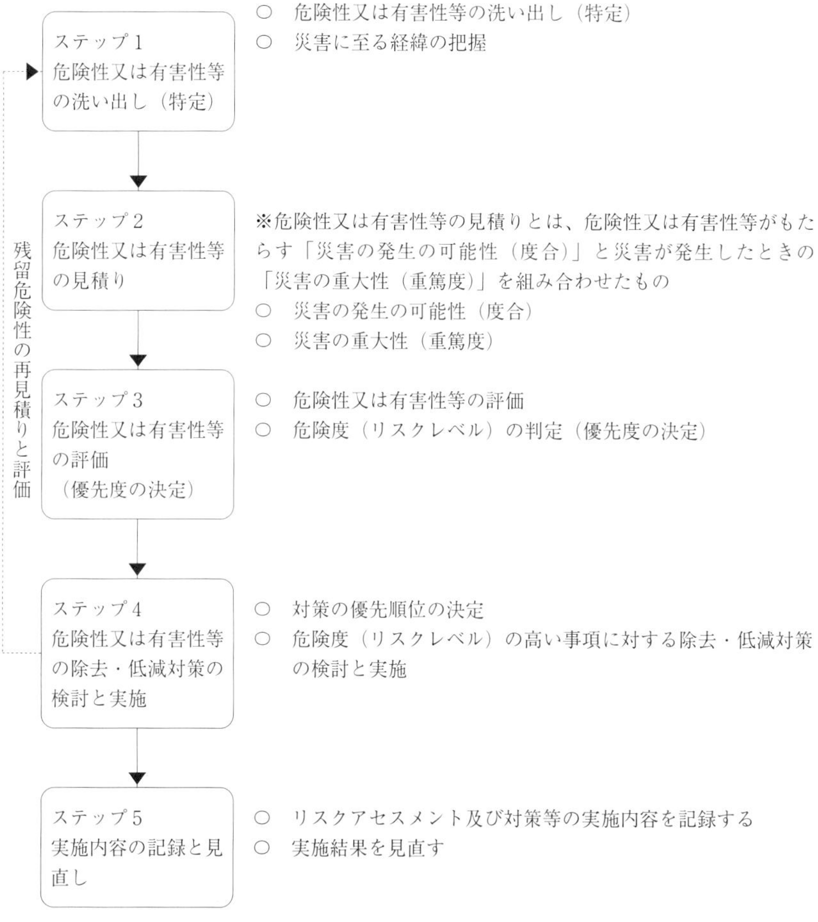

や作業員の行動に潜む危険性又は有害性等を洗い出すことです。その洗い出しは次の手順で実施します。

(a) 毎日の機械設備や作業手順に基づく危険予知活動等から危険性又は有害性等を洗い出す（特定する）。

(b) 現場の安全衛生活動として取り組んでいるヒヤリハット運動、安全施工サイクル、安全衛生パトロール、災害・事故事例等の情報から危険性又は有害性等を洗い出す（特定する）。

(c) 現場管理者等が実施する安全施工サイクル、安全衛生パトロールなどから、危険性又は有害性等を洗い出す（特定する）。

(d) 危険性又は有害性等の洗い出しは、細かいことにとらわれず、災害発生率の高い危険性又は有害性等を重点に洗い出す（特定する）。

(e) 洗い出した（特定した）危険性又は有害性等について、「災害に至るまでの予測される経緯（プロセス）」を明らかにする。

② 危険性又は有害性等の見積り（ステップ２）

洗い出したすべての危険性又は有害性等について、見積りを行います。危険性又は有害性等の見積りは、災害発生の可能性と災害の重大性から危険性又は有害性等の大小を客観的に把握することです。

災害発生の可能性は、「ほとんど起こらない（１～３年に１回）、たまに起こる（１年～６ヶ月に１回）、かなり起こる（１ヶ月に１回）」のように、災害発生の度合を表し、災害の重大性は「軽微（不休災害）、重大（休業災害）、極めて重大（死亡・障害）」のように、その災害の受傷程度（重篤度）を表すものです。

③ 危険性又は有害性等の評価（優先度の決定）（ステップ３）

潜在する危険性又は有害性等を体系的に事前評価し、危険度（リスクレベル）に応じて除去・低減対策を立て実施します。

(a) 評価の方法は、災害の発生の可能性（度合）と災害の重大性（重篤度）の２つの要素を組み合わせて危険性又は有害性等を評価し優先度を決定します。例えば、次のような組合せの例の場合

ア．かなり起きる（可能性）と極めて重大（重大性）の組合せ：極めて大きい

イ．かなり起きる（可能性）と重大（重大性）の組合せ：かなり大きい

ウ．たまに起きる（可能性）と重大（重大性）の組合せ：中程度

エ．たまに起きる（可能性）と軽微（重大性）の組合せ：かなり小さい

オ．ほとんど起きない（可能性）と軽微（重大性）の組合せ：極めて小さい

(b) 危険性又は有害性等の評価結果に基づいて、危険度に応じて対策を実施します。危険度は、対策の「優先度」の合理的な裏付けとなります。

（危険度）	（優先度）
ア．極めて大きい	5＝最優先（即座に対策の実施が必要）
イ．かなり大きい	4＝優先（根本的な対策の実施が必要）
ウ．中程度	3＝普通（何らかの対策の実施が必要）
エ．かなり小さい	2＝様子を見ながら（現時点では対策の実施が必要なし）
オ．極めて小さい	1＝対策の実施が必要ない

④　危険性又は有害性等の除去・低減対策の検討と実施（ステップ４）

危険性又は有害性等の評価及び判定の結果、その除去・低減が必要とされる危険度の高いものに対して、対策を検討します。

除去・低減対策を検討する場合、作業手順、機械・工具等による作業方法の改善はもとより、設備による安全の確保等も含め総合的に判断する必要があります。

しかし、危険性の除去・低減対策を講じても危険度が現時点では特に対策の必要がない場合に比べて、依然として高い危険性又は有害性等が残留する場合は、安全衛生標識、保護具の着用、作業指示や監督等、管理的な手段で除去・低減対策をとらなければなりません。

⑤　実施内容の記録と見直し（ステップ５）

リスクアセスメントに関する記録は分かりやすく、理解しやすいものとし、常に誰でもが閲覧可能にして、次回の危険性又は有害性等の除去・低減対策に反映させなければなりません。

そのためには、すべての記録を保管することが重要です。

また、リスクアセスメントの実施結果が適切であったかどうか見直し、次の計画の作成に役立てることが重要です。

1―2　安全衛生管理の組織的・計画的な実施

Q 3

建設企業における自主的な労働安全衛生マネジメントシステムを構築し、導入する際の基本的なステップと留意点はどのようなものですか

Answer

建設企業にとって自らが自主的に安全衛生管理の仕組みづくりに直接取り組むためには、その企業に適合した独自の仕組みを作り上げる必要がありますが、この労働安全衛生マネジメントシステムを容易に構築・導入することができるよう、分かりやすい仕組みで安全衛生水準が向上し、結果的に労働災害防止効果の高い「マネジメントシステム」の構築が求められています。

この労働安全衛生マネジメントシステムは、日常行っている建設現場での安全衛生管理を「計画（P）⇒実施（D）⇒評価（C）⇒改善（A）」のサイクルで回して、安全衛生水準の継続的な向上を図ろうとする「仕組み」なのです。

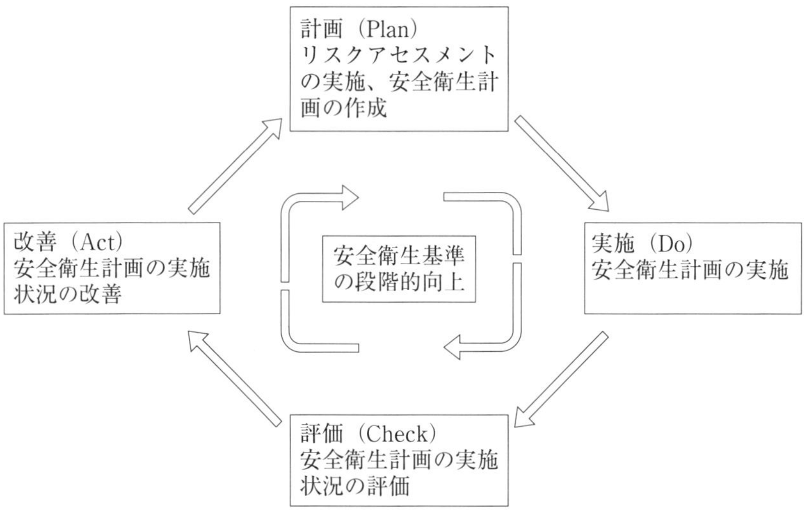

1．建設企業における労働安全衛生マネジメントシステムを構築・導入する際のポイント

建設企業においてマネジメントシステムを構築する場合に心掛けなければならないポイントは次のとおりです。

① 企業の規模、施工実績、従業員（社員）の規模等に適した、簡単に構築できるシステムであること。

② 施工管理者、現場代理人や作業所長がマネジメントシステムの活動内容を理解して、日々の施工管理の中で実践できるものであること。

③ 現場における労働災害防止の具体的な対策の実施効果が期待できること。

④ 専門工事業者等の作業員の不安全行動の防止効果が高まるものであること。

⑤ 日常の効率的な安全施工ができ、生産性の向上に結びつくものであること。

⑥ やさしいシステムから取り組み、むずかしいシステムへとステップアップできる仕組みのものであること。

2．建設企業における労働安全衛生マネジメントシステムの構築・導入のモデル文書体系

マネジメントシステムを構築・導入する際には、その準備段階において既に実施している社内の安全衛生管理のやり方（体制、規程、安全衛生活動、仕事の流れ）を見直し、その後の構築・導入段階においても「できるものから始める」といったシステムの構築・導入に際し無理のない流れの文書体系を作成する必要があります。

3．労働安全衛生マネジメントシステム構築・導入の基本的な手順

労働安全衛生マネジメントシステム（以下「システム」という）は、構築・導入する建設企業の経営管理の仕組みの一つとして構築・導入するものであり、“構築・導入する事業者自らの意思によって、自主的に取り組むもの”です。また、システムを確立する上で必要な事項は建災防のCOHSMSガイドライン等で示されているが、その具体的な実施方法などは構築・導入する事業者自らが決めることなのです。

したがって、システムの構築・導入に関する定まった方法、手順等はなく、構築・導入する事業者自らがその企業の状況に合わせて決めるものなのです。

基本的な手順を**図1.1**に示しております。

① システムの構築・導入の準備段階

この段階で重要なことは、構築・導入の最終決定者である事業者（社長）が、システム構築・導入の重要性を判断する際に必要とされる正確な情報を収集し、検討を行うことです。動機づけに示されている３項目等を客観的に分析し、“自分の会社でシステムを構築・導入する価値・必要性”を検討し、その検討結果を踏まえて、“会社の経営改善及び安全衛生水準の向上のために”事業者自らが導入の可否を検討し、決定することが必要なのです。

② システムの構築段階

(a) システム導入の決定・宣言

システム構築に先立ち、システム導入に対する事業者の決意を示すために事業者自らがシステム導入を宣言します。

(b) システム構築体制の整備

システム構築についての適切な資質を有する責任者、担当者等を指名します。

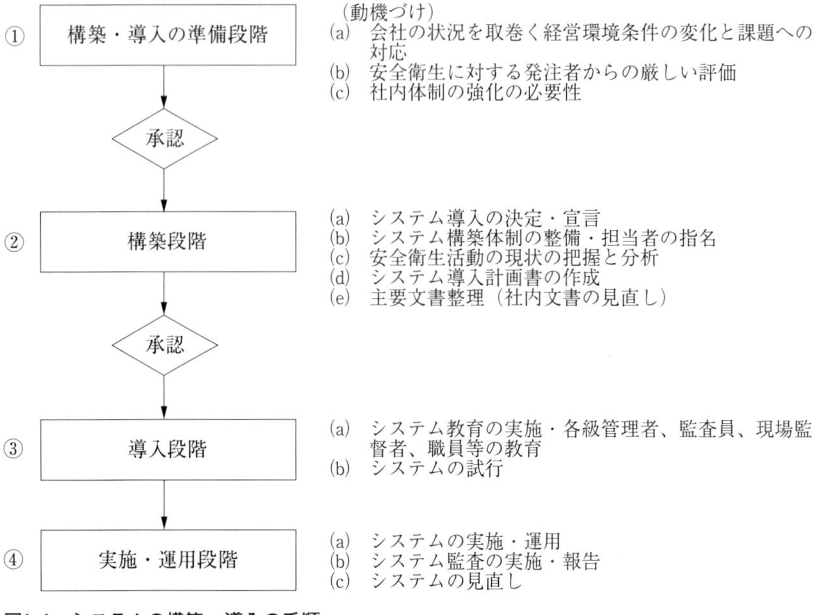

図1.1 システムの構築・導入の手順

指名されたシステム構築の責任者、担当者等がシステムを理解し、会社に合った適切なシステムを構築するには、会社の安全衛生管理の実態や安全衛生の知識や能力を有する者であることが望まれます。

ただし、従業員（社員）の数が少なく、新たなシステム構築体制がとれない建設企業においては、すでに組織化されている「安全衛生管理体制」又は「安全衛生委員会」等をシステム体制として兼務させることもできます（システム管理者＝総括安全衛生管理者＝安全衛生委員会委員長）。

また、このような知識や能力を備えた施工部門と安全衛生担当部門の複数の担当者を選出し、チームでシステムの構築作業に取り組むことが効率的です。

(c) 安全衛生活動の現状の把握と分析

システムとは、従来から行っていた安全衛生活動を標準化したものであり、すでに会社で作成された規程、要領、帳票等を活用又は見直し、また、慣習的に実施されていた安全衛生活動等の実施方法を文書化（手順書化）し、標準化して組織的・体系的に実施するための仕組みなのです。そのためには、会社の現状の労働災害発生状況や安全衛生水準等を把握し、分析することがまず最初に必要なことなのです。

(d) システム導入計画書の作成

これは、システムマニュアル（安全衛生管理のやり方の手順書）の作成から実施・運用するまでのスケジュール・計画の作成のことです。導入までのスケジュールは、導入する会社の状況に合わせて決定することができますが、できるだけ速やかに導入することが望まれます。

(e) 主要文書の整理（社内文書の見直し）

システムは、マニュアル（安全衛生管理のやり方の手順書）に基づいて実施・運用するものです。わかりやすい適切なマニュアルの作成が、システム導入の成否の鍵となる重要なものです。

そこで主要なシステム文書の作成にあたって、特に留意すべき事項をあげると次のとおりです。

(1) 会社の組織や規模、体制等に合ったものとすること。
(2) 会社の安全衛生管理の現状を踏まえたものとすること。
(3) システムに関係する文書、帳票等は必要最小限のものとすること。
(4) システム文書は平易なものとすること。

システム文書の整理にあたっては、会社の安全衛生活動等の実態を十分理解したうえで行うことが必要です。

③　システムの導入段階

システムの適切な実施・運用を図るためには、従業員（社員）等にシステムの意義、システム導入の必要性、システムにおける役割・責任・権限などを理解させることが必要です。

(a)　システム教育の実施

システムを機能させ、円滑に推進するためには、単にシステムにおける役割・責任・権限等を説明するだけでなく、“なぜ、会社がシステムを導入し、実施・運用するのか”“システムにおいて記録及び報告等をなぜ行う必要があるのか”等のシステム導入の意義を十分に理解させることが大切です。

また、システム教育は従業員等の役割・権限等に応じて各級管理者、監査委員、現場監督者、職員等の階層別に実施する必要があります。

(b)　システムの試行

構築したシステムの本格的な実施・運用に入る前にシステムの試行を行い、必要な見直しを行うことにより、円滑なシステム導入を図ろうとするものです。

試行する範囲及びその期間を定めて、作成したシステムマニュアルに従って実際に実施・運用しますが、少なくともPDCAのサイクルを1回は回し、システムの見直しを行う必要があります。

④　システムの実施・運用段階

システムの本格的な実施・運用段階であるので、システムマニュアルに従って適切に実施・運用します。特に、システムの実施・運用においてシステム監査の実施・報告、システムの見直しを確実に実施し、システムのステップアップを図ることが大切です。

⑤　システムの構築・導入の留意点

(a)　事業者（社長）のリーダーシップが重要であること。

(b)　会社に合ったシステムとすること。

(c)　従来の安全衛生活動方式は変えないこと。

(d)　組織のタイプに合ったシステムとすること。

(e)　完璧なシステムを目指さないこと。

Q 4

店社における安全衛生方針、安全衛生目標、安全衛生計画、リスクアセスメント等の文書の作成とマネジメントシステムの実施にあたって重要となるポイントは何ですか

Answer

店社における労働安全衛生マネジメントシステムは、建設企業のこれからの自主的安全衛生管理活動をより計画的に、確実に、効率的・効果的に、また、組織的・体系的に実施し、労働災害の潜在的危険性の低減、働く人々の健康の増進、快適職場の実現と促進を図り、もって安全衛生水準の向上を目指すものでなければなりません。

このようなマネジメントシステムの考え方の原点に立ちかえり、システム文書を作成し、また、システムを実施・運用しなければなりません。そこで、いくつかの重要なポイントを以下に示します。

1．システムの実施・運用体制の構築

① システム最高責任者（経営首脳）の理解と関与

(a) システムを構築し、導入する際にシステムへの理解を深めること。

(b) システムの構築の段階では自らシステムの導入を宣言し、システム構築に必要な体制を作り上げること。

(c) システムの導入に際して、階層別のシステム教育を実施し、システムを試行すること。

(d) システムの実施・運用にあたって、システムマニュアルなどに従って適切に実施・運用し、その過程でシステム監査を実施し、また、システムの見直しを行うなどにより、システムを改善し、システムの確実なステップアップを図ること。

② システム実施・運用管理者の果たす役割

経営首脳者を補佐し、システム各級管理者の指揮管理、助言指導を行うこと。

(a) システムマニュアル等システム文書の作成指導、管理

(b) システム体制の整備、経営首脳への情報の提供

(c) システムの実施・運用全体の指揮管理、システム各級管理者への助言指導

(d) システム教育の計画、実施への助言指導

(e) 内部システム監査結果に基づくシステムの見直し、改善の指揮・管理

③ システム各級管理者の役割分担と部門間の連絡調整

(a) システム各級管理者は、システムの仕組みをよく理解し、自らの役割や責任及び権限を理解し、その責務を確実に果たすこと。

(b) 施工部署のシステム各級管理者と安全衛生担当者との連絡調整を確実に行うこと。

(c) 安全衛生委員会等で安全衛生計画の実施状況等を十分に検討し、PDCAを回す体制を構築しておくこと。

2．システム文書体系のつくり方

① 自社のシステムがこれまで取り組んできた安全衛生管理活動を最大限に生かし、文書化されていること。

② 自社の経営方針、事業活動に役立ち、有効なマネジメントシステムとなっていること。

③ システム関係文書は、できるだけ簡単な組合せとなっており、システムマニュアルを読めば全体像が理解でき、PDCAの手順による５Ｗ１Ｈの手法で表現されたものとなっていること。

④ 各種帳票類は、作業所で使いやすい適切な様式で最小限のものとなっていること。

3．システム教育の進め方

① システム教育は、組織全体で行う教育であるので、すべての社員が理解できるものであること。

② 教育の内容は、階層別に自らの役割、責任及び権限が分かり、実行可能なものであること。

③ 関係請負人に対してもシステム教育を実施すること。

4．システムの実施・運用の進め方

① 全体的な取組み

(a) 作業所ではシステム文書をよく理解し、記録、報告等が確実に行われるものであること。

(b)　作業所の安全衛生活動で優れた良いものを全現場に水平展開できるよう店社の安全衛生計画に盛り込んでいること。

(c)　システムの実施・運用状況により、安全衛生目標が着実に達成され、安全衛生水準が向上するものであること。

②　安全衛生方針の表明

(a)　経営首脳の決意、約束事を方針に明確に表明し、文書化し、署名入りで周知すること。

(b)　経営首脳自らが安全衛生大会等で社員や関係請負人等に周知すること。

(c)　より高いレベルに改善し、向上させることの意義、意識を関係者に浸透させるものであること。

③　危険性又は有害性等の調査（リスクアセスメント）と対策の決定

(a)　システムで定めた全社的な解決すべき安全衛生上の課題と対応策、労働安全衛生関係法令・社内規程等の遵守事項、工事用資機材関係資料、関係官庁からの指摘事項等の情報源を活用して、リスクアセスメントを実施し、その対策を決定すること。

(b)　システム各級管理者に周知し、実践できる内容となっていること。

(c)　リスクアセスメントに関するデーターベース化が図られていること。

④　安全衛生目標の設定

(a)　全社的な安全衛生方針に則り、リスクアセスメントの実施結果と対策の決定状況を踏まえ、目標を設定すること。

(b)　過去数年間の目標の達成状況から、具体的で達成可能な目標を設定すること。

(c)　システム各級管理者の相互理解と連携の下に定められたものであること。

⑤　安全衛生計画の作成、実施・運用、点検（評価）、改善の実施

(a)　リスクアセスメントの結果に基づく重点実施事項をまとめること。

(b)　関係部門間の協力と連携の下に計画し、実施・運用し、点検（評価）し、改善が行われる流れに沿ったものであること。

(c)　安全衛生計画はシステム実施・運用管理者の下で、システム各級管理者をはじめ、関係請負人等に対しても周知されていること。

⑥　システム監査の実施

(a) 安全衛生計画どおりに実施し、監査を受ける部門が実施できていない問題点を解明すること。

(b) 作業所からのシステムや帳票類の改善要望事項を吸い上げていること。

(c) 経営首脳に対し、正確かつ確実に監査報告を行っていること。

⑦ システムの見直し

(a) 経営首脳は、自社の安全衛生水準の状況を的確に判断し、経営環境等の変化を考慮して安全衛生方針、安全衛生目標、安全衛生計画等に反映しうるシステムの見直しを行うこと。

(b) システムの見直しにあたっては、関係部門間の協力と連携を密にして協議のうえ、実行に移すこと。

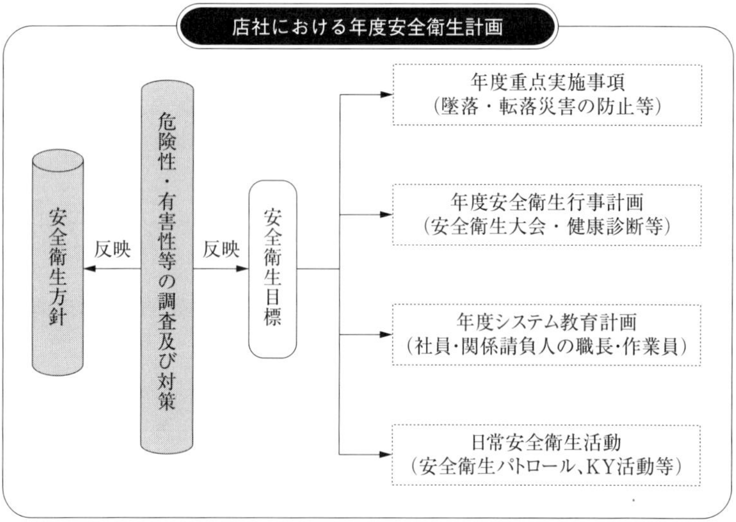

Q 5

作業所における安全衛生方針、安全衛生目標、安全衛生計画、リスクアセスメント等の文書の作成とマネジメントシステムの実施にあたって重要となるポイントは何ですか

Answer

作業所で労働安全衛生マネジメントシステムを実施・運用するためには、店社（本社・支店等）で作成した全社的な労働安全衛生マネジメントシステムと一体的に同マネジメントシステムを作成し、実施・運用する必要があります。

システム文書の多くは、店社において作成されますが、作業所では特に帳票類を作成する際に、受注した工事に対応したシステム文書や帳票類を独自に追加しながら作成する必要があります。作業所において、作成すべき文書とマネジメントシステムの実施にあたって重要となるポイントを以下に示します。

1．作業所における工事安全衛生方針の表明

① 作業所長は、店社の安全衛生方針、安全衛生目標、危険性又は有害性等の調査結果（リスクアセスメント）を反映した安全衛生計画及び施工する工事内容、工期、施工条件等を検討し、作業所の工事安全衛生方針を定めること。

② 作業所長は、工事安全衛生方針を工事着工前の店社の施工検討会で検討し、決定すること。

③ 工事安全衛生方針は、文書化し、事務所内等に提示するとともに関係請負人に対し、新規入場時教育等の実施の際に周知すること。

2．作業所における危険性又は有害性等の調査（リスクアセスメント）及び除去・低減対策の作成と実施

① 作業所における労働災害・事故等を防止するために、受注した工事において予測される危険性又は有害性等を調査（リスクアセスメント）し、これを除去又は低減するための対策を決定し、実施すること。

② 工事着工時、各工種の工事施工中、当日の作業開始時に危険性又は有害性等の調査（リスクアセスメント）と対策を次に示す事項から検討すること。

(a)　過去の同種工事における労働災害、事故等の事例
(b)　店社の標準作業手順及び危険性又は有害性等の標準モデル
(c)　受注した工事の内容に応じた危険性又は有害性等の調査結果（過去の同種工事における災害）
(d)　施工の進捗状況に応じた危険性又は有害性等の調査結果（災害防止協議会、安全工程打合せ等の開催時）
(e)　当日の作業における危険性又は有害性等の調査結果（作業開始前のＫＹ活動）

③　工事着手時にリスクアセスメントを実施し、対策を決定すること。
④　工事施工中にリスクアセスメントを実施し、対策を実施すること。
⑤　当日の作業開始時にリスクアセスメントを実施し、対策を実施すること。
⑥　除去・低減対策の実施状況を点検すること。
⑦　作業所安全衛生計画等及び施工要領書に反映すること。
⑧　リスクアセスメントの結果と対策の実施に関する記録を管理すること。

３．作業所における労働安全衛生関係法令及び社内安全衛生規程・現場ルールなどの遵守

①　作業所における労働災害・事故等を防止し、安全衛生水準の向上を図るため、工事に関連する労働安全衛生関係法令に定められた事項、社内安全衛生規程及び現場ルール等を適切に遵守すること。
②　工事に関係する条文等を特定し、施工計画書及び作業所安全衛生計画書に反映すること。
③　特定した労働安全衛生関係法令及び社内安全衛生規程・現場ルール等を関係請負人等に周知すること。
④　特定した法令等の事項の実施・運用状況を安全衛生パトロール等で点検し、管理すること。

４．作業所における工事安全衛生目標の設定

①　作業所の労働災害を防止し、安全衛生水準の向上を図るため、作業所の工事安全衛生方針に基づき、安全衛生目標を設定すること。
②　安全衛生目標の設定にあたって考慮すべき事項は次のとおりとすること。

(a)　工事の工期、施工方法、工事工程、施工環境等の特性
(b)　店社の安全衛生方針及び作業所の工事安全衛生方針
(c)　店社の安全衛生目標
(d)　リスクアセスメントの結果と除去・低減対策

③　作業所長は、工事安全衛生目標を決定し、関係請負人等に周知すること。
④　作業所長は、工事安全衛生計画に反映させること。

5．作業所における工事安全衛生計画の立案・実施

①　作業所における安全衛生活動を確実に推進し、工事安全衛生方針に基づく工事安全衛生目標の達成を図るため、工事安全衛生計画を作成し、実施・運用すること。また、実施事項の達成状況について日常的な点検を実施し、問題点の改善を行うこと。
②　工事安全衛生計画の作成にあたって検討すべき事項は次のとおりとすること。

(a)　施工する工事の工期、施工方法、工事工程、施工環境等の特性
(b)　調査したリスクアセスメント及びその除去又は低減のために実施すべき対策
(c)　安全衛生に関する活動及び行事
(d)　店社の年度安全衛生計画
(e)　労働安全衛生関係法令、社内安全衛生規程等

③　作業所長は、工事の特性に応じた工事安全衛生計画を作成し決定すること、工事安全衛生計画には、工事安全衛生方針、工事安全衛生目標、工事工程表、災害防止重点目標、行事等を明確に記載すること。
④　作業所長は、工事安全衛生計画を社員及び関係請負人にその内容、実施事項等を周知すること。
⑤　作業所長・現場担当者が行う工事安全衛生計画のうち、毎日の安全施工サイクル等の実施・運用を図ること。
⑥　作業所長は、毎週及び毎月の安全施工サイクルを実施すること。
⑦　作業所長は、関係請負人から提出された安全衛生計画の確認と承認を行うこと。
⑧　作業所長は、工事安全衛生計画に定められた実施事項の目標達成状況を日次、月次管理表により点検し、改善を行うこと。

⑨　作業所長は、災害防止協議会を開催し、月次管理表を協議し、改善事項、対策を実行すること。

⑩　店社幹部による現場安全衛生パトロールを実施し、工事安全衛生計画の実施・運用状況を確認し、必要な指導を行うこと。

⑪　工事安全衛生計画の見直しや見直した事項の周知を行うこと。

6．工事用資機材の保守・管理の実施

①　工事用資機材の安全で円滑な使用により、現場の労働災害を防止し、工事施工を効率的に行うため、社有機械・車両及びレンタル業者、請負業者が持ち込む資機材の取扱い方法、工事用資機材のリスクアセスメントの結果を現場担当者、関係請負人に周知し、適切に保守・管理すること。

②　工事用資機材を購入する場合、レンタル業者及び請負業者からの持込み機械等については、立会いのうえ点検し、その資機材の特性、取扱い説明書等を確認し、許可を与えること。

③　工事用資機材の危険性及び取扱い方法を関係請負人に周知すること。

④　工事用資機材の使用状況を点検し、労働災害の発生が予測される場合には、改善方策を検討し、実行すること。

⑤　改善方策は、工事安全衛生計画に反映させること。

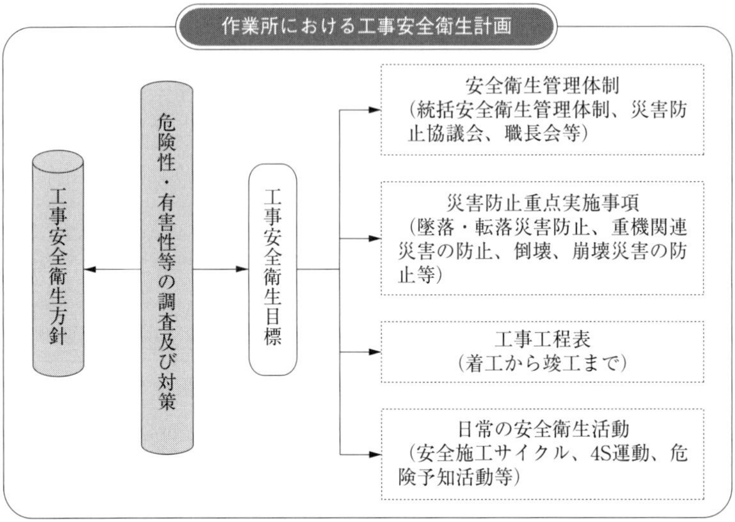

1―3　統括管理の進め方

Q 6

作業所の安全衛生管理体制の形態とはどのようなものをいうのですか

Answer

作業所では、労働安全衛生法に基づいて安全衛生管理を実施するための適切な体制を構築する必要があります。この安全衛生管理体制には、事業者と労働者という使用従属関係の面からとらえ、事業場ごとに総括安全衛生管理者等を選任又は設置が義務づけられている組織があります。

これを「事業場主体の安全衛生管理体制」と呼び、元請の場合は、その事業場の事業者と労働者との間、また、下請の場合は、その事業場の事業者と労働者との間の安全衛生管理体制としてとらえていますので、それぞれ安衛法第10条その他の規定の適用を受ける場合があります。

しかし、建設業のような作業所においては、ほとんどの場合元請と下請といった請負契約の関係下にある元方事業者と関係請負人が同一の場所で混在して作業を行うことから生ずる労働災害を防止するための安全衛生管理組織を「混在作業現場における安全衛生管理体制」と呼び、元請の場合は、統括安全衛生責任者等を選任する必要があり、下請の場合は、安全衛生責任者を選任する必要があります（図1.2）。（安衛法第15条その他の規定の適用を受けます）

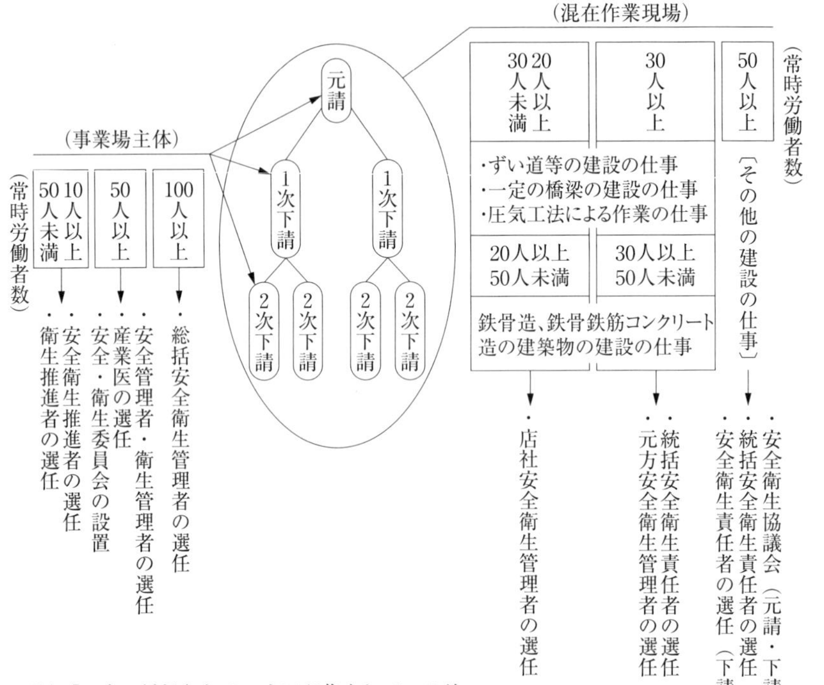

注）「一定の橋梁」とは、人口が集中している地域内の道路若しくは隣接した場所や鉄道の軌道上、軌道に隣接した場所をいう。（安衛則第18条の2）

図1.2　作業所の安全衛生管理体制

Q 7

混在作業における統括管理を効果的に行うポイントは何ですか

Answer

1．混在作業における統括管理とは

建設工事では、元方事業者と関係請負人が同一の場所において相関連して仕事を行うことが極めて多いのですが、このような場合、事業者の異なる労働者が同一の場所で混在して作業が行われることになります。

この混在作業から生ずる労働災害を防止するための安全衛生管理を「統括管理」といいます。

安衛法では、この統括管理に関連した責任について、元方事業者、特定元方事業者、注文者等に対し、混在作業に伴う労働災害防止上の果たさなければならない義務をそれぞれ定めています。混在作業における安全衛生管理体制を図示しますと、図1.3のようになります。

ここでは、これらの者の果たすべき責務について示しています。建設現場でその責務を果たすべき責任者は、施工管理の責任と権限を有している作業所長であり、工事規模の大小や労働者数に関係なく実行しなければならない責任です。すなわち、現場の作業所長の統括管理責任は、統括安全衛生責任者等の選任を要する現場、要しない現場にかかわりなく、すべての現場の作業所長が果たさなければならない義務なのです。

なお、安衛法で安全衛生管理の主たる義務を負う者は、あくまでも労働者を直接雇用している元請又は下請のそれぞれの事業者であり、元方事業者等が行うべき統括管理責任が法令上規定されているからといって、下請の事業者がこの法律に基づいて課せられている自らの労働者の安全確保を行うという責任がこのことによって免がれるということではありません。

2．混在作業の形態

建設工事現場で混在して作業が行われる形態は、おおよそ次の２つに分類されます。

①　一つの元方事業者とその関係請負人（２次下請業者以下を含む）の労働者が混在する形態

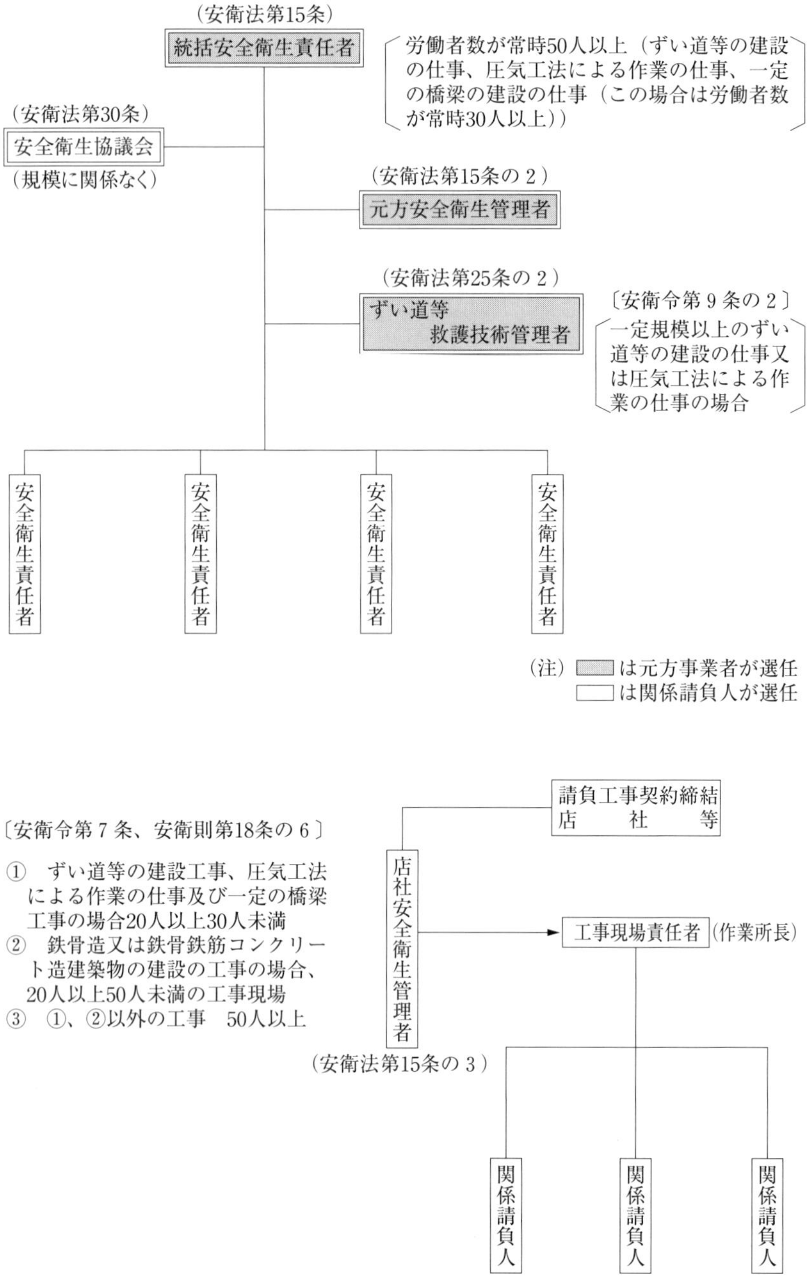

図1.3 混在作業における安全衛生管理体制（安衛法第15条関係）

② 二つ以上の元方事業者（いわゆる分割発注）とこれらの関係請負人の労働者が混在する形態

統括管理を行うべき者はどちらも同じで、②の場合でも安衛法で元方事業者の中から統括管理を行うべき者として1社を定め、他の元方事業者はその管理体制の中に組み込まれることになります。これを統括安全衛生責任者の選任にからめて図示すると図1.4のとおりです。また、建設業の元方事業者を、安衛法では特定元方事業者といいます。

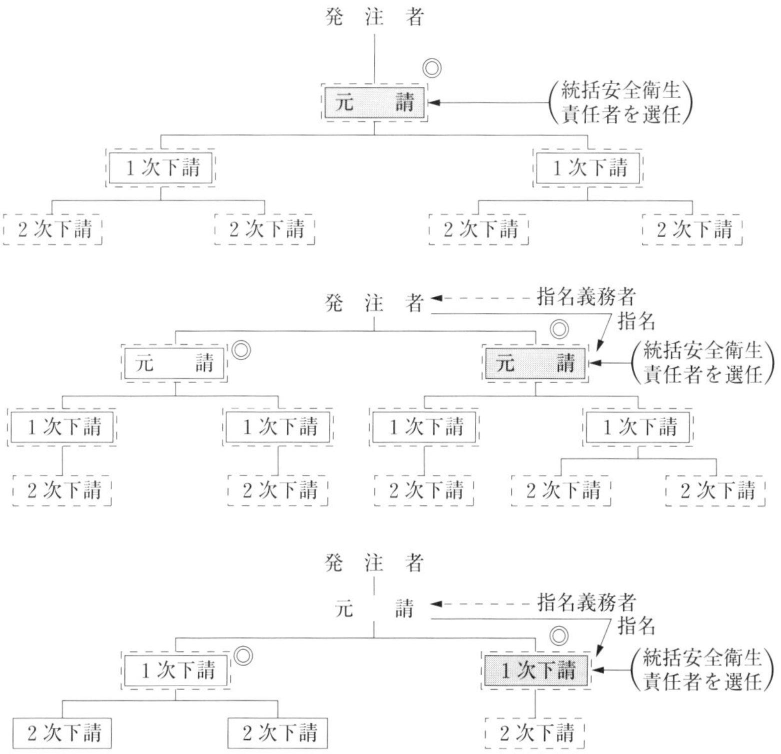

注）1. □内のものは、一の場所において行う事業の一部を請負人に請け負わせているものをいいます〔□内にないものは、自ら仕事を行わず、事業の全部（施工管理を指し、設計監理を含まない。）を請負人に請け負わせているものをいいます〕。

2. ⬚内の者は、一の場所で自らの仕事を行っているものをいいます。

3. ◎は、特定元方事業者をいいます。

図1.4　統括安全衛生責任者の選任（安衛法第30条第2項）

3．混在作業における統括管理のポイント

混在作業の安全衛生管理上の問題点について考えてみますと次のことがあげられます。

① 建設生産の指揮命令系統が異なる下請の作業員が混在することにより、組織の縦横の連絡及び調整が徹底しにくいこと。

② 安全衛生の基本ルール、合図方法等について作業所の打合せ事項が徹底しにくいこと。

③ 重層下請負関係になるため、管理の行き届かないところでの作業が行われがちであること。

④ 設備、機器などが職種間にまたがって使われるため、維持管理に問題が生じること。

⑤ 急な工程の変更、作業の変更等の場合、連絡調整や対応がうまくいかないこと。

⑥ 請負方式による作業のため、ともすれば施工第一主義に走り、混在作業で最も留意しなければならない他人への安全に対する配慮を欠くきらいがあること。

⑦ 作業員の入れ替わりが激しいため､雇用管理上の問題が生じやすいこと。

⑧ 作業員に対する一貫した教育指導がむずかしくなること。

混在作業における安全衛生管理については、これらの諸問題について、解決できるような体制を組み、一つ一つ迅速に処理していく必要があり、その最大のポイントは、連絡及び調整の徹底にあるといっても過言ではありません。

このため、組織の縦横の連絡及び調整がスムーズにできる体制をまず作り上げることが大切です。

Q 8
災害防止（安全衛生）協議会の果たす役割と運営上のポイントは何ですか

Answer

特定元方事業者は、建設現場の安全衛生を統括管理するため、すべての関係請負人が参加する協議組織を設置し、災害防止のための協議を定期的に開催しなければなりません（安衛法第30条、安衛則第635条）。

多くの建設現場においては、工事の進捗に従って作業内容が変化し、作業にかかわる関係請負人が変わっていくだけではなく、労働災害防止の重点事項も変わっていくので協議会では、規約を作成して運営し、少なくとも月に1回以上は協議のための会議を定期的に開催することが必要です。

協議会には、施工中及び翌月入場するすべての下請の安全衛生責任者等の出席を求めて、元方事業者の統括安全衛生責任者、元方安全衛生管理者等が中心となって運営する必要がありますが、店社段階での高度の技術的な検討を要する事項、関係請負人の安全衛生責任者では判断しにくい事項等も議題として考えられますので、少なくとも混在作業に伴う労働災害の防止上重要な工程に着手する時期等を考慮し、工程の節目ごとに元請店社の安全衛生管理の責任者の出席を求め、安全衛生上の必要な指導を受けたり、下請の店社の事業者等の責任者にも出席を求め、現場での作業にかかわる安全衛生問題についての指導事項の確認をします。

また、協議会では工事の進捗状況に応じて適切な議題を取り上げ、特に作業間の連絡調整事項は入念に協議し、作業過程で実施する事項を明確に申し合わせるとともに協議会に出席する者には、あらかじめ作業場所の安全衛生点検を行わせ、その結果を基に協議し、協議会全体の労働災害防止対策をまとめるようにします（**表1.1**参照）。

協議会の議事で重要なものについては記録に残し、これを出席者等関係者に配布し、特に発注者の指示事項や労働基準監督署からの指導事項又は元方事業者の巡視結果等安全作業上の必要な事項は、関係作業者にも朝礼等で周知徹底させるようにします。

表1.1　災害防止（安全衛生）協議会の運営方法及び留意事項

<table>
<tr><td>いつ</td><td>月１回定期的に実施します。</td><th>留意事項</th></tr>
<tr><td></td><td></td><td rowspan="6">①この協議会は、安衛法第30条に基づき特定元方事業者が設置、運営するものです。なお、元請及び関係請負人の労働者が50人以上の場合は、特定元方事業者の作業所長が統括安全衛生責任者となって、協議会を統括管理します。
②協議会における主要な協議事項は、次のことを参考とします。
イ．作業所長（統括安全衛生責任者又は元方安全衛生管理者）から週間、月間の工程説明、工程に伴う安全衛生上の注意事項についての説明
ロ．発注者、関係諸官庁からの指示、指導事項について、説明、討議、検討
ハ．各職種別担当者の作業内容の説明
ニ．各職種間の作業調整の討議
ホ．毎日の安全衛生点検による問題点等の討議と検討
ヘ．発生した災害の原因調査と対策の検討
ト．各職種からの提案事項の討議
チ．各職種の最終調整のまとめ
リ．各職種の作業主任者、作業員への周知徹底事項
ヌ．必要により安全衛生パトロールの実施日の検討
ル．地域の関係者との問題があればその討議
ヲ．決定、討議事項の記録と確認
ワ．次回の開催日の打合せと提案事項の要請
カ．報告、討議事項の有無の確認
③協議会における討議結果等については、次により措置します。
イ．指示、要請事項等は、対策、計画等を検討して措置するとともに、統括安全衛生責任者等に対する報告と記録を保存すること
ロ．欠席した関係請負業者については、速やかに協議会記録を交付して、協議結果の周知徹底を図ること
④元請、下請業者ともに記録及びその保存に留意すること
⑤協議会メンバーによる安全衛生パトロールを適宜実施すること</td></tr>
<tr><td>どこで</td><td>現場事務所（会議室）等の適当な場所で行います。</td></tr>
<tr><td>誰が</td><td>協議会の構成員は次のとおりとします。
元　請……作業所長（統括安全衛生責任者）、元方安全衛生管理者、関係職員、安全当番
下請業者……関係請負人の店社の関係者、現場責任者、安全衛生責任者又は職長（別途発注業者を含む）
その他……必要に応じ元請関係者（店社安全衛生管理者等）、施主関係者、設計事務所担当者</td></tr>
<tr><td>何を</td><td>作業計画（工程計画）に基づく、月間工程の説明、工程に伴う安全衛生上の注意事項、各職種間の連絡調整事項、施主や諸官庁からの指示事項等を中心に協議します。（協議により工事の進捗状況、相互の作業内容等を話し合い、協力して安全の確保に努める内容とします）</td></tr>
<tr><td>どのように</td><td>協議会会則を定めています。
①会長は、作業所長（統括安全衛生責任者）が担当します。
②副会長、委員等は、会則で決めます。
③協議会の構成員、協議事項、協議会の開催頻度等を定めた規約とします。</td></tr>
<tr><td>何のために</td><td>同一作業現場で作業する各職種の混在作業から生ずる諸問題を連絡・調整し、労働災害の未然防止と施工の円滑な推進を図るために行います。
〔各年度初めに取り上げるべき協議事項（参考）〕
①　安全衛生管理の基本方針、安全衛生目標、その他基本的な労働災害防止対策を定めた安全衛生計画
②　機械設備の配置計画
③　機械設備の使用時の作業方法
④　労働者の危険性・有害性等の調査（リスクアセスメント）と防止のための対策
⑤　安全衛生に関する規程
⑥　安全衛生教育の実施計画
⑦　合図、標識、集積箇所、警報、避難訓練の実施方法の統一等</td></tr>
</table>

Q 9

統括安全衛生責任者としての役割と心構えとはどのようなものですか

Answer

建設現場の作業所長は作業所における安全衛生の責任者として混在作業から生じる労働災害を防止するため、統括安全衛生責任者としての職務を確実に遂行する他、次の事項を実施するとよいでしょう。

1．技術的事項を管理する者を指揮すること（安衛法第15条）

安全衛生管理体制上、元方安全衛生管理者及びずい道等救護技術管理者を指揮することになります。

2．特定元方事業者としての実施すべき次の措置を実施すること（安衛法第30条）

① 協議組織の設置及び運営を行うこと（安衛則第635条）。

(a) 特定元方事業者の工事担当者とすべての関係請負人が参加する災害防止（安全衛生）協議会を設置し、統括安全衛生責任者が召集する。

(b) 会議は毎月１回以上、定期的に開催する。

(c) 工程、作業間の連絡調整を行い、安全衛生対策を協議する。

② 作業間の連絡及び調整を行うこと（安衛則第636条）。

(a) 特定元方事業者と関係請負人との間、関係請負人相互の間での毎日の作業打合せ・安全指示等、工程の流れに合わせて作業間の連絡調整を行う。

③ 作業場所を巡視すること（安衛法第637条）。

(a) 元請が提供している設備等について毎作業日、１回以上、注文者の責務として作業場所を巡視する。

(b) 連絡調整、指示事項等の確認や法令違反の是正指示を行う。

④ 関係請負人が行う安全衛生教育に対する指導・援助を行うこと（安衛則第638条）。

(a) 関係請負人が行う安全衛生教育への施設の提供、教育資料の提供、講師の派遣等を行う。

(b)　作業所長は、現場で実施すべき安全衛生教育の内容を災害防止（安全衛生）協議会等において関係請負人に周知し、特に新たに就労する作業員に対し、現場の状況、作業相互の関係等について新規入場者教育・送出し教育等を行うよう指導する。

(1)　法定教育

・雇入れ時の安全衛生教育（安衛法第59条第１項）

・作業内容変更時の安全衛生教育（安衛法第59条第２項）

・特別教育（安衛法第59条第３項）

・職長教育（安衛法第60条）

・能力向上教育（安衛法第19条の２）

・危険・有害業務従事者に対する安全衛生教育（安衛法第60条の２）

・労働災害の再発防止のための講習（安衛法第99条の２、第99条の３）

(2)　行政指導に基づく安全衛生教育〔厚生労働省（有機溶剤業務従事者に対する教育等）、国土交通省（建設工事従事者安全衛生教育等）〕

(3)　法定外教育（企業が自主的に行う管理者教育、現場技術者教育等）

⑤　全体工程表等の仕事の工程に関する計画並びに作業場所における主要な機械、設備及び作業用の仮設の建設物の配置に関する計画を作成するとともに、関係請負人の作成する機械設備等の作業計画等が元方事業者の施工計画に適合するよう指導を行うこと（安衛則第638条の３、４）。この対象となる機械等は次の(a)と(b)です。

(a)　車両系建設機械（機体重量が３ｔ以上の安衛令別表第７に掲げるもの。ただし、コンクリートポンプ車は３ｔ以上の制限はない）

(1)　整地・運搬・積込み用機械（ブル・ドーザー、モーター・グレーダー、トラクター・ショベル、ずり積機、スクレーパー、スクレープ・ドーザー）

(2)　掘削用機械（パワー・ショベル、ドラグショベル、ドラグライン、クラムシェル、バケット掘削機、トレンチャー）

(3)　基礎工事用機械（くい打機、くい抜機、アース・ドリル、リバース・サーキュレーション・ドリル、せん孔機、アース・オーガー、ペーパー・ドレーン・マシン）

(4)　締固め用機械（ローラー）

(5)　コンクリート打設用機械（コンクリートポンプ車）

⑹　解体用機械（ブレーカ）

ⓑ　移動式クレーン（吊上げ荷重が３ｔ以上のもの）

⑥　その他労働災害を防止するための必要な事項（安衛則第639条～第642条の３）

ⓐ　クレーン等の運転についての合図を統一すること。

ⓑ　事故現場等の標識を統一すること。

ⓒ　有機溶剤等の容器の集積箇所を統一すること。

ⓓ　警報を統一すること。

ⓔ　ずい道等の建設の作業を行う場合においては、避難等の訓練の実施方法等を統一すること。

ⓕ　土石流危険河川において建設工事の作業を行う場合においては、避難の訓練の実施方法を統一すること。

ⓖ　周知のための資料の提供等を行うこと。

３．元方事業者としての講ずべき措置を確実に実施すること

①　関係請負人及び関係請負人の労働者が、仕事に関し、この法律又はこれに基づく命令の規定に違反しないよう必要な指導を行うこと（安衛法第29条第１項）。

②　関係請負人及び関係請負人の労働者が、仕事に関し、この法律又はこれに基づく命令の規定に違反していると認めるときは、是正のための必要な指示を行うこと（安衛法第29条第２項）。

③　指示を受けた関係請負人又はその労働者は、その指示に従うこと（安衛法第29条第３項）。

④　土砂等が崩壊するおそれのある場所、機械等が転倒するおそれがある場所、その他の厚生労働省令で定める場所において関係請負人の労働者が当該事業の仕事を行うときは、関係請負人が講ずべき場所にかかる危険を防止するための措置が適正に講ぜられるように、技術上の指導その他の必要な措置を講じること（安衛法第29条の２）。

ここにいう厚生労働省令で定める場所とは安衛則第634条の２に示すものをいいます。

ⓐ　土砂等が崩壊するおそれのある場所

ⓑ　土石流が発生するおそれのある場所

(c) 機械等が転倒するおそれのある場所（くい打機・くい抜き機等の基礎工事用機械又は移動式クレーンが転倒するおそれのある場所に限定）

(d) 架空電線の充電電路に近接する場所であって、当該充電電路に労働者の身体等が接触し、又は接近することにより感電するおそれのある場所

(e) 明かり掘削の作業が行われる場所において、埋設物等又はれんが壁、コンクリートブロック塀、擁壁等の建設物が損壊する等のおそれのある場所

4．注文者が講ずべき措置を確認すること

この特定事業の注文者で自らもその事業の仕事の一部を行う者（例えば元請又は第１次下請業者）が、その事業を行うために建築物、設備又は原材料を提供して下請業者の作業員に使用させるときの措置義務として、下請業者の作業員の労働災害を防止するため必要な措置を講じなければなりません（安衛法第31条第１項）。

また、建設工事の仕事が数次の請負契約によって行われることにより同一の建設物などについてこれらの措置を講ずべき注文者が２以上あること(例えば、元請と第１次下請業者）となるときは、後次の請負契約の当事者である注文者（第１次下請業者）については、適用されませんので上位の注文者（元請）が措置の義務者となります。

5．注文者は違法な指示をしないこと

注文者（例えば元請、第１次下請業者等）は、その請負人（第１次下請業者等）に対し、仕事に関し、その指示に従ってその請負人の作業員を労働させたならば安衛法関係法令の規定に違反することとなる指示をしてはなりません（安衛法第31条の４）。

例えば、クレーン作業で吊上げ荷重を超える荷の吊上げを指示したり、建設機械作業でその建設機械の主たる目的以外の作業を指示したり、墜落防止措置を講じないで、高所での作業を指示したりすることなどが該当します。

6．機械等貸与者等の実施すべき措置を確認すること

貸与された移動式クレーン、車両系建設機械等の機械等から発生する労働災害を防止する責任は、その機械を借用した事業者にあります。

したがって、下請業者が機械等を元請業者かリース、レンタル業者から借用する場合には、それぞれの契約の形態に応じて必要な措置をとらなければなりません。

①　元請業者が下請業者に機械等を貸与し、使用させる場合

機械を使用する下請業者ごとに運転・取扱い者の届出をさせ、資格の有無を確認のうえ、それぞれの機械ごとに取扱責任者としての下請業者の名称及び有資格者の氏名を表示します。

②　下請業者が貸与（リース、レンタル）業者より機械等を賃借して使用する場合

機械等のみを貸与業者から賃借する場合には、機械等の能力、特性その他使用上の注意すべき事項を記載した書面を取り寄せて、作業所に保管しておく必要があります。

また、運転者（オペレーター）付きで機械等を借り入れる場合には、前記の措置にあわせて、派遣される運転者の資格の有無を確認し、免許証等を常時携帯させることや作業にあたって作業の内容、指揮の系統、連絡合図の方法、運行経路、制限速度、その他労働災害防止に必要な事項を指示書にして通知させることが必要となります。

7．その他の業務として次のものがあります。

①　関係請負人及びその労働者の把握等

(a)　関係請負人の把握

作業所長は、関係請負人に対する安全衛生上の措置を適切に行うためには、関係請負人に対し、請負契約の成立後速やかにその名称、請負内容、安全衛生責任者の氏名、安全衛生推進者の選任の有無及びその氏名を通知させ、これを把握しておくことが大切です。

(b)　関係請負人の労働者の把握

作業所長は関係請負人に対し、毎作業日の作業を開始する前までに仕事に従事する労働者の数を通知させ、これを把握しておくことが大切です。

また、作業所長は関係請負人に対し、その雇用する労働者の安全衛生にかかわる免許・資格の取得及び特別教育、職長教育の受講の有無等を把握するよう指導するとともに、新たな作業に従事することとなった関係請負人の労働者について、その者が当該建設現場で作業に従事する前までにこれらの事項を通知

させ、これを把握しておくことが大切です。

(c) 安全衛生責任者の駐在状況の把握

作業所長は、関係請負人が仕事を行う日の当該関係請負人の安全衛生責任者又はこれに準ずる者の駐在状況を朝礼時、作業間の連絡及び調整時等の機会に把握しておくことが大切です。

(d) 持込み機械設備の把握

作業所長は関係請負人に対し、関係請負人が建設現場に持ち込む建設機械等の機械設備について事前に通知させ、これを把握しておくとともに定期自主検査、作業開始前点検等を徹底させることが大切です。

② 仮設設備の維持管理

次の事項が確実に行われているか否かを確認すること。

(a) 維持管理の責任者が明確になっているか

(b) 点検及び整備が実施されているか

(c) 始業時の点検が行われているか

(d) 作業の都合等による変更時の措置が確実に実施されているか

(e) 工事用機械の管理が行われているか

工事用機械は、可搬式電動丸のこから重量が数ｔ以上ある油圧ショベル、クレーン等まで多くの種類のものが現場で使用されています。一方、使用する機械の元請業者、下請業者、貸与業者との間での契約形態は、固定式のクレーン等のように元請業者の設置による機械を使用する場合、移動式クレーン等の機械を貸与業者から賃借する場合、アーク溶接器等下請業者が持ち込む場合の３種類に区分されます。

それぞれの工事用機械設備による災害を防止する観点から、工事用機械設備を使用するときの実施すべき措置に関しては、工事の全体工程表に従って機械設備使用計画を作成し、また、工事用機械設備の保守管理は、それらの点検整備計画に基づいて実施することが大切です。

1—4　建設業特有の問題

Q10 安全上の見地から重層請負形態の問題点と改善点はどのようなものがありますか

Answer

建設業においては、受注工事量に変動があること、数多くの職種に分かれた専門の労働者を使用して工事が施工されること等から広くかつ重層的に下請制度が存在しています。しかしながら、現実には実際の施工管理や施工実務に携わらない実質的に必要のない事業者が名目のみ参加する重層請負形態もみられます。

このような過度の重層請負構造のもとで施工される建設現場においては、労働災害防止の観点から、

① 作業間の連絡及び調整が適切に行いにくいこと。

② 元方事業者による指導が徹底しにくいこと。

③ あいまいな請負契約が結ばれた場合には、労働災害を防止するための事業者責任の所在が不明確になること。

④ 仕事の全部を一括して請け負わせる業者に不合理な経費がさかれ、労働災害を防止するための経費が確保されにくくなること。

等の問題が指摘されています。

このような労働災害防止上問題の生じやすい過度の重層請負の改善を図るため、元方事業者は建設現場において次の事項を遵守するとともに、関係請負人に対しても当該事項の遵守について適切に指導することが大切です。

① 労働災害を防止するための事業者責任を遂行することのできない単純労働の労務提供のみを行う事業者等にその仕事の一部を請け負わせないこと。

② 仕事の全部を一括して請け負わせないこと。

また、元方事業者の店社においては、建設現場が過度の重層請負とならないよう、重層の程度についての制限を社内基準として設けるなどにより、建設現場を指導し、重層請負の抑制を図ることが大切です。

なお、関係請負人が下請契約として、後次の請負人に再下請けさせる場合にも過度の重層請負とならないようにする必要があります。

一方、建設業法においても「一括下請負の禁止」に関する規定があります。

一括下請負は、注文者の建設業者に対する施工全般にわたる信頼に反するものであり、一括下請負による中間搾取、工事の質の低下、労働条件の悪化などを招くことにもなりかねず、建設業の健全な発展を阻害するおそれがあります。

このため建設業者は、その請け負った建設工事をいかなる方法をもってするを問わず、一括して他人に請け負わせてはならないとされています（建設業法第22条第１項）。

また、建設業を営む者は、建設業者から当該建設業者の請け負った建設工事を一括して請け負ってはならないとされています（建設業法第22条第２項）。

ただし、元請負人があらかじめ発注者の書面による承諾を得た場合には、一括下請負が認められています（建設業法第22条第３項）。

なお、注文者はその優越的地位を利用して、請負人に工事を施工するために通常必要と認められる原価に満たない金額を請負代金の額とする請負契約の締結、工事に使用する資材等の購入強制を行ってはならないとされています（建設業法第19条の３、第19条の４）。

Q11

請負契約時において、労働災害防止上配慮すべきことにはどのようなものがありますか

Answer

請負契約において、労働災害防止に要する経費の負担者等が明確でない場合には、責任の所在があいまいとなり、適切な安全衛生管理が講じられにくいという問題が生じます。このような事由によって、建設現場において安全衛生対策が講じられないままに作業が実施されることのないよう、請負契約において労働災害防止対策の実施者及びその経費の負担者の明確化を図ることが必要です。

通常、元方事業者は関係請負人に対し、工事ごとに支給する資機材の範囲、施工範囲等を明示して見積りを行わせますが、その際には労働災害防止のそれぞれの責任を認識しておくためにも、次の１．で例示されているものを参考に労働災害防止に関する事項を明示し、労働災害防止対策の実施者及びその経費の負担者について明確にしておくことが必要です。

１．請負契約において実施者及び経費の負担者を明示する労働災害防止対策

①　労働者の墜落防止のための防網の設置

②　物体の飛来・落下による災害を防止するための防網の設置

③　安全帯の取付け設備の設置

④　車両系建設機械を用いて作業を行う場合の接触防止のための誘導員の配置

⑤　関係請負人の店社に配置された安全衛生推進者等が実施する作業場所の巡視等

⑥　元方事業者が主催する安全衛生大会等への参加

⑦　安全衛生のための講習会等への参加

また、関係請負人に見積りをさせる場合には、元方事業者が建設現場における安全衛生管理のポイントとして位置づけている事項、例えば、車両系建設機械との接触災害の防止の徹底を図るための誘導員の配置の徹底、関係請負人の店社の職員による作業場所の巡視の徹底等について、その費用を個々に見積ら

せて請負契約書に添付する請負代金内訳書にそのための費用として明示させることが、当該事項の実施の徹底を図るために有効な方法です。

現実には、これらの経費も含めて単位面積あたりの単価、単位重量あたりの単価のみで見積らせているケースが多いのですが、次の２．で例示されているものを参考として労働災害防止対策のうち確実に実施させたい事項についての見積りを行い、その後、項目を順次増やしていくことが大切です。

２．請負代金内訳書に明示する経費

① 関係請負人に１．④の誘導員を配置させる場合の費用

② 関係請負人の店社に配置された安全衛生推進者等が作業場所の巡視等の現場管理を実施するための費用

③ 元方事業者が主催する安全衛生大会等に関係請負人が労働者を参加させるための費用

④ 元方事業者が開催する関係請負人の労働者等の安全衛生のための講習会等に関係請負人が労働者を参加させる場合の講習会参加費等の費用

請負契約における労働災害防止対策の実施者及びその経費の負担者の明確化にかかわる例示の中には、足場の設置にかかる費用が入っていません。足場は、墜落等による災害の防止のための必要な設備であると同時に作業の実施のために必要な設備であり、したがって足場にかかる費用は施工上必要な経費と切り離しにくいため、請負契約の中で費用の負担者が明確にされているはずのものです。もし、これが明確になっていない場合は、当然これらについて明確にしておく必要があります。

以上のことについて、元方事業者は関係請負人に対してもこれらについて指導することが大切です。また、関係請負人が再下請に出す場合についても同様に配慮する必要があります。

なお、建設業法第20条第１項においては、「建設業者は、建設工事の請負契約を締結するに際して、工事内容に応じ、工事の種類ごとに材料費、労務費その他の経費の内訳を明らかにして、建設工事の見積りを行うよう努めなければならない」と規定されており、その他の経費には安全衛生管理に要する経費が含まれております。

3．安衛法及び関係法令の遵守等安全衛生管理を事業者として行う義務

建設業では重層下請負関係が一般的であり、元請負人から請負った第１次下請負人の建設業者が自社で施工せず、第２次下請負人に再下請させている場合には、第１次下請負人は安衛法上の「事業者」でなくなります。建設現場において安衛法上の措置義務を負うのは元請負人と実際に現場で工事を施工する下請負人のみであり、中間の下請負人は何ら安衛法上の責任を負わないことになります。

そこで、請負契約にあたっては、再下請させても再下請負人を含めて安衛法及び関係法令を守って工事を施工させる義務を請負契約の内容に含め、第１次、第２次といった下請負人に再下請を行わせる者にもその義務を負わせておく必要があります。例えば元請負人と第１次下請負人との請負契約のときに、「乙は安衛法及び関係法令を守り、安全衛生管理を尽して工事を施工する義務を負い、工事を再下請させたことによりその責任を免れない」といった安全衛生管理責任を請負契約上の債務とさせておくことが大切です。

4．工事費の構成（施工者における工事費構成例）

施工会社における工事費の構成は各会社を比べても費目、工種体系、要素、勘定科目等の分類も多少異なっています。このことは、各会社で工事管理に適した独自の構成としているためでありますが、基本的には共通の考え方による積上げ方式となっています。その一例を示すと図1.5及び表1.2のとおりです。

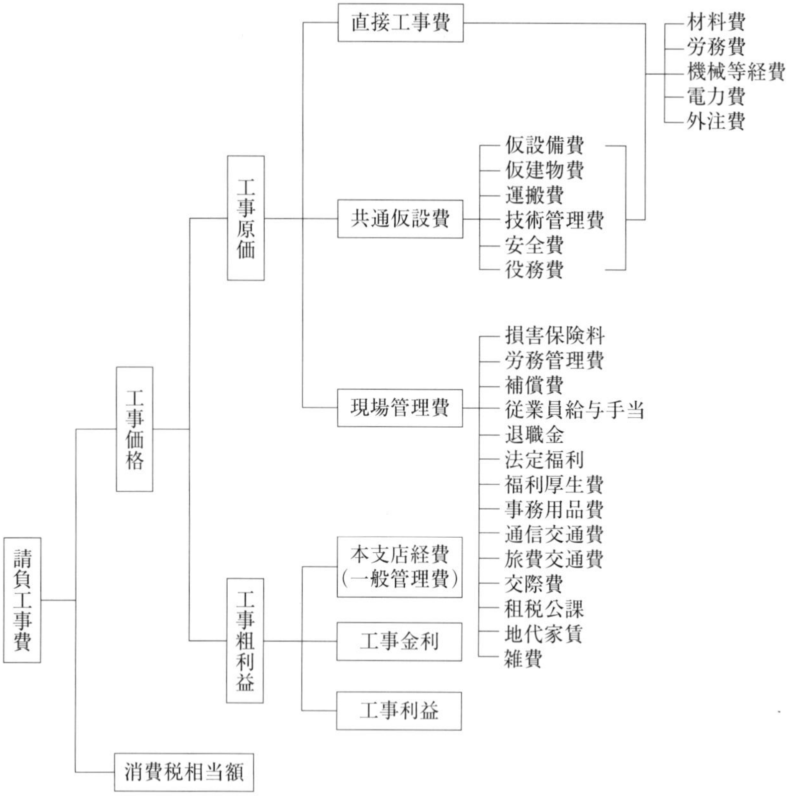

図1.5　施工者における工事費構成の一例

表1.2　安全管理費の一例

費　目	項　目	科　目	摘　　　　要
共通仮設費	安　全　費	安全管理費	1）安全管理費 ①交通整理員、現場出入口の配置員、監視員、見張り員等、単価内訳書に計上されない安全管理員に要する費用 ②安全教育費、安全大会、保安用品及び安全衛生に関する諸行事等に要する費用（外注経費に含まれるものを除く） 2）安全施設費 安全標識類、安全施設（仮設備工事として計上されない簡易な防護柵・バリケード照明灯等）、保安用器具等に要する費用

Q12

優良な関係請負人の選定及び育成のため、元請が関係請負人を安全衛生面からどのように評価すべきですか

Answer

元方事業者にとって優良な関係請負人を育成することは、良好な品質管理、安全衛生管理等を行ううえで不可欠の課題です。そのためには、関係請負人を適切に評価し、助言等を与えるとともに施工能力、安全衛生管理能力が向上するよう努力している関係請負人に対しては高い評価を与える等により社会的地位の向上を図っていくことが大切です。このため、関係請負人の安全衛生管理状況、安全衛生管理能力を評価することが必要です。そこで建設業店社においては優良な関係請負人の選定及び育成を図るため、関係請負人の安全衛生管理状況、安全衛生管理能力の評価のための規定を定め、工事の竣工時等に統括安全衛生責任者等が関係請負人の安全衛生管理状況等の評価を行い、工事の注文時等に店社の安全衛生管理部門等が関係請負人の店社の安全衛生管理状況等の評価を行うようにするとよいでしょう。

なお、元方事業者が関係請負人の安全衛生管理状況等の評価を行う場合には次の事項に留意する必要があります。

1．建設現場における安全衛生管理状況等

① 元方事業者が設置運営する災害防止協議会等への参加状況
② 統括安全衛生責任者等との連絡、後次の請負人の安全衛生責任者等との作業間の連絡調整の状況
③ 車両系建設機械、移動式クレーン等の作業計画等の作成状況
④ 新規入場者教育、送出し教育等の実施状況又は元方事業者が実施する安全衛生教育への参加状況
⑤ 安全衛生にかかわる免許所持者、技能講習修了者及び特別教育修了者の配置状況
⑥ 安全衛生責任者の現場への駐在状況
⑦ 店社による作業場所の巡視状況
⑧ 朝礼時等作業開始前における安全衛生打合せの参加・実施状況
⑨ 各種作業の作業手順の作成状況

⑩　元方事業者が実施する安全衛生管理活動への参加状況
⑪　建設機械の使用開始前の安全衛生点検の実施状況
⑫　整理整頓の実施状況
⑬　保護具の使用状況
⑭　労働安全衛生関係法令の遵守状況
⑮　労働災害の発生状況

2．店社における安全衛生管理状況等

①　安全衛生推進者、安全衛生担当者の選任状況
②　店社としての年間の安全衛生方針、安全衛生目標、安全衛生管理計画の作成状況
③　雇入れ時の安全衛生教育及び健康診断の実施状況
④　安全衛生にかかわる免許所持者、技能講習修了者の養成状況
⑤　店社主催の安全衛生大会の開催状況
⑥　一般的な作業方法、作業における注意事項を示した作業標準書の作成状況、危険性又は有害性等の調査（リスクアセスメント）の実施状況
⑦　店社による建設現場作業所の巡視状況
⑧　後次の請負人に対する安全衛生管理面の指導状況
⑨　安全衛生関係書類の届出、提出状況
⑩　労働災害統計の整備状況
⑪　労働災害事例集の活用状況
⑫　労働災害の発生状況

なお、建設業法に基づく経営事項審査においても関係請負人が発生させた労働災害は、元方事業者の工事の安全成績として元方事業者の企業の評価にカウントされることとなり、優良な関係請負人の選定及び育成は元方事業者の大きな課題となっています。

Q13

建設工事が共同企業体（JV）の場合の安全衛生上の問題点と安全衛生管理の要点にはどのようなものがありますか

Answer

建設工事の元方事業者が共同企業体である場合には、構成員の意思の疎通が図られない等の理由で円滑な安全施工の確保が損なわれることになりがちです。共同企業体の構成事業者それぞれが十分な連携を図りながら建設事業を推進できるようにするためには、構成事業者の店社が連携して安全衛生管理の基本的事項について店社単位に限らず各現場単位で協議することが必要です。

そこで、元方事業者は共同企業体のすべての構成事業者の店社からなる委員会を設置する等により、安全衛生管理体制、安全衛生管理のための予算、安全衛生管理のための規定、安全衛生管理計画、安全衛生教育の実施計画、採用する工法、機械設備等の危険防止に関することなど施工計画に示す基本的事項等について協議することが大切です。

国土交通省が示している「共同企業体運営指針」においても共同企業体の意思を決定する機関として、店社の担当責任者で構成される「運営委員会」や現場において運営委員会の決定に沿って安全で効率的な現場運営を実施する「安全施工委員会」等の設置等が示されています。

Q14

建設現場における安衛法上の事業者としての責任は社長にありますか、それとも現場の作業所長にあるのですか

Answer

1．事業者の定義

安衛法第２条第３号では、事業者の定義として「事業を行う者で、労働者を使用するもの」と定めています。そして、労働者の労働災害防止のための措置を「事業者は……しなければならない」と定めており、安衛法の遵守義務主体が事業者であることを明らかにしています。

事業者の解釈として、事業者とは法人企業であれば当該法人、個人企業であれば事業経営主を指しています。これは、事業経営の利益の帰属主体そのものを義務主体としてとらえ、その安全衛生上の責任を明確にしているのです。

2．労働者の定義

安衛法第２条第２号では、労働者の定義として「労働基準法第９条に規定する労働者をいう」と定めています（労働基準法第９条「職業の種類を問わず、事業又は事務所に使用される者で、賃金を支払われる者をいう」)。

つまり、労働者かどうかは使用される者であるか否か（使用従属関係)、その対償として賃金が支払われるか否かによって判断されることになります。

ここで使用従属関係とは、一般的に、

①　労務を提供する者が使用者の指揮命令下にあること

②　その労働者が一つの組織のなかに位置していること

③　作業実態上も職場行動上も経済上も従属関係下に立っていること

等の関係が成立することが条件とされています。

3．建設現場における事業者責任

①　事業者の代行者としての責任

建設現場における法律上の安全衛生管理責任は、会社である法人自体にありますが、会社の代表者たる社長が建設現場ごとにすべて責任をもって安全衛生上の措置を講ぜられるかというと、現実にはそうはいきません。

例えば、安衛則第519条では「事業者は高さが２メートル以上の作業床の端、開口部等で墜落により労働者に危険を及ぼすおそれのある箇所には、囲い、手すり、覆(おお)い等を設けなければならない」と定められていますが、建設会社の社長がいちいち建設現場に設けられている足場や作業箇所の一つ一つを点検し、災害防止のための措置を講ずることは不可能です。

通常は、その責任と権限を社長から部下である支店長に、支店長から作業所長などにゆだねることになるわけです。つまり、現場管理者たる作業所長が建設現場の安全衛生管理責任を会社の社長に代わって負うことになります。

さらに作業所長は、作業ごとに工事担当者に権限をゆだねており、その権限の分与とともに現場の危険防止のための措置義務を負う者、つまり措置義務の実行行為者が決まることになります。この義務を負う者は本来は「事業者」であっても、現場において実際に法律上の危険防止に必要な措置を講じなければならない者は、現場の作業所長以下の管理監督者になるわけです。

②　実行行為者の処罰

そこで、これらの工事現場における事業者の代行者として安全衛生管理を行う権限を有し、かつその義務を負う者を安衛法では「行為者」として、それらの者が安衛法違反を行った場合には「行為者を罰する」（同法第122条）と定めているのです。これらの管理監督者が、社長の代行者として安衛法上の措置を必ず実行することが求められ、事業者はそれらの者がその職責を果たすよう教育・指導し、必要な資材、装置、用具等を用意しなければなりません。

ふつう建設現場で墜落防止措置義務違反で送検されるのは作業所長、作業主任者等の現場の管理監督者と両罰規定による法人となっています。

③　両罰規定の意味

安衛法第122条では、「法人の代表者又は法人若しくは人の代理人、使用人その他の従業者がその法人又は人の業務に関して、安衛法第116条、第117条、第119条又は第120条の違反行為をしたときは、行為者を罰するほか、その法人又は人に対しても各本条の罰金刑を科する。」旨の規定がなされています。この規定が両罰規定といわれるものです。すなわち、作業所長以下の管理監督者が違反行為をした場合には、法人である会社の社長等にも罰金刑が課されることになるのです。これは、権限をゆだねた管理監督者が違反行為をしたことについて、法人自体が選任・監督等を怠ったとの過失が推定されるためです。

④　作業所長の選任・監督等

建設現場では、会社の社長自らが陣頭指揮することがほとんどありませんし、多くの場合、代行者を決めて、その者により現場の工事が施工されますが、この場合自分に代わって実行するに足る能力、経験、技量等を備えている者を選んで任命する必要があります。また、適任者を選任しても任せきりにしていたのでは事業者としての責務を果たしたことにはなりません。

つまり、会社の社長はその代行者が職務を果たしているかどうかを確実にチェックし、確認する義務があり、このような指導・監督を怠った場合や代行者としての措置をしていないことを知りながら放置していた場合には、会社の社長自身も法律上の責任を問われることもあるのです。法人の「代表者」も安衛法第122条では「行為者として罰する」こともあると定められています。

Q15

安衛法上、事業者として行わなければならない建設現場での安全衛生管理の措置にはどのようなものがありますか

Answer

最高裁判例によれば安衛法第122条の両罰規定に関して会社自体が免責されるのは、事業者の代行者として作業所長等を選任し、その者を監督し、その他違反行為を防止するために必要な注意を尽くしていたことが証明された場合に限られます。すなわち、両罰規定に基づく事業者処罰の根拠は事業者が労働者の選任・監督上必要な注意を怠ったという事業者の過失責任の推定に基づくというのが判例ですから、事業者としては選任・監督を怠らなかったという過失がなかったことを証明する必要があります。

そこで、事業者としての建設現場での安全衛生管理の措置義務について、事業者の代行者としての作業所長等の選任・監督を怠っておらず、安衛法の違反防止に必要な注意を尽くしていたというためには、具体的に次のようなものが必要であるとされています。

① 安全衛生管理組織を設けていること。

② 安全衛生管理の手段、方法等が明示されていること。

③ 能力ある管理監督者が必要な権限を与えられて配置されていること。

④ 安全衛生措置に必要な予算措置が行われていること。

⑤ 事業者の示した手段、方法等のとおりに安全衛生管理が行われているか否か、監督を尽くすこと。

⑥ 代表者又は代行者が下級の管理監督者の安全衛生上の指揮監督の不十分や怠慢等を黙認していないこと。

⑦ 事業者としての措置の状況を立証できる資料を残しておくこと。

Q16

建設現場の元請・下請関係において関係請負人の労働災害の防止責任は、現場全体の統括管理責任を負う元請にありますか

Answer

建設業の場合には、元請業者が発注者（施主）から工事を請負い、現場に事務所を設け、また、重層下請負関係にある専門工事業者等を統括管理し、施工管理の一切を行い、工事を完成させ、それによって利益をあげているため、ともすれば下請業者の認識としては、安全衛生管理上の事業者責任についてもすべて元請業者にあり、建設現場で生ずる労働災害防止の責任も元請業者にあると考えられがちです。

そのうえ、建設の事業が数次の請負によって行われる場合、労災保険加入の責任が元請業者にあることも、そのような考え方をしがちにしています。

しかし、安衛法では、事業者と作業者との間に使用従属関係と賃金の支払いの条件があってはじめて事業者責任が生ずることになります。

したがって、元方事業者であるとか、統括安全衛生管理の責任が元請業者にあるということだけで、各建設工事の施工にあたっての安衛法上の「事業者責任」を問われるものではありません。

元請業者は、安衛法上、下請業者に対する指導、指示の義務や安全な建設物等を貸与し、使用させる義務があるといっても、これによって作業者を雇用していない元請業者が下請業者の作業者に対して「事業者」の立場に立つということにはならず、この点をはっきりと認識しなければなりません。

このことから、安衛法では措置義務主体を「事業者」と定め、作業者と直接の使用従属関係にない元請業者には、事業者としての措置義務（事業者責任や特定注文者責任）を課しておらず、元請業者、注文者という立場から講ずべき特別の措置義務（統括管理責任）を課しているにとどまっています。したがって、下請業者、再下請業者はそれぞれの使用従属関係にある自己の支配下にある作業者に対して事業者としての安全衛生上の法的義務を果たすようにしなければなりません。なお、元請業者でも自社の社員あるいは直接に雇用している作業者に対しては事業者としての立場となり、その責任を果たさなければなりません。

建設現場での施工の実態は、重層下請負関係にあります。そこで、下請業者

の現場責任者が現場に常駐して配下の作業者を直接指揮している場合は問題はないのですが、元請業者の職員が下請業者の作業者を直接指揮監督している場合には、元請業者の職員と下請業者との間に使用従属関係（労働者供給的な場合がそれにあたります）ありとして元請業者の直接雇用の労働者と認められることもあり、災害防止措置の責任（事業者責任）を追求されることがあります。重層下請負関係にある形態での施工においては、下請業者及びその再下請業者の指揮、監督権を有する者は誰かを明確に把握し、安全衛生管理の事業者責任の体系を確立して作業にあたらせることが重要です。

Q17 下請業者が元請業者の設置した設備を使用した場合の事業者責任はどちらにありますか

Answer

元請業者が設置した足場を下請業者が使用する場合の事業者責任の所在について検討してみますと次のようになります。

1．元請業者が設置した足場使用上の法的責任

安衛則第518条では、墜落防止措置について「事業者は、高さが２メートル以上の箇所で作業を行う場合において墜落により労働者に危険を及ぼすおそれのあるときは、足場を組み立てる等の方法により作業床を設けなければならない」と定められており、一方、安衛則第655条では注文者の義務として「請負人の労働者に足場を使用させるときは、次の措置を講じなければならない」と定め、その措置について具体的な基準が規定されています。

例えば、下請業者が自己の使用する作業員を２m以上の高所で作業をさせる場合には、本来、下請業者が足場等の作業床を設けて仕事を行う義務があります。しかしながら、元請業者が足場を設置して下請業者の作業員に貸与し、使用させる場合には、元請業者が注文者の義務として足場の提供、安全な維持管理を行う責任がある（安衛法第31条）一方で、下請業者にも自己の使用する作業員に対して安全な足場を使用させるべき事業者としての責任（安衛法第21条第２項）があることを十分認識させ、足場についても双方に管理を確実に行わせるようにさせなければなりません。

2．元請業者が設置した足場を作業の都合上変更した場合の事業者責任

足場や開口部の手すりについて、元請業者が完全な状態で設置して下請業者に貸与したにもかかわらず、下請業者が作業の都合により手すりを取り外す場合には、下請業者は元請業者にその旨を申し出ることはもとより、墜落防止措置として作業者に安全帯を使用させる等、事業者としての責任が生ずることになるので勝手に変更してはいけません。

安衛法第32条第４項で「第31条第１項の場合において、当該建設物等を使用

する労働者に係る事業者である請負人は、同項の規定により講ぜられる措置に応じて、必要な措置を講じなければならない」と定められており、また、安衛則第663条で請負人は、特定発注者による安全上の措置が講ぜられていないことを知ったときは「速やかにその旨を注文者に申し出なければならない」とされ、また、これらの請負人は元請事業者である注文者の講ずるために行う「点検、補修その他の措置を拒み、妨げ、又は忌避してはならない」と規定しています。

元請事業者が設置している足場等については、元請業者には、安衛法第30条の規定に基づく作業場所の巡視義務及び同法第29条に基づく関係請負人に対する法令違反防止に必要な措置及び指示を行うことが義務づけられており、単に改変の許可なき禁止を定めているのみでは、それに反して下請業者が勝手に設備を変更したという理由のみで元請業者の責任がなくなるわけではありません。元請業者としては、足場等の使用を認めている以上、安全措置義務を負うわけです。したがって、そのような事実を発見した場合には、元請業者として、法令に基づく指導措置を講じなければなりません。

Q18

特定元方事業者の責務とはどのようなものをいいますか

Answer

1．特定元方事業者の講ずべき措置

建設工事の元方事業者は、特定元方事業者として一定の場所で多数の関係請負人の労働者が混在して作業を行う場合に、相互の連絡及び調整が十分行われないこと等によって生ずる労働災害を防止するため設けられた安衛法第30条の規定によって、次の事項に関する必要な措置を講じなければならないとされています。

① 協議組織の設置及び運営を行うこと。

② 作業間の連絡及び調整を行うこと。

③ 作業場所を巡視すること。

④ 関係請負人が行う労働者の安全又は衛生のための教育に対する指導及び援助を行うこと。

⑤ 仕事を行う場所が仕事ごとに異なることを常態とする業種（建設業）で、厚生労働省令で定めるものに属する事業を行う特定元方事業者にあっては、仕事の工程に関する計画及び作業場所における機械、設備等の配置に関する計画を作成するとともに、当該機械、設備等を使用する作業に関し、関係請負人がこの法律又はこれに基づく命令の規定に基づき講ずべき措置について指導を行うこと。

⑥ 前各号に掲げるものの他、当該労働災害を防止するため必要な事項。

2．「一の場所」の範囲

請負契約関係にある数個の事業者によって仕事が相関連して混在的に行われる各作業現場ごとに一の場所として取り扱われるのが原則であり、一般的には次のように取り扱われています。

① 建築工事関係

・ビル建設工事	その工事の作業場の全域
・鉄塔建設工事	その工事の作業場の全域
・送配電線電気工事	その工事の工区ごと

・変電所又は火力発電所建設工事	その工事の作業場の全域
② 土木工事関係	
・地下鉄道建設工事	その工事の工区ごと
・道路建設工事	その工事の工区ごと
・ずい道建設工事	その工事の工区ごと
・橋梁建設工事	その工事の作業場の全域
・水力発電所建設工事	堰堤工事の作業場の全域 水路ずい道工事の工区ごと 発電所建設工事の作業場の全域

3．統括管理の義務を負う者（特定元方事業者）の責務

例えば、ビル建設工事の本体工事と設備工事が発注者（Ａ社）から分割発注された場合のように、一の場所で２以上の特定元方事業者が存在する場合、安衛法第30条第２項の前段では、統括管理義務を負う者について次のように定めています。

「発注者は、一の場所で行われる特定事業（この場合、建設業）の仕事を２以上の請負人に請け負わせている場合において、その場所においてその仕事に係る２以上の請負人の作業員が作業を行うときは、厚生労働省令で定めるところにより、請負人でその仕事を自ら行う事業者であるもののうちから、安衛法第30条第１項に規定する措置を講ずべき者として、１人を指名しなければならない」とされています。

この場合、安衛則第643条では建設工事における躯体工事等仕事の重要な部分を請け負ったもので、最先次の請負人をその請負人の同意を得て指名しなければならないとされています。例えば、図1.6においてＡ社はＢ社の同意を得で指名しなければなりません。また、同規模の本体工事を実施する最先次の請負人が複数いる場合は、両者で互選した者を指名します。

したがって、Ｂ社は安衛法第30条第４項によって当該場所において当該仕事の作業に従事するすべての作業員、すなわち、Ｂ社、Ｃ社、Ｍ社及びＮ社の４事業者の作業員に関して統括管理を行わなければならないことになります。

なお、安衛法第30条第２項の後段の規定では、例えば、不動産会社や商事会社等がＡ社から工事を請け負い、自らはまったく仕事を行わないで一括してＢ社及びＭ社に仕事を請け負わせる場合に、その不動産会社や商事会社等は発注

者に代わって、Ｂ社又はＭ社のうち１社を一定の手続きを経て、統括管理をすべき事業者として指名しなければならないこととされています。

また、統括管理義務は、一の場所で自ら仕事を行っていなければ生じてこないものであり、自ら仕事を行っているか否かは、その事業者が工事の施工管理を実施しているか否かによって判断されます。

ここで施工管理とは、工事の実施を管理することであり、工程管理、作業管理、労務管理等の管理を総合的に行う業務をいい、通常総合工事業者が行っている業務が該当するものです。一方、公共工事の発注機関、設計事務所等が行っている設計図、仕様書等の設計図書を作成し、工事が設計図書どおりに行われているかどうかを確認する業務のみを行っている場合（設計監理）は、統括管理の義務は生じず、負うことにはなりません。

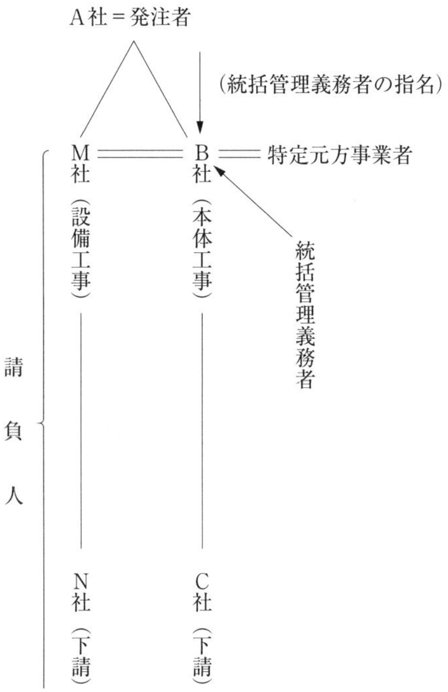

図1.6　統括管理義務者の指名

４．元方事業者による建設現場安全管理指針について

建設現場等において元方事業者が実施することが望ましい安全管理の具体的手法を示したこの指針は、厚生労働省から平成７年４月に出されております。

この指針では、「第２　建設現場における安全管理」及び「第３　支店等の店社における安全管理」において、具体的な事項が示されておりますので参考にして下さい。

Q19 安全管理者、安全衛生推進者及び元方安全衛生管理者の違いは何ですか

Answer

1．建設現場の事業場（事業者）ごとの安全衛生管理体制の中の安全管理者

建設現場の安全衛生を確保するためには、個々の事業者が単に危害防止基準の遵守、健康診断の実施等を行うだけでは、目的を十分に達成することはできません。

そのような観点から安衛法では、建設現場の事業場（事業者）ごとに事業者と労働者という使用従属関係に着目して、総括安全衛生管理者を頂点とした安全衛生管理組織を設置するよう義務づけております（図1.7参照）。

安全管理者は、総括安全衛生管理者の業務[注)]のうち、安全にかかわる技術的事項を管理する者として、建設業の場合、常時使用する労働者の数が50人以上となる元請業者、下請業者それぞれの事業場ごとに選任しなければならないこととされています（安衛法第11条）。

2．建設現場の事業場（事業者）ごとの安全衛生管理体制の中の安全衛生推進者

最近の労働災害の発生状況をみますと、安全管理者及び衛生管理者の選任が義務づけられていない中小規模事業場における労働災害の発生率が大規模事業

注）総括安全衛生管理者の業務
- ①　労働者の危険又は健康障害を防止するための措置に関すること
- ②　労働者の安全又は衛生のための教育の実施に関すること
- ③　健康診断の実施その他健康の保持増進のための措置に関すること
- ④　労働災害の原因の調査及び再発防止対策に関すること
- ⑤　その他労働災害を防止するために必要な業務で、厚生労働省令で定めるもの

（参考）厚生労働省令で定めるもの（安衛則第３条の２）
- ①　安全衛生に関する方針の表明に関すること
- ②　安衛法第28条の２第１項の危険性又は有害性等の調査及びその結果に基づき講ずる措置に関すること
- ③　安全衛生に関する計画の作成、実施、評価及び改善に関すること

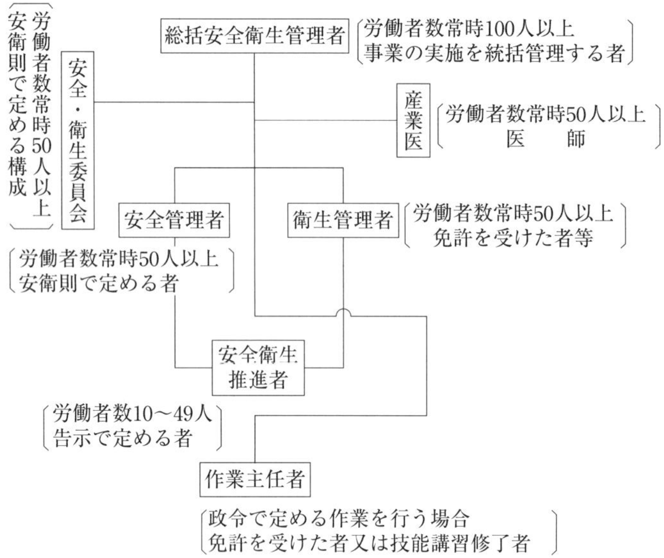

図1.7　事業場ごとの安全衛生管理体制

場に比べて格段に高くなっています。また、中小規模事業場の実情をみると、労働災害防止のための取組みが必ずしも十分とはいえない状況にあります。そこで、中小規模事業場の安全衛生水準の向上を図るため、その安全衛生管理体制を明確にするための安全衛生推進者の選任制度が設けられています。

したがって、建設現場に現場事務所があって、その現場において労務管理が一体的に行われ、事業場としての単位が成立する場合には元請業者、下請業者それぞれの単位で常時10人以上50人未満の労働者を使用する事業場ごとに安全衛生推進者を選任しなければなりません（安衛法第12条の２）。

一方、安衛法でいう「事業場」の適用単位の考え方は、労働基準法における考え方と同一とされていますが「建設業における労働基準法第９条の適用単位について」とする厚生労働省労働基準局長通達（昭和63年９月16日基発第601号の２）が出されています。それによると「建設現場については、現場事務所があって、当該現場において労務管理が一体として行われている場合を除き、直近上位の機構に一括して適用すること」とされています。

したがって、建設現場に現場事務所があって、その現場において労務管理が一体として行われている場合以外は、独立性のないものとして直近上位の本店・支店・営業所等の組織を一括して一事業場とみなし、安全衛生推進者を選任して差し支えないこととされております。

この場合、安全衛生推進者は次に示す安衛法第10条第１項各号の業務を担当することになり、具体的には次のような職務を担当することになります。

①　施設、設備等（安全装置、労働衛生関係設備、保護具等を含む）の点検及び使用状況の確認並びにこれらの結果に基づく必要な措置に関すること。

②　作業環境の点検（作業環境測定を含む）及び作業方法の点検並びにこれらの結果に基づく必要な措置に関すること。

③　健康診断及び健康の保持増進のための措置に関すること。

④　安全衛生教育に関すること。

⑤　異常な事態における応急措置に関すること。

⑥　労働災害の原因の調査及び再発防止対策に関すること。

⑦　安全衛生情報の収集及び労働災害、疾病・休業等の統計の作成に関すること。

⑧　関係行政機関に対する安全衛生にかかわる各種報告、届出等に関すること。

したがって、安全管理者と安全衛生推進者は、建設現場の事業場ごとの規模に応じて安全衛生管理体制上の選任義務が異なるために区分されているものです。実態的には、その業務は同様なものが求められており、事業場の安全衛生水準を一定のものとするためのものです。

３．建設現場の混在作業における安全衛生管理体制の中の元方安全衛生管理者

建設現場において、請負契約関係の下にある事業者が混在して事業を行うことから生ずる労働災害を防止するため、混在作業現場全体を統括管理する安全衛生管理体制を設けることが求められております。

そこで、安衛法第15条の規定による統括安全衛生責任者は、当該場所においてその事業の実施を統括管理する者をもってあてなければならないこととされておりますが、一般的には、現場の作業所長等工事施工の責任者は、広範な職務を有するものの、必ずしも災害防止の専門家とはかぎりません。

また、建設現場においては重層下請構造の形態が著しく、しかもかぎられた期間内に下請の各種専門工事業者の作業者による作業が混在して行われるた

め、元請業者が行う安全衛生の統括管理の内容も複雑多岐にわたり、統括安全衛生責任者のみではその具体的な統括管理が十分に行われにくい面がみられます。また、作業現場が常に移動しており、作業内容の変化も著しく、使用する設備も仮設のものが数多くあります。

したがって、建設現場ではその状況等に対応した適切な安全衛生管理が特に必要とされ、元請業者が行う統括管理の一環として当該管理を専門的に実施する者が必要となります。このため、元請業者は統括安全衛生責任者の下に、これを補佐し安全衛生に関する技術的事項を管理させる者として、元方安全衛生管理者を選任しなければならないこととされています（安衛法第15条の２）。

ところで、「元方安全衛生管理者に管理させる技術的事項」とは、安衛法第30条第１項各号の事項のうち安全又は衛生に関する具体的事項をいうものであり、専門技術的事項にかぎる趣旨のものではありません。その具体的内容は、例えば次の技術的事項等に関する実務です。

① 仕事の工程及び作業場所における機械・設備等の配置に関する計画の検討、作成
② 協議組織の設置、運営
③ 作業間の連絡、調整
④ 作業場所の巡視
⑤ 関係請負人が行う労働者の安全衛生教育に対する教材の提供等の指導、援助

したがって、建設現場の事業場ごと、即ち、元請業者、下請業者それぞれが事業場単位で選任しなければならない総括安全衛生管理者の管理下にある安全管理者と混在作業における統括管理体制の下での元請業者（特定元方事業者）の統括安全衛生責任者の管理下にある元方安全衛生管理者とは、制度的に異なる安全又は衛生のための管理者です。

Q20 重層請負の場合の注文者の義務とはどのようなものをいいますか

Answer

1．注文者とは

特定事業の注文者とは、請負契約の一方の当事者であって、請負人に特定事業の仕事を請け負わせる者のことをいいます。したがって、その事業が順次何人かの請負人によって施工される、いわゆる重層請負の場合には、その一つの事業について注文者が複数いることとなります。

なお、発注者とは、注文者のうちその仕事を他の者から請け負わないで注文している者をいいます。

2．注文者の講ずべき措置

この特定事業の注文者で自らもその事業の仕事の一部を行う者が、その事業を行うために、建設物、設備又は原材料を提供して下請業者の作業者に使用させるときの措置義務については、安衛法第31条第１項で「特定事業の仕事を自ら行う注文者は、建設物、設備又は原材料（以下「建設物等」という）を、当該仕事を行う場所においてその請負人（当該仕事が数次の請負契約によって行われるときは、当該請負人の請負契約の後次のすべての請負契約の当事者である請負人を含む）の労働者に使用させるときは、当該建設物等について、当該労働者の労働災害を防止するため必要な措置を講じなければならない」とされています。

また、同条第２項で「前項の規定は、当該事業の仕事が数次の請負契約によって行われることにより同一の建設物について同項の措置を講ずべき注文者が２以上あることとなるときは、後次の請負契約の当事者である注文者については、適用しない」と規定されています。

①　元請業者の建設物等を下請業者に使用させる場合

建設工事等を行う場合、元請業者が設置した建設物等を下請業者が使用することが一般的に行われています。

この場合、建設物等を使用する下請業者は、これらの建設物等については十分な管理権限をもたないため、労働災害防止上必要な措置を講じにくい面があります。

このため、安衛法第31条は、仕事の一部を他の者に請け負わせている者（注文者）は、その場所において建設物等を下請業者の作業者に使用させる場合には、これらの建設物等について労働災害防止のため必要な措置を講じなければならないと定めています。注文者が重複している場合は、最上位の注文者がこの措置を実施します。しかし、この場合でも下請業者は、当該建設物等に関して事業者としての安衛法の措置義務を免れるものではありません。

例えば、元請業者Ａ社の足場をＡ社の作業者はもとより、１次下請業者Ｂ社及び２次下請業者Ｃ社の作業者にも使用させる場合には、安衛法第31条第１項の規定により、建設業を自ら行う注文者であるＡ社及びＢ社は、この足場について積載荷重の表示、点検、安全な作業床の設置等の措置を講じなければならないことになります。

ただし、同条第２項により、一つの足場について、この措置を講じなければならない注文者が重複して存在することとなるときは、これらの注文者のうち、請負契約関係において先次の注文者のみがこれらの措置を講ずべき義務者として特定されることとなるので、この例の場合は、Ａ社のみがこの足場についての注文者義務を負うこととなります。なお、設備等に対する注文者としての義務は、自らの請負系列のみに関係するものであり、例えば図1.8で建設設備等を発注者から別途発注で請け負った元請業者Ｍ社、下請業者Ｎ社の系列についてまでＡ社が注文者としての義務を負うものではありません。

② 関係請負人が資材等を持ち込み、建設物等を設置する場合

(a) 図1.8のように下請業者Ｂ社が設置した建設物等をそのＢ社及びその下請のＣ社のみに使用させる場合は、それを設置した下請業者Ｂ社が注文者としての実施すべき措置を行わなければなりません。

(b) Ｂ社が設置した建設物を別途発注にかかる他の元請業者Ｍ社（その下請業者Ｎ社及びＯ社を含む）に共用させる場合には、そ

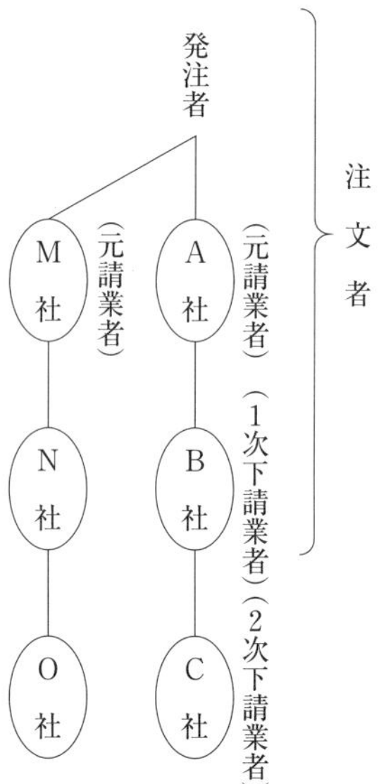

図1.8　注文者の義務

の元請業者M社が注文者の実施すべき措置を行わなければなりません。

Q21 特定作業を行う注文者の講ずべき措置にはどのようなものがありますか

Answer

安衛法第31条の３では、「建設業に属する事業の仕事を行う２以上の事業者の労働者が一の場所において機械で厚生労働省令で定めるものにかかわる作業（以下「特定作業」という）を行う場合において、特定作業にかかわる仕事を自ら行う発注者又は当該仕事の全部を請負った者で、当該仕事の一部を請負わせている者（以下「特定発注者等」という）は、厚生労働省令で定めるところにより、当該場所において特定作業に従事するすべての労働者の労働災害を防止するため必要な措置を講じなければならない」と規定されています。

本条は、パワー・ショベル、移動式クレーン等の建設機械を用いて行う作業（いわゆる建設機械施工）を複数の請負人の作業者が混在して行う場合、請負人相互間の連絡及び調整が不十分なために建設機械にかかわる労働災害が発生する傾向が強く、これらの作業は専門的、技術的な面が多いので、安衛法第30条で規定している統括管理の範囲では十分その成果が期待しえないことから、これらの作業を含む仕事を請負った最先次の請負人（主として建設機械施工専門業者等）に、この部分にかぎり、その専門的知識、技術を活かした連絡及び調整を行わせることとしたものです。

これらの作業の対象となる機械と連絡及び調整を要する作業内容は、安衛則で、次のとおり示されています。

① 機体重量３ｔ以上のパワー・ショベル、ドラグショベル及びクラムシェルを用いて行う荷の吊上げ作業についての措置（安衛則第662条の５及び６）

特定発注者等と下請負人の作業者の機械の運転、玉掛け又は誘導の作業、その他機械にかかる作業を行う者との間及び請負人相互間における作業の内容、作業の指示の系統及び立入禁止区域について連絡調整を行うこと。

② 車両系建設機械のうち、杭打ち機、杭抜き機、アース・ドリル及びアース・オーガーについての措置（安衛則第662条の５及び７）

特定発注者等と下請負人の作業者の機械の運転、作業装置の操作（車体上の運転者席における操作を除く）、玉掛け、杭の建込み、杭もしくはオーガーの接続又は誘導の作業、その他の作業を行う者との間及び下請負人相互間における作業の内容、作業の指示の系統及び立入禁止区域についての連絡及び調整を行うこと。

③　移動式クレーン（吊上げ荷重３ｔ以上のもの）についての措置（安衛則第662条の５及び８）

特定発注者等と下請負人の作業者の運転・玉掛け又は運転についての合図の作業、その他の作業を行う者との間及び下請負人の相互間の作業の内容、作業の指示の系統及び立入禁止区域についての連絡及び調整を行うこと。

なお、連絡調整をすべき事項としては、例えば移動式クレーンにかかわる作業において吊荷、使用する移動式クレーン、荷卸しの箇所等を単に示すのみの場合は含まれません。

本条で「特定作業にかかわる仕事を自ら行う発注者」とは、建設業に属する事業の事業者であって、仕事を他の者から請け負わないで注文し、かつ特定作業にかかわる作業を自ら行う者です。

また、「当該仕事の全部を請け負った者で、当該場所において当該仕事の一部を請け負わせているもの」とは、特定作業を共同して行う複数の事業者のうち、当該特定作業にかかわる仕事の全部を請け負った者で、特定作業にかかわる作業を自ら行うものであることとされています。

さらに、特定作業について、法的に連絡調整を行うべき者がいないときは当該仕事の全部を請負人に請負わせている元方事業者又は安衛法第30条の第２項若しくは第３項により指名された統括管理義務者は特定作業についての連絡調整をすべき者を指名する等労働災害防止のため必要な配慮をしなければならないとされています。

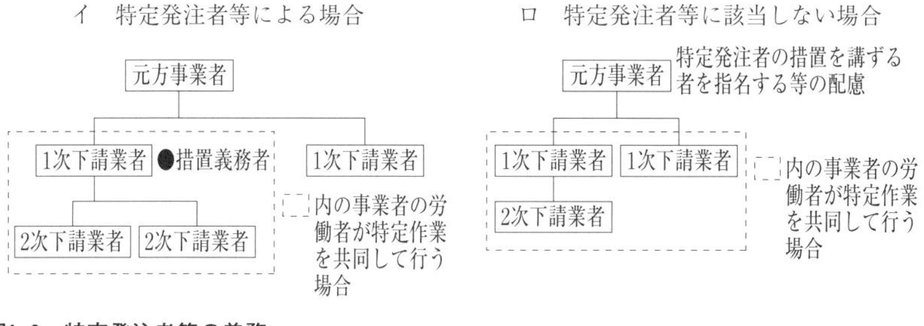

図1.9　特定発注者等の義務

Q22

関係請負人の責務とはどのようなものをいいますか

Answer

1．関係請負人とは

関係請負人とは、元方事業者（建設業の場合、特定元方事業者）の仕事が数次の請負契約によって行われる場合の元方事業者以外の下請負人をいいます。すなわち、元請業者から直接仕事を請け負った者（１次下請業者）のみを指すものではなく、１次下請業者より順次再下請した２次以下の下請業者までの全部をいいます（図1.10）。

なお、分割発注工事により、一の仕事に元請業者が複数あるときには、その内の１社が、安衛法第30条第１項の措置（特定元方事業者等の講ずべき措置）を行う者として発注者等から指名されることになります。この場合、指名された元請業者以外の元請業者及びその下請負業者も関係請負人に含まれます（図1.11）。

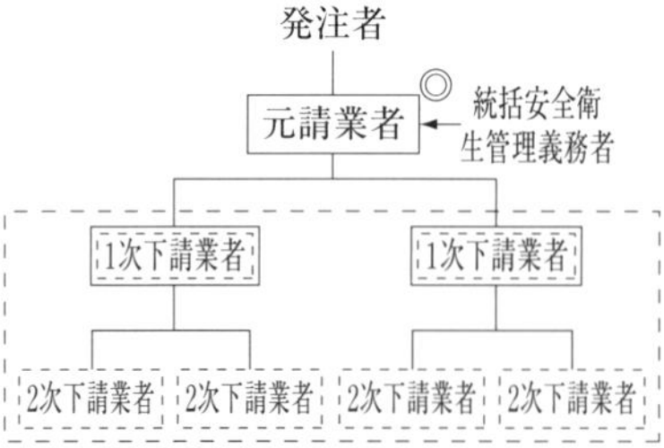

図1.10　一括発注工事の関係請負人

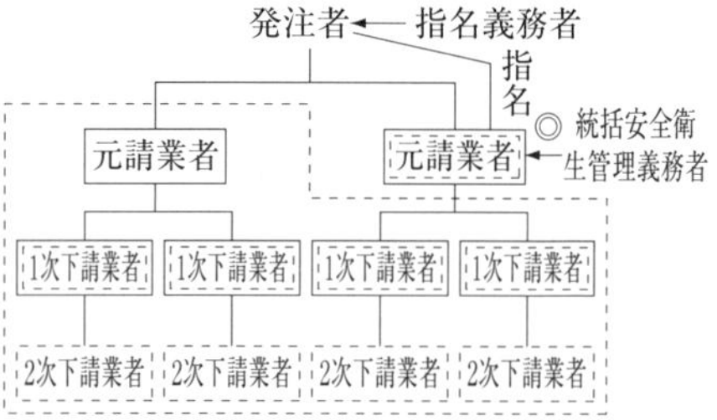

図1.11　分割発注工事の関係請負人

2．関係請負人の責務

関係請負人に対しては、次のような責務が安衛法で定められています。

（1）　元方事業者の指示への対応

関係請負人は、元方事業者が関係請負人又はその作業者がその仕事に関し、安衛法又はこれに基づく命令の規定に違反していると認めるときに是正のため必要な指示を行った場合は、その指示に従う義務を負っています（安衛法第29条第３項）。

（2）　特定元方事業者の措置への対応

特定元方事業者（分割発注の場合は、指名された特定元方事業者をいいます。以下同じ）以外の請負人でその仕事を自ら行うものは、特定元方事業者が労働災害防止のため講ずる措置に応じて、次の必要な措置を講じなければならない、とされています。（安衛法第32条）

①　協議組織への参加（安衛則第635条）

関係請負人は、特定元方事業者が設置する協議組織に参加すること。

②　作業場所の巡視への協力（安衛則第637条）

関係請負人は、特定元方事業者が行う巡視を拒み、妨げ、又は忌避しないこと。

③　クレーン等の運転についての合図の統一（安衛則第639条）

関係請負人は、自ら行う作業についてクレーン等の運転についての合図については、特定元方事業者が定めた合図と同一のものを定めること。

④　事故現場等の標識の統一等（安衛則第640条）

関係請負人は、作業場所で自ら行う作業にかかわる事故現場等について、特定元方事業者が定めた標識によって明示すること。なお、必要以外の者を事故現場等に立ち入らせないこと。

⑤　有機溶剤等の容器の集積箇所の統一（安衛則第641条）

関係請負人は、有機溶剤等を入れてある容器又は有機溶剤の蒸気が発散するおそれのある空容器を集積するとき（空容器については屋外に集積するときにかぎる）は、特定元方事業者が定めた箇所に集積すること。

⑥　警報の統一等（安衛則第642条）

関係請負人は、次の場合に特定元方事業者が定めた警報を行うこと。また、次の(a)～(e)の場合で警報が行われたときは、危険がある区域から必要以外の者を退避させること。

(a)　エックス線装置に電力が供給されている場合
(b)　放射性物質を装備している機器により照射が行われている場合
(c)　発破が行われる場合
(d)　火災が発生した場合
(e)　土砂の崩壊、出水若しくはなだれが発生した場合、又はこれらが発生するおそれのある場合

⑦　避難等の訓練の実施方法等の統一等（安衛則第642条２）

ずい道等の建設の作業を行う場合において、関係請負人が行う避難等の訓練については、その実施時期及び実施方法を統一的に定め、これを関係請負人に周知すること。

また、関係請負人が、避難等の訓練を行うときは、統一的に定められた実施時期及び実施方法により行わなければならないこと。

さらに、土石流危険河川において建設工事の作業を行う場合において、関係請負人は避難の訓練を行うときは、同様とすること（安衛則第642条の2の2）。

⑧　爆発、火災等の救護（安衛則第662条の9及び第642条の2）

特定元方事業者等に関する特別規制のうち爆発、火災等の救護の箇所に示す救護措置を講ずべき元方事業者又は指名された事業者以外の請負人でその仕事を自ら行うものは、元方事業者又は指名された事業者が行う労働者の救護に関し必要な事項についての訓練に協力しなければならないこと。

（3）　注文者の措置への対応

関係請負人（下請業者）は、その作業者が注文者（特別規則の対象となるものに限る）の建設物等を使用する場合には、注文者が労働災害防止のため講ずる措置に応じて、次の措置を行わなければならないこと（安衛法第32条）。

①　下請業者は、注文者が建設物等に講ずべき措置（安衛則第644条～第662条）が行われていないことを知ったときは、速やかにその旨を注文者に申し出ること（安衛則第663条第1項）。

②　下請業者は、注文者が行う措置（安衛則第644条～第662条）を講ずるために行う点検、補修その他の措置を拒み、妨げ又は忌避しないこと（安衛則第663条第2項）。

③　下請業者は、注文者が行う措置（安衛則第662条の4第1項又は第2項）の措置が講じられていないことを知ったときは、速やかにその旨を注文者に申し出ること（安衛則第663条の2）。

④　下請業者は、特定元方事業者、元方事業者、注文者が講ずる措置の実施を確保するためにする指示に従うこと（安衛法第32条第7項）。

（4）　安全衛生責任者の選任と職務の遂行

統括安全衛生責任者を選任すべき場合において、統括安全衛生責任者を選任すべき事業者（特定元方事業者）以外の請負人で、その仕事を自ら行うものは、安全衛生責任者を選任して定められた職務を行わせなければならないこと（安衛法第16条）。

①　安全衛生責任者の資格

法令上定められていないが、次の⑤の職務を遂行できる適任者を選任すること

②　代理者

安全衛生責任者が旅行、疾病、事故その他やむをえない事由によって職務を行うことができないときは、代理者を選任しなければならないこと（安衛則第20条）。

③　通　報

安全衛生責任者を選任した下請業者は、統括安全衛生責任者を選任すべき事業者に安全衛生責任者を選任した旨を速やかに通報しなければならないこと（安衛法第16条）。

④　届　出

行政官庁への届出義務は、法令上定められていない。

⑤　職務（安衛法第16条、安衛則第19条）

(a)　統括安全衛生責任者との連絡

(b)　統括安全衛生責任者から連絡を受けた事項の関係者への連絡

(c)　統括安全衛生責任者からの連絡事項の実施について管理すること

(d)　請負人が作成する作業計画等について、統括安全衛生責任者と調整を行うこと

(e)　混在作業による危険の有無を確認すること

(f)　請負人が仕事の一部を後次の請負人に請け負わせる場合には、その請負人の安全衛生責任者と作業間の連絡調整を行うこと

(b)の「関係者」とは、その安全衛生責任者を選任した請負人及びその労働者等をいいます（昭和47年９月18日基発第601号の１）。

なお、選任を要しない規模の現場においても関係請負人には、当該現場の監督者に対して同様な職務を行わせるよう配慮することが必要です。

３．関係請負人の労働者の遵守事項

労働者に対しては、次のような遵守事項が安衛法で定められています。

①　労働者は、労働災害を防止するため必要な事項を守る他、事業者その他の関係者が実施する労働災害の防止に関する措置に協力するように努めなければならないこと（安衛法第４条）。

② 労働者は、事業者が労働災害の危険を防止するために必要な措置を講じた場合、これに応じて必要な事項を守らなければならないこと（安衛法第26条）。

③ 労働者は、元方事業者がその仕事に関し安衛法又はこれに基づく命令に違反していると認めるときに、是正のため必要な指示を行った場合は、その指示に従わなければならないこと（安衛法第29条第３項）。

④ 労働者は、特定元方事業者、元方事業者、注文者、請負人等が講ずべき措置（安衛則第635条～第663条の２）に応じて、必要な事項を守らなければならないこと（安衛法第32条第６項）。

⑤ 労働者は、特定元方事業者、元方事業者、注文者、請負人等が講ずべき措置の実施を確保するためにする指示に従わなければならないこと（安衛法第32条第７項）。

４.「元方事業者による建設現場安全管理指針（平成７年４月労働省労働基準局制定）」

この指針では、「第２　建設現場における安全管理」の中に「14. 関係請負人が実施する事項」が示されており、また、「第３　支店等の店社における安全管理」の中に「９. 関係請負人が実施する事項」が示されているので参考にするとよいでしょう。

Q23

安衛法上、発注者の安全衛生管理責任はどのようなものですか

Answer

安衛法第３条第３項では、「建設工事の注文者等仕事を他人に請け負わせる者は、施工方法、工期等について、安全で衛生的な作業の遂行をそこなうおそれのある条件を附さないように配慮しなければならない」と規定されています。

この規定は、「注文者（発注者）の責務」を明らかにしたものです。不当な発注条件のため、安全・衛生のために必要な経費を見込めず、あるいは突貫工事を余儀なくされるというようなことで、安全で衛生的な作業の遂行が損なわれることがあります。こうしたことのないように建設工事契約をはじめ、請負契約の注文者（発注者）は、その契約内容を適正なものとするため、施工方法、工期、工程、請負金の費目等について、安全で衛生的な作業の遂行を損なうおそれのある条件を付さないように配慮しなければならないことを定めたものです。

計画の届出にかかわる事項が安衛法等の規定に違反すると認められるとき、労働基準監督署長又は厚生労働大臣が事業者に対し、その届出にかかわる工事若しくは仕事の開始を差し止め又は計画を変更することの命令を発するだけでは、継続的に工事の発注を行っている発注者が将来にわたって、安衛法上問題のある発注条件を付さないことについて、十分注意を喚起することはできません。また、事業者が行政機関からの命令等に基づく改善措置を講ずるにあたっても、発注者の付する発注条件を変更するためには時間を要し、迅速な改善措置の実施が困難な場合が考えられます。このような状況にかんがみ、厚生労働大臣又は労働基準監督署長は、工事差止命令等の命令をした場合において必要があると認めるときは、当該命令にかかわる工事の発注者等に対し今後、安衛法上問題となるような発注条件を付さないよう留意すること等労働災害防止に関する事項について必要な勧告又は要請を行うことができることとされています。安衛法第88条第３項及び第４項では、建設業等に属する事業の仕事のうち一定のものについて、事業者は厚生労働大臣又は労働基準監督署長に対し、その計画を届け出なければならないこととし、当該届出にかかわる事項が安衛法の規定に違反するときは、厚生労働大臣又は労働基準監督署長は、同条第７項の規定により届出事業者に対し工事の開始の差止め又は計画の変更を命令する

ことができることとされていますが、その命令をした場合において必要があると認めるときは、当該命令にかかわる仕事の発注者に対し、労働災害の防止に関する事項について必要な勧告又は要請を行うことができることとしています（安衛法第88条第８項）。

勧告又は要請の具体的内容としては、例えば発注者に対し、今後安衛法上問題となるような発注条件を付さないよう留意すること、事業者の改善措置が迅速に講じられるよう配慮することが考えられます。なお、これらの勧告又は要請は、発注者その他の注文者が安衛法違反となる事項を発注条件として付していることを理由として行われるものですから、設計図等において安衛法違反となる事項が明示されている場合等に行われることになります。

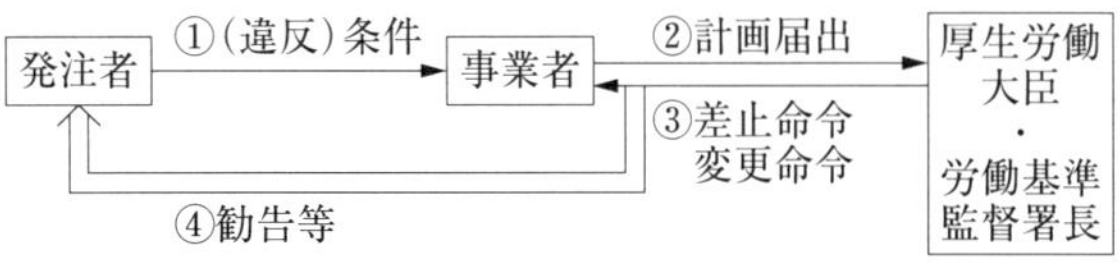

図1.12　発注者に対する勧告等

Q24 労働者も安全衛生管理義務を負うのですか

Answer

建設現場の労働災害については、工場とは違って毎日毎日作業場の状況や作業の内容が変化しており、いわば“動いている場所”であるため、どうしても労働者自身の安全で衛生的な行動がなければ災害を防止できないという性質を持っています。ここに建設現場で働く労働者の自己安全義務の履行が強く要求されている理由があります。

判例でも、建設現場の「作業のような仕事はいくら使用者が注意を促し作業主任者がいても、作業員個人個人が命綱を用いるなりその他危険防止に必要な配慮、措置をとらぬかぎり、事故の発生を未然に防止することは困難となる」（昭和50年２月28日京都地裁判決、宮基組・増田組事件）とされております。

そこで、建設現場の安全衛生管理の基本となる安衛法においても「労働者の義務の遵守」を規定（第26条等）しているのです。安衛法は、労働者自身についても、事業者の講ずる措置に応じて労働者が所要の安全衛生事項を守らなければどうしても安全や健康の確保が図れないものについては、労働者自身の法律の遵守義務を規定し、その違反については「50万円以下の罰金に処する」と罰則（第120条）を科して、強くその遵守がなされるように図っております。

すなわち、安衛法第26条、第32条第６項、第33条第３項は「労働者は、事業者が講じる措置に応じて、必要な事項を守らなければならない」旨を規定し、さらに同法第66条第５項は、「労働者は…事業者が行う健康診断を受けなければならない」旨を定め、安全と衛生に関する労働者の守るべき基準が安衛則等において具体的に定められております。そして、建設労働者についていわゆる自己安全義務の例として、例えば安全帯や保護帽の着用について「労働者は、安全帯等の使用を命じられたときは、これを使用しなければならない」（安衛則第520条）とか「前項の作業に従事する労働者は、同項の保護帽を着用しなければならない」（安衛則第539条第２項）というように労働者に使用・着用を義務づけています。そして、これに違反した労働者に対しては50万円以下の罰金に処すると規定しております。

このような定めからみれば、事業者にとって安衛法の規定が最低労働条件基準となるように労働者にとっても罰則で強制されている最低の遵守基準といえます。したがって、これに労働者が違反すれば労働者側の義務違反となると解されます。この点は、まさに労使双方にとってそれぞれに規定の内容が最低労働条件として絶対に守るべき事項の内容となるのです。なお、労働者の義務については安衛法の規定でも明らかなように「事業者の講ずる措置に応じて」（安衛法第26条）遵守すべき必要な事項が定まるのであり、事業者がまず災害防止に必要な措置を先に履行することが必要となります。事業者が自らの義務を履行せず、労働者に指示・命令するだけで労働者に責任を転嫁し、労働者を災害防止措置の責任者として矢面に立たすことはできないのです。つまり「事業者が第一次的な義務者であり、労働者は第二次的、補充的な義務者」となるのであって、事業者が災害防止に必要な措置を講じた場合に、はじめて労働者の義務として成立するのです。

このように、事業者の措置が尽くされた場合の労働者の安全義務として労働者が遵守すべき法定の事項を中心として、分類して検討すると建設労働者の守るべき義務は次のような13項目に分けられると考えられます。

①安全状態保持義務、②安全措置実施義務、③事前安全確認義務、④安全作業義務、⑤作業中の自己安全確保義務、⑥合図励行等の義務、⑦安全施設使用義務、⑧安全用具等使用義務、⑨保護具着用・使用義務、⑩危険有害行動禁止義務、⑪立入禁止義務、⑫無資格の作業や運転禁止義務、⑬各種機械等の安全運転義務、です。

Q25

重層下請負現場の労災事故の死傷病報告の提出義務は、被災者の雇用主にあるのですか

Answer

建設現場の安衛法上の労働災害防止のための措置義務の主体は、各作業員を雇用し賃金を支払っている各請負事業者にあります。それを明白に表しているのは、当該建設現場で労働災害が発生したときに死傷病報告書を提出する義務のある事業者は誰かということです。

例えば、何人かの安全管理担当者に次のような質問をした場合にどのような答えが返ってくるのでしょうか。

「元方事業者のＡ社が統括安全衛生管理する建設現場においてＡ社から仮設工事を請け負ったＢ社は、さらにＣ社に第２次請負させていたところ、Ｃ社の労働者が請け負った仮設工事の施工中被災し、休業４日以上の労働災害を負ったとき、この事故につき安衛法上の死傷病報告書を提出する義務のある事業者（提出しなかった場合、いわゆる労災隠しとして送検される事業者）は誰か？」

この場合の答えとして、通例は元方事業者のＡ社と答える者が約60％、第１次下請負人のＢ社と答える者が約10％、第２次下請負人のＣ社と答える者が約30％です。正解はＣ社ですが、安衛法が施行されて35年になろうとしているのに、労働災害が発生したとき遅滞なく事業者は死傷病報告書を所轄労働基準監督署長に提出しなければならない義務があるのは誰か？というまさに安衛法の「事業者」責任の初歩的、基本的な措置義務の理解が誤っているのが建設業界の現状なのです。

すなわち、安衛法第100条第１項に基づき安衛則第97条で「事業者は、労働者が労働災害その他就業中又は事業場内若しくはその附属建設物内における負傷、窒息又は急性中毒により死亡し、又は休業したときは、遅滞なく、様式第23号による報告書を所轄労働基準監督署長に提出しなければならない。」と規定し、ご承知のとおり「労働者死傷病報告書」の様式が定められております。

この報告書の提出は、はっきりと「事業者は、……提出しなければならない」と定められており、事業者とは当該死傷した労働者を雇用するものであり、設問の場合は第２次下請負人のＣ社となるのであって、「元方事業者は、……提出しなければならない」などとはどこにも規定されていません。この報告書を

提出していないと、いわゆる労災隠しとして現在では一発で送検されるようになっていますが、その提出義務を負うのははっきりと「事業者」と定められているので下請負人であることは明白です。ところが、なぜ60％以上の人が解答を誤るのかというと、建設現場で下請負人の労働者に労働災害が発生した場合の被災労働者に対する労災補償責任については、建設業の場合には「事業が数次の請負によって行われる場合においては、災害補償については、その元請負人を使用者とみなす」（労働基準法（以下「労基法」）第87条第１項）と定められており、もともと労災補償責任が元方事業者にあるとみなされていることから安衛法の責任も同じように元方事業者にあるのではないかと考えられていることに由来すると思われます。

しかし、労基法（労災保険法）上の労災補償責任と安衛法上の労災防止措置義務は明白に異なっているのであり、このことが忘れられているのです。

確かに、元方事業者は自分が雇用した労働者ではないので建設現場においてこれを直接的に指揮監督をしていないにしても、元方事業者が統括管理を行い、建設現場全般の工事の監督と指示をし、仮設設備や工事用機械を提供し、入場・退場の管理をなし、現場を巡回し安全管理の徹底を行っている以上、元方事業者は下請負人及び下請負人の労働者を直接又は間接的に支配し、外形的に何らかの指揮命令関係が事実上認められることが多いのです。そこで原則として、民事上の安全配慮義務や不法行為責任としての使用者責任等が元方事業者にも成立し、雇用主である下請負人（請負事業者）等と民事賠償については連帯責任を負うことになるのです。

ただ、労災補償責任や民事上の損害賠償責任（誰が、いくら被災者に賠償するか）と安衛法上の刑事上の責任（誰が送検されるか）ということは別であり、この両者を混同してはいけません。

建設現場内での下請負人の労災事故について、元方事業者の現場事務所の所長や担当責任者等がその事実を知り、しかも休業４日以上と見込まれ遅滞なく届け出なければならないことを承知しながら、雇用主である届出義務者の下請負人（請負事業者）に対し、死傷病報告書を提出しないように指示したり、相談を受けて提出しないように仕向けたりしたときは、これらの元方事業者の者も共犯である「人を教唆して犯罪を実行させた者には、正犯の刑を科する」（刑法第61条第１項）、「正犯を幇助（ほうじょ）した者は、徒犯とする」（同法第63条）との規定によって教唆又は幇助犯となります。しかし、違反者となるのは安衛法上「事業者」という身分のある者にかぎられ、元方事業者の社員は「事業者」という身分を持たないので「犯人の身分によって構成すべき犯罪行為に加功したときは、身分のない者であっても、共犯とする」（刑法第65条第１項）という規定があるため、はじめて元方事業者の社員も共犯として送検されることになるのであり、あくまでも主犯は下請負人（請負事業者）なのです。したがって、下請負人である事業者の労災隠しの違反が成立しないときは元方事業者の社員の共犯も成立しない（共犯の従属性）のであり、また、共犯は元請負人の社員の個人的な正犯への加功となり、元請負人は事業者という、身分を有しないから元方事業者には両罰規定は適用されません。

このように明白な安衛法上の法理論が理解されておらず、本来の安全措置の主体である下請負人（請負事業者）に安全管理の自己責任の希薄さがあるのです。

Q26

元方事業者の設置した仮設物等に不備があった場合、事業者責任はどうなるのですか

Answer

建設現場においては、元方事業者が足場その他工事用の仮設建設物を設け、下請負人がそれを使用して下請負工事を施工するということが多々あります。そこで、元方事業者としては自らが仮設物等を設置するにあたっては、安全な仮設物等を設置して下請負人やその労働者に使用させなければならないのは当然です。

そこで、安衛法では「特定事業の仕事を自ら行う注文者は、建設物、設備又は原材料（以下「建設物等」という）を、当該仕事を行う場所においてその下請負人の労働者に使用させるときは、当該建設物等について、当該労働者の労働災害を防止するため必要な措置を講じなければならない」（第31条）と、下請負人の労働者に元方事業者が建設物等を貸与して使用させるときは安全なものを使用させる義務のあることを罰則付きで規定しております。そして、例えば、足場についてみると「注文者は、法第31条第１項の場合において、下請負人の労働者に、足場を使用させるときは、当該足場について、次の措置を講じなければならない」（安衛則第655条）として、法令の定める足場の基準に適合するものを使用させるべきことを規定しています。

そこで、元方事業者は下請負人の労働者に対し、建設物等を使用させるにあたっては安全な物を使用させる義務がありますから、その労働者の雇用主である下請負人（請負事業者）の方は自社の労働者に安全な足場等を使用させる義務を負わないことになるのかが問題となります。しかし、この点については下請負人（請負事業者）もその足場の安全について責任を負うのです。

労働者を雇用して使用する「事業者」の立場としては請負作業に従事する労働者に対しては、例えば足場についてみれば「事業者は、足場については、次に定めるところに適合したものでなければ使用してはならない」と安衛則第559条以下で、「事業者」に安全な足場を労働者に使用させる義務を罰則付きで強制しています。ここでいう事業者とは、下請負人であることはいうまでもありません。元方事業者が設置し、下請負人に提供する建設物等であり、元方事業者に安全なものを下請負人の労働者に使用させる義務があることと、自社の

雇用する労働者に対して事業者として、その安全を確保する義務を負うこととはまた別問題であり、あくまでも労働者の安全確保責任は雇用主である各下請負人（請負事業者）にあります。この点については厚生労働省の通達でも明白であり、この「特定事業の注文者責任」に関し、「本条は、建設業等の仕事を自ら行う注文者は、建設物等を当該仕事を行う場所において、その請負人の労働者に使用させる場合には、当該建設物等について当該労働者の労働災害を防止するため必要な措置を講ずる義務があることを定めたものであること。この場合においても、当該請負人も、安衛法その他労働者の安全及び衛生に関する法令に基づき、その使用する労働者にかかる当該建設物等について安全衛生上の措置を講ずべき義務を免れるものではなく、法第31条の趣旨は、かかる場合には、注文者及び請負人は、相協力して当該建設物等について労働災害の防止に関し必要な措置を講ずべきものであるということにあること」（昭和47年9月18日、基発第602号）とされております。

また判例上も事業者の災害防止義務に関し、たとえ他人の所有、管理（例えば元請業者の所有管理）にかかる施設でも、「当該労働者が作業上接触する危険があるかぎり、その労働者の使用者が所有又は管理するものにかぎられるものではなく、また、その労働者をしてその作業場において直接これを取り扱わせるものであると否とを問わないものと解するのを相当とする」（昭和47年6月6日、最高裁判決、小原産業事件）と判示しています。

このように「注文者」としての元方事業者の安全な足場の提供義務と「事業者」としての各下請負人の自己の使用する労働者に対する安全な足場を使用させる義務とが成立するのであり、二重の安全措置が定められているわけです。したがって、元方事業者が設置し、下請負人の労働者に使用させる足場だからといって、下請負人の事業者責任が免除や軽減されたりはしないのです。

Q27 地山の崩壊災害でも送検されるのは関係請負人ですか

Answer

土木工事関係者が、建設現場の安全管理責任はすべて元方事業者にあり、何でもかんでも元方事業者の責任であり、下請負人の事業者の責任でないと誤解している典型的な例について述べることにします。

平成4年の安衛法の改正で厚生労働省は安衛法第29条の2を新設し、「建設業に属する事業の元方事業者は、土砂等が崩壊するおそれのある場所、機械等が転倒するおそれのある場所その他の厚生労働省令で定める場所において関係請負人の労働者が当該事業の仕事の作業を行うときは、当該関係請負人が講ずべき当該場所に係る危険を防止するための措置が講ぜられるように、技術上の指導その他の必要な措置を講じなければならない」としました。

これについて厚生労働省は、「建設工事を行う場合には、事業者に安全確保のために種々の措置の実施を義務付けていますが、現行法令上はこれらの措置を講ずべき義務者はそれぞれの作業を行っている関係請負人となっています。しかし、これらの措置の中には、作業を行う場所の地質の状態等を知ったうえであらかじめ実施しておくことが必要なものがあり、また、比較的大規模な工事を伴うもので関係請負人のみでは適切に実施することが困難なものがあります。このため、適切な措置が講じられず、それが原因となって災害が発生しており、一方、元方事業者は、工事現場全体の管理を行い、作業場所の状況について最も多くの情報を有しています。そこで、元方事業者はこのような作業場所の安全確保のための措置について適切な指導援助を行うことが可能であり、また、元方事業者の指導・援助がなければ関係請負人のみでは適切な措置を講じることが困難なことから、元方事業者に土砂等が崩壊するおそれのある場所等において関係請負人の労働者が作業に従事する場合には、当該関係請負人が講ずべき当該場所にかかる危険を防止するため必要な措置が適切に講ぜられるよう技術上の指導その他必要な措置を講じなければならないことにした」と説明しております。そして、元方事業者が技術上の指導その他必要な措置を講じなければならないのは、関係請負人の労働者に次の場所において作業を行わせる場合であると定めました。

① 土砂等が崩壊するおそれのある場所

② 土石流が発生するおそれのある場所
③ 基礎工事用建設機械及び移動式クレーンが転倒するおそれのある場所
④ 架空電線に接触し、接近することにより感電するおそれのある場所
⑤ 明かり掘削の作業が行われる場所において、埋設物、擁壁等が損壊するおそれのある場所

しかしながら、この条文上明らかなように元方事業者の行う義務があるのはあくまでも必要な技術上の指導、援助等であり、この第29条の2には第29条の一般的な元方事業者の請負人に対する是正指導義務と同様に罰則がついていないのであり、罰則付きの強行法規ではありません。それは、もちろん元方事業者が行わなくてもよいというものではありませんが、あくまでも安衛法の措置義務の主体は労働者を雇用する事業者であり、元方事業者はあくまでも主役である下請負人の事業者の雇用する労働者に対する安全管理の指導・援助なのです。

例えば、この規定の適用例としてみてみると、土木工事において、明かり掘削の現場で安全な勾配がとられていない場合には、掘削作業を行ってはならず、「事業者は、手掘りにより砂からなる地山又は発破等により崩壊しやすい状態になっている地山の掘削作業を行うときは、次に定めるところによらなければならない」（安衛則第357条）とされており、地山の崩壊のおそれのある場所で労働者に作業させてはならず、安全な勾配を保持しないで作業させて地山の崩壊事故が発生した場合、安衛法違反として送検されることになります。この場合、地山の崩壊災害について送検されるのは、そのような工事を請負施工させた元方事業者ではないのです。よく、安全な勾配をとるのは当該場所を管理し統括管理を行う元方事業者で、下請負人はそこで作業するだけであるから送検対象とはならないと考えている者が多いのです。

しかし、条文上明らかなように安衛法上の災害防止義務を負うのは「事業者」であり、「事業者」とは自己の雇用する労働者に「地山の掘削作業を行わせる」事業者なのであり、元方事業者は自己の労働者がそこで掘削作業をしないかぎり「事業者」にならないのです。

「それはおかしい。このような場合、元方事業者が地山の状態をいちばんよく知っているのであるから、元方事業者が安全な勾配を保持して下請負人に作業をさせる義務があり、それを怠った元請負人こそが送検されるべきではないか」と思う人も多いかと思います。

しかしながら、安衛法違反で送検され、処罰されるのは自己の労働者の保護義務を怠った者、すなわち崩壊の危険のある地山で安全な勾配をとらずに労働者に作業を命じた使用者である下請の事業者なのであり、元方事業者ではありません。これは、安衛法が労働者保護法規であることから保護義務は第一義的には当該労働者を雇用し現場に配置して指揮命令し、使用する下請負の事業者が負わざるをえないのです。

元方事業者に安衛法が求めているのは、下請負人である事業者がこのような違反をして労働災害を発生させないように「指導し」、「必要な技術上の援助等」を行うことなのです。もちろん、罰則がついていないからといって元方事業者が必要な指導や援助を怠り、下請負人の労働者に災害発生の危険を生じさせることは許されませんが、送検という安衛法の刑事責任を負うのは誰かという面から見ると元方事業者は該当しないのです。

もし元方事業者が送検されるとすれば、そのような危険な場所において必要な措置がとられていないことを知りながら、そして、下請負人の事業者が安全な勾配等必要な措置をとらないで作業させることを承知のうえであえて当該仕事を注文指示したり、現に危険作業が行われていることを知りながら、その作業の続行を指示したような場合であり、このようなときは下請の作業者の違反を教唆したり、幇助したりしたことになり、「共犯」としての責任が問われることになるのです。

なお、安衛法は、労働者の保護法ですから雇用主である下請負人の事業者が労働者を危険な場所に配置して作業を行わせた責任を問われるのですが、それとは別に刑法上の業務上の過失傷害致死罪（刑法第211条）が元方事業者の責任者に科せられる場合があります。それは、土砂崩壊のおそれがある場所であるのに作業禁止等の必要な業務上の注意を欠いたため下請負人の労働者に死傷事故を発生させたといった責任で「業務上必要なる注意を怠り、よって人を死傷させた者は５年以下の懲役若しくは禁錮又は50万円以下の罰金に処する」とされています。

Q28

現場の軟弱な地盤に移動式クレーンを設置して転倒した場合の責任は誰にあるのですか

Answer

Q27の地山の崩壊災害と同様なことは移動式クレーンの転倒事故についてもいえます。すなわち、「事業者は、地盤が軟弱であること、埋設物その他地下に存する工作物が損壊するおそれがあること等により移動式クレーンが転倒するおそれのある場所においては、移動式クレーンを用いて作業を行ってはならない。ただし、当該場所において、移動式クレーンの転倒を防止するために必要な広さ及び強度を有する鉄板等が敷設され、その上に移動式クレーンを設置しているときは、この限りでない」（クレーン則第70条の３）と定められております。

この規定に違反して、下請負人が地盤が軟弱であるにもかかわらず安全な鉄板等を敷かないで移動式クレーンを持ち込み設置し、荷重をかけて吊り上げたため転倒事故が発生し重大災害を生じたという場合も、安衛法違反として送検されるのは「移動式クレーンを用いて作業を行った事業者」であり、それは移動式クレーン作業を行っている下請負人ということになります。

「元方事業者が地盤の状況をいちばんよく知っているものであり、鉄板等の資材を提供するのは元方事業者なのだから、下請負人を処罰するのはおかしい」という意見もありましょう。しかし、あくまでも元方事業者は、移動式クレーン作業を行う労働者の雇用主ではないのであり、安衛法上は現場の地質状況をよく知っている元方事業者が必要な情報を提供し、あるいは危険を防止する資材等の提供をするなどして、下請負人が違反施工をしないように「技術上の指導その他必要な措置を講ずる」（安衛法第29条の２）ことにとどまるのです。したがって、元方事業者がこのような指導・援助を怠った結果、災害が発生したとしても下請負人の違反の共犯に該当しないかぎり、送検されるのは下請負人であり元方事業者ではありません。

なぜならば、地盤が軟弱で移動式クレーンが転倒するおそれがある場所で、当該移動式クレーンを用いて作業を労働者に行わせてはならないというのが規則であり、したがって地盤が軟弱であるにもかかわらず鉄板等を敷設しないで移動式クレーンを放置して作業を行わせた事業者が法違反となるのです。誰が行わせたかというと移動式クレーンのオペレーター等を雇用し現場に配置して作業を行うよう指揮命令した使用者であり、それは下請負人である専門工事業者ということになります。

このように安衛法上は、雇用主である事業者があくまでも災害防止の主体とされているのであり、土木工事現場の場合には、各下請負人が安衛法の災害防止の主体であり、法的な観点からみると元方事業者は下請負人の防止措置が適正に講ぜられるように指導し、援助するものなのであります。

この基本的な責任主体が土木工事現場では明白でなく、各下請負人や専門工事業者はまるで労働者を派遣(供給)している派遣元事業者のような意識のケースも多く、みんな元方事業者にまかせており、自分たち請負事業者には責任がないのだといった気持の事業者も相当いるようです。しかし、これは誤りであり、各下請負人や専門工事業者は雇用主として使用する労働者の保護義務を負っているのですから、この基本的な法律関係の理解から改めなければならないと思われます。

第２章

計画の届出とセーフティ・アセスメント

Q29 計画の届出とはどのような制度ですか

Answer

計画の届出とは、労働者に危害の発生が予想されるような設備が設けられたり、労働者の安全衛生を損なうような生産方法や工法等の採用が行われることをあらかじめチェックするための制度です。

すなわち、事業者は、安衛法第88条により、

① 一定の業種及び規模に該当する事業場において建設物又は機械等の設置、移転、変更をしようとするとき（第１項）

② 一定の危険又は有害な機械等の設置、移転、変更をしようとするとき（第２項）

③ 建設業の仕事で特に大規模なものを開始しようとするとき（第３項）

④ 建設業又は土石採取業の事業の仕事で一定の規模あるいは種類のものを開始しようとするとき（第４項）

には、その計画を一定の期日までに厚生労働大臣（③の場合のみ）又は所轄労働基準監督署長に届け出ることとされています。一方、厚生労働大臣又は所轄労働基準監督署長は、これらの届出について審査を行い、法令に違反する事実があると認めたときは、工事若しくは仕事の差し止め又は変更の命令をすることができること（第７項）やその命令にかかわる仕事の発注者に対し、労働災害の防止に関する事項について必要な勧告又は要請を行うことができる（第８項）とされています。

Q30

どのような建設工事が計画の届出の対象になるのですか。また、どのような書類を届け出る必要がありますか

Answer

1．計画の届出の対象

計画の届出は、建設工事の種類、規模に応じて厚生労働大臣又は所轄労働基準監督署長へ行う必要があります。

① 厚生労働大臣への届出

厚生労働大臣への計画の届出を要する仕事は、建設工事でも特に大規模で高度な技術的検討を要する次に示す仕事であり、その計画の仕事を開始する日の30日前までに届け出る必要があります（安衛法第88条第３項、安衛則第89条の２）。

(a) 高さが300m以上の塔の建設の仕事

(b) 堤高（基礎地盤から堤頂までの高さをいう）が150m以上のダムの建設の仕事

(c) 最大支間500m（吊橋にあっては、1 000m）以上の橋梁の建設の仕事

(d) 長さが3 000m以上のずい道等の建設の仕事

(e) 長さが1 000m以上3 000m未満のずい道等の建設の仕事で、深さが50m以上のたて坑（通路として使用されるものにかぎる）の掘削を伴うもの

(f) ゲージ圧力が0.3MPa（３kgf/cm²）以上の圧気工法による作業を行う仕事

これらのうち、(c)の「最大支間」とは、橋梁を支えている支点と支点の間隔のうち最大のものをいいます。したがって、長さが500m（吊橋の場合には、1 000m）以上の橋梁であっても、その構造上、最大支間が500m（吊橋の場合には、1 000m）未満の場合には、厚生労働大臣への届出の対象には含まれません。

(d)及び(e)の「長さ」とは、事業者単位にとらえた、いわゆる工区の長さをいいます。

一般的にずい道等の建設工事においては、一つのずい道等をいくつかの工区

に分けて複数の建設業者に請け負わせていることが一般的であり、その個々の工区の長さが3 000m以上の場合、又は1 000m以上3 000m未満で深さが50m以上のたて坑を有する場合には、厚生労働大臣への届出の対象となります。

(d)及び(e)の「ずい道等の建設の仕事」とは、ずい道とたて坑以外の坑（横坑及び斜坑）の建設の仕事をいい、たて坑のみの建設の仕事は該当しません。

② 労働基準監督署長への届出

所轄労働基準監督署長へ計画の届出を要する大規模建設工事は次に示す仕事であり、その計画の仕事を開始する日の14日前までに届け出る必要があります。これらのなかで厚生労働大臣への届出対象となるものは除かれます（安衛法第88条第4項、安衛則第90条）。

(a) 高さ31mを超える建設物又は工作物（橋梁を除く）の建設、改造、解体又は破壊（以下「建設等」という）の仕事

(b) 最大支間50m以上の橋梁の建設等の仕事

(c) 最大支間30m以上50m未満の橋梁の上部構造の建設等の仕事（安衛則第18条の2の場所注)において行われるものにかぎる）

(d) ずい道等の建設等の仕事（ずい道等の内部に労働者が立ち入らないものを除く）

(e) 掘削の高さ又は深さが10m以上である地山の掘削（ずい道等の掘削及び岩石の採取のための掘削を除く）の作業（掘削機械を用いる作業で、掘削面の下方に労働者が立ち入らないものを除く）を行う仕事

(f) 圧気工法による作業を行う仕事

(g) 耐火建築物又は準耐火建築物で、石綿等が吹き付けられているものにおける石綿等の除去の作業を行う仕事

(h) 廃棄物焼却炉（火格子面積が2m^2以上又は焼却能力が200kg/h以上のものにかぎる）を有する廃棄物の焼却施設に設置された廃棄物焼却炉・集じん機等の設備の解体等の仕事

注)「安衛則第18条の2の場所」とは、「人口が集中している地域内における道路上若しくは道路に隣接した場所又は鉄道の軌道上若しくは軌道に隣接した場所」をいう。

2．計画の届出の書類

厚生労働大臣又は所轄労働基準監督署長に大規模建設工事の計画の届出をしようとする者は、一定の様式（様式第20号）の届書に次の①から⑥までの書類を添えて提出しなければなりません（安衛則第91条）。

① 仕事を行う場所の周囲の状況及び四隣との関係を示す図面

② 建設等をしようとする建設物等の概要を示す図面

③ 工事用の機械、設備、建設物等の配置を示す図面

④ 工法の概要を示す書面又は図面

⑤ 労働災害を防止するための方法及び設備の概要を示す書面又は図面

⑥ 工程表

また、圧気工法による作業を行う仕事の計画を厚生労働大臣又は所轄の労働基準監督署長に届け出ようとする場合には、①から⑥の書類に加えて圧気工法作業摘要書（様式第21号の２）を提出する必要があります。

Q31 建設業において、計画の届出を必要とする機械等にはどのようなものがありますか

Answer

一定の危険又は有害な機械等を設置若しくは移転し、又はこれらの主要部分を変更をしようとするときには、その計画を工事開始の日の30日前までに、こ

表2.1 安衛則関係

機械等の種類	事　　項	図面等
軌道装置	① 使用目的 ② 起点及び終点の位置並びにその高低差（平均勾配） ③ 軌道の長さ ④ 最小曲線半径及び最急勾配 ⑤ 軌間、単線又は複線の区別及び軌条の重量 ⑥ 橋梁又は桟橋の長さ、幅及び構造 ⑦ 動力車の種類、数、形式、自重、けん引力及び主要寸法 ⑧ 巻上機の形式、能力及び主要寸法 ⑨ ブレーキの種類及び作用 ⑩ 信号、警報及び照明設備の状況 ⑪ 最大運転速度 ⑫ 逸走防止装置の設置箇所及び構造 ⑬ 地下に設置するものにあっては、軌道装置と周囲との関係	中欄に掲げる事項が書面により明示できないときは、当該事項にかかわる平面図、断面図、構造図等の図面
型枠支保工（支柱の高さが3.5m以上のものにかぎる）	① 打設しようとするコンクリート構造物の概要 ② 構造、材質及び主要寸法 ③ 設置期間	組立図及び配置図
架設通路（高さ及び長さがそれぞれ10m以上のものにかぎる）	① 設置箇所 ② 構造、材質及び主要寸法 ③ 設置期間	平面図、側面図及び断面図
足場（吊足場、張出し足場以外の足場にあっては、高さが10m以上の構造のものにかぎる）	① 設置箇所 ② 種類及び用途 ③ 構造、材質及び主要寸法	組立図及び配置図

注）架設通路と足場については、組立てから解体までの期間が60日以上のものにかぎられます。

の届出を所轄労働基準監督署長に届け出る必要があります（安衛法第88条第２項、安衛則第86条、別表第７及び様式第20号）。

　この届出の対象となる機械等のうち、特に建設工事に関連のあるものとして、**表2.1**、**表2.2**の左欄に掲げるものがあり、それぞれ中欄、右欄に掲げる書面、図面等を添えて、所轄労働基準監督署長に提出しなければなりません。

表2.2　特別規則関係

機械等の種類	書面		図面等
		事　項	
クレーン（吊上げ荷重が３ｔ以上（スタッカー式クレーンにあっては、１ｔ以上）のものにかぎる）	（設置の場合） ①　クレーン設置届 ②　クレーン明細書 ③　クレーン則別表の上欄に掲げるクレーンの種類に応じてそれぞれ同表の下欄に掲げる構造部分の強度計算書	①　据え付ける箇所の周囲の状況 ②　基礎の概要 ③　走行クレーンにあっては、走行する範囲	クレーンの組立図
	（変更の場合） ①　クレーン変更届 ②　クレーン検査証		変更しようとする部分の図面 ①　クレーンガーダ、ジブ、脚、塔その他の構造部分 ②　原動機 ③　ブレーキ ④　吊上げ機構 ⑤　フック、グラブバケット等の吊具
移動式クレーン（吊上げ荷重が３ｔ以上のものにかぎる）	（設置の場合） ①　移動式クレーン設置報告書 ②　移動式クレーン明細書 ③　移動式クレーン検査証		
	（変更の場合） ①　移動式クレーン変更届 ②　移動式クレーン検査証		変更しようとする部分の図面 ①　ジブその他の構造部分 ②　原動機 ③　ブレーキ ④　吊上げ機構

機械等の種類	書面	事項	図面等
			⑤　フック、グラブバケット等の吊具 ⑥　台車
デリック（吊上げ荷重が２ｔ以上のものにかぎる）	（設置の場合） ①　デリック設置届 ②　デリック明細書 ③　クレーン則別表の上欄に掲げるデリックの種類に応じてそれぞれ同表の下欄に掲げる構造部分の強度計算書	①　据え付ける箇所の周囲の状況 ②　基礎の概要 ③　控えの固定の方法	デリックの組立図
	（変更の場合） ①　デリック変更届 ②　デリック検査証		変更しようとする部分の図面 ①　マスト、ブーム、控えその他の構造部分 ②　原動機 ③　ブレーキ ④　吊上げ機構 ⑤　フック、グラブバケット等の吊具 ⑥　基礎
エレベーター（積載荷重が１ｔ以上のものにかぎる）	（設置の場合） ①　エレベーター設置届 ②　エレベーター明細書 ③　クレーン則別表上欄に掲げるエレベーターの種類に応じてそれぞれ同表の下欄に掲げる構造部分の強度計算書 ④　建築基準法第６条第１項第１号から第３号までに掲げる建築物のエレベーターについては、同法第６条第１項（同法第87条の２第１項にお	①　据え付ける箇所の周囲の状況 ②　屋外の設置するエレベーターにあっては、基礎の概要及び控えの固定の方法	エレベーターの組立図

機械等の種類	書面	書面　事項	図面等
	いて準用する場合を含む）の規定による確認の申請書のうちエレベーターに関する部分の写し及び同法第6条第4項の規定による確認済証の写し		
	（変更の場合） ①　エレベーター変更届 ②　エレベーター検査証		変更しようとする部分の図面 ①　搬器又はカウンターウエイト ②　巻上機又は原動機 ③　ブレーキ ④　屋外に設置されているエレベーターにあっては、昇降路塔、ガイドレール支持塔又は控え
建設用リフト（ガイドレール（昇降路を有するものにあっては、昇降路）の高さが18m以上のもので、積載荷重が0.25t以上のものにかぎる）	（設置の場合） ①　建設用リフト設置届 ②　建設用リフト明細書 ③　クレーン則別表の上欄に掲げる建設用リフトの種類に応じてそれぞれ同表の下欄に掲げる構造部分の強度計算書	①　据え付ける箇所の周囲の状況 ②　基礎の概要 ③　控えの固定の方法	建設用リフトの組立図
	（変更の場合） ①　建設用リフト変更届 ②　建設用リフト検査証		変更しようとする部分の図面 ①　ガイドレール又は昇降路 ②　搬器 ③　原動機 ④　ブレーキ ⑤　ウインチ

Q32

セーフティ・アセスメントとは、どのようなもので、計画の届出とどういう関係にありますか

Answer

労働災害の中には、設備等の設計、工事の計画段階において安全面から十分な検討が行われなかったために発生したものが見られます。いい換えれば、設備等の採用、工事の設計・計画にあたって、事前にその危険性についてのチェックを行い、その段階で所要の措置を講じておけば、災害の発生を未然に防ぐことができるのです。このように、設備等の採用あるいは建設工事の開始にあたり、設計、計画段階で事前に危険性を評価し、これに見合った対策を講じることを“セーフティ・アセスメント”といいます。セーフティ・アセスメントは、事業者（企業）が自主的に実施するものであり、事業場内の設計・計画担当者、工事担当者、安全担当者などが協力して行うことが必要です。

ところで、安衛法の中でも第88条において一定の事業場で設備や建設物の設置、移転若しくは主要部分の変更を行おうとするとき、また、特定の機械等の設置、移転等の際に、それに関する計画を事前に行政官庁に届け出ることが事業者に義務付けられています。特に大規模な建設工事では、いったん災害が発生すると大規模なものとなる危険性が高いため、安衛法においては施工計画の樹立に際しては、安全衛生に関する一定の資格を有する者を参画させ、その計画について安全衛生面からチェックさせることも義務付けられています。

このようなことから、セーフティ・アセスメントは計画の届出に先立ち、その内容を事業者自ら安全衛生面からチェックする手法であると考えられます。

なお、計画の届出の対象のものでなくともセーフティ・アセスメントを実施し、危険性のあるものについては事前に十分な対策を講じ、安全の確保に努めておくことが大切です。

[厚生労働省から公表されているセーフティ・アセスメント指針]

1　山岳トンネル工事……………平成８年７月５日基発第448号の２

2　圧気シールド工事……………昭和60年５月22日基発第280号の２

3　圧気ケーソン工事……………昭和60年５月22日基発第280号の２

4　鋼橋架設工事…………………昭和60年10月29日基発第116号の２

5　プレストレストコンクリート橋架設工事
　　……………………………………昭和63年３月７日基発第136号

6　推進工事………………………昭和62年９月７日基発第528号

7　シールド工事…………………平成７年２月24日基発第94号の２

Q33

セーフティ・アセスメントは具体的にどのように進めればよいのですか

Answer

セーフティ・アセスメントの進め方は、これまでに厚生労働省から山岳トンネル工事、圧気ケーソン工事、鋼橋架設工事等に関してセーフティ・アセスメント指針が公表されています。ここでは、同指針に示された鋼橋架設工事を行う場合のセーフティ・アセスメントの進め方を紹介します。

1．第1段階：基礎資料の収集

この段階では、次の①から⑫までの事項について調査等を行い、鋼橋架設工事の危険性の評価及び安全対策の検討を行うために必要な基礎資料を収集・整備します。

① 設計図書
② 気象、海象、水の状況
③ 地形、地質
④ 既存構造物及び隣接構造物
⑤ 下部工
⑥ 運搬路
⑦ 環　境
⑧ 仮設備
⑨ 労働安全衛生関係法令
⑩ 災害情報
⑪ 同種の工事における記録
⑫ 安全基準に関する技術上の各種指針

2．第2段階：発注者から付与された条件に基づく危険度のランクづけとその対策の樹立

この段階では、発注者から付与された条件に基づく危険度についてランクづけを行い、それに対する対策を考慮します。**表2.3**にその一例を示します。

① 発注者から付与された条件に基づく危険度のランクづけについては、**表**

表2.3

要　素	条　　件	素点
構造形式	①　Ｉ形桁、箱形桁構造以外のもの ②　Ｉ形桁、箱形桁構造のもの	2 0
最大支間長	①　100mを超えるもの ②　50mを超え100m以下のもの ③　50m以下のもの	2 1 0
構造物の平面形状	①　曲率の大きい曲線桁 $\left(\frac{L}{\sqrt{R}} \geqq 3.5\text{の場合}\right)$ ②　曲率のゆるやかな曲線桁 $\left(\frac{L}{\sqrt{R}} < 3.5\text{の場合}\right)$ ③　直線桁 Ｌ：構造中心線の支間長（m） Ｒ：構造中心線の曲率半径（m）	2 1 0
桁下高さ	①　20mを超えるもの ②　10mを超え、20m以下のもの ③　10m以下のもの	2 1 0
架設工法	①　ケーブルエレクション工法 ②　片持ち式工法、送出し工法、架設桁工法等ベント以外で橋体を支持する工法 ③　橋体をベントのみで支持する工法 ④　ノーベント工法（一括架設工法）	4 2 1 0

注）この他、要素として使用クレーン、地形、地盤条件、架設時期及び架設地域、架設工期があります。

2.3の左欄に掲げる要素を用いて、各要素が中欄の条件のいずれに該当するかにより右欄の素点を与え、これを合計して危険性の評点を求めます。

② 得られた危険性の評点により、表2.4のように危険度のランクづけを行います。

③ 以上のランクづけに応じた安全対策として事業者は、表2.5に定める経験を有する工事計画責任者、工事現場責任者等の選任、本社の指導体制の確立について考慮を行います。

3．第３段階：基本的事項についての検討

この段階では、基本的事項について安全対策が講じられているか又は講じられることとなっているかを表2.6の「安全対策に関する基本的事項」の評価内

容の欄に記された観点からチェックし、必要な場合には施工計画の変更を行う等の措置を講じます。なお、講じることとなっている対策については実施時期、実施方法等についても検討を行います。

表2.4　危険性の評点に応じた危険性のランク付け

危険性の評点	危険性のランク
15点以上	ランクⅠ（危険性が非常に高い）
10～14点	ランクⅡ（危険性が高い）
5～9点	ランクⅢ（危険性がある）
4点以下	ランクⅣ（危険性が低い）

表2.5　危険性のランクに応じた安全対策

安全対策＼危険性のランク	ランクⅠ	ランクⅡ	ランクⅢ	ランクⅣ
工事計画責任者、工事現場責任者の経験	鋼橋架設工事の計画又は施工の業務に10年以上の経験を有する者	鋼橋架設工事の計画又は施工の業務に7年以上の経験を有する者	鋼橋架設工事の計画又は施工の業務に5年以上の経験を有する者	鋼橋架設工事の計画又は施工の業務についての経験を有する者
〜	〜	〜	〜	〜

表2.6　安全対策に関する基本的事項（抄）架設工法、作業及び機材にかかる基本的事項
〔架設工法〕

基本的事項	評価内容	（参考）施工時における留意事項
ベント工法	①　速やかにベント間に防網を張る等墜落防止措置を講じること ②　支持間隔が大きく、反力が大きいときは、本体部材支持点の応力及び局部座屈を検討すること	①　転倒防止措置及び必要に応じて横倒れ座屈に対する対策を講じること
ケーブル式の直吊工法	①　架設の進行に並行して桁下足場又は防網を設置すること ②　横桁を吊桁として利用するときは、吊金具及びその取付け部の耐力を検討すること ③　橋台、橋脚上に鉄塔を建てるときは、橋台、橋脚の耐力を検討すること	①　架設順序が計画どおりであること ②　架設段階ごとの変位等を確認すること
〜	〜	〜

4．第4段階：特有災害についての評価及び安全対策の検討

この段階では、特有災害のうち、構造物の倒壊災害についてはその危険性を定量的に評価し、これに応じた安全対策を検討するとともに必要な場合には、施工計画の変更を行う等の措置を講じます。また、墜落災害及び重量物取扱い災害については、安全対策が講じられているか又は講じられることとなっているかを重点的に検討するとともに必要な場合には、施工計画の変更を行う等の措置を講じます。

以下にそれぞれの特有災害ごとにその手法を示します。

① 構造物の倒壊災害に対する安全対策の検討

表2.7 倒壊災害に関する架設計算評価表（抄）

評価内容		考慮する荷重							評価等				
区分	小項目	*P*	*p*	*U*	*I*	*Ho*	*W*	その他の荷重	計算値	許容値	安全指数	評価	備考
	橋梁型式にかかるもの												
本体構造	① I形桁は横倒れ座屈について検討すること												*l/b*〔中間部70以下 片持ち部35以下〕ランクⅢ
本体構造	② 箱形桁、鋼床版等は吊金具取付け部の耐力を検討すること	○	○	○	○								
その他	③ 箱形桁、鋼床版等は吊金具の耐力を検討すること	○	○	○	○								
本体構造	④ 曲線桁等の場合には、偏荷重を考慮すること	○	○										考慮している…ランクⅢ 考慮していない…ランクⅠ
本体構造	⑤ 箱形桁は支持点の局部座屈について検討すること	○	○	○		○							
本体構造	⑥ 架設応力の量又は質が完成系の応力のそれと異なるときは部材の耐力を検討すること	○	○	○		○							

P：本体構造重量　*p*：架設用機材荷重　*U*：不均等荷重　*I*：衝撃荷重　*Ho*：照査水平荷重
W：風荷重　○：該当して考慮するもの

表2.8　小項目ごとの危険性の評価ランク

項　　　目	危険性のランク
①　小項目の検討がなされていないもの	Ⅰ
②　考慮すべき荷重が抜けているもの	Ⅰ
③　引張曲げ応力の安全指数が100未満のもの	Ⅰ
④　安全率の安全指数が100未満のもの	Ⅰ
⑤　座屈応力の安全指数が105未満のもの	Ⅰ
⑥　安定の安全指数が100未満のもの	Ⅰ
⑦　引張曲げ応力の安全指数が100以上125未満のもの	Ⅱ
⑧　安全率の安全指数が100以上125未満のもの	Ⅱ
⑨　座屈応力の安全指数が105以上133未満のもの	Ⅱ
⑩　地盤上又は地中にある構造物の安定の安全指数が100以上のもの	Ⅱ
⑪　引張曲げ応力の安全指数が125以上のもの	Ⅲ
⑫　安全率の安全指数が125以上のもの	Ⅲ
⑬　座屈応力の安全指数が133以上のもの	Ⅲ
⑭　構造物で支えられる構造物の安定の安全指数が100以上のもの	Ⅲ

注）1．許容安定値については、転倒に対して1.2、滑動に対して1.5とする。
　　2．許容応力、安全率及び安定については、土木学会編「鋼構造架設設計指針」、日本道路協会編「鋼道路橋施工便覧」等によるものとする。ただし、クレーンの構造部分の許容応力及び安全率については、クレーン構造規格によるものとする。

まず、**表2.7**の「倒壊災害に関する架設計算評価表」の小項目ごとに架設計算を行っているか、また、架設計算上考慮すべき荷重が抜けていないかをチェックします。続いて、各小項目の架設計算結果について次式により安全指数を求め、**表2.8**により小項目ごとにその危険性を評価します。

(a)　応　力

$$安全指数=\frac{許容応力}{実応力}\times 100$$

(b)　安全率

$$安全指数=\frac{実安全率}{許容安全率}\times 100$$

(c)　安　定

$$安全指数=\frac{実安定値}{許容安定値}\times 100$$

以上のように危険性の評価を行い、ランクⅠの小項目については、施工計画の変更等を行い、ランクⅡ又はランクⅢまで安全性を高めることとし、ランクⅡの小項目（ランクⅠをランクⅡに高めた場合も含む）については施工時における施工管理の強化及び使用機材の点検・整備の徹底を行います。

②　墜落災害に対する安全対策の検討

墜落災害に対する安全対策が講じられているか又は講じられることとなっているかを「墜落災害に関する安全対策検討表」（省略）の評価内容の欄に記された観点からチェックし、不備等がある場合には十分な措置を講じます。

なお、当該対策については実施時期、実施方法等の適否についても検討を行います。

③　重量物取扱い災害に対する安全対策の検討

重量物取扱い災害に対する安全対策が講じられているか又は講じられていることとなっているかを「重量物取扱い災害に関する安全対策検討表」（省略）の評価内容の欄に記載された観点からチェックし、不備等がある場合には十分な措置を講じます。なお、当該対策については実施時期、実施方法等の適否についても検討を行います。

Q34

一定の建設工事等において、計画の作成に有資格者を参画させる趣旨と対象工事はどのようなものですか

Answer

建設工事等を安全に施工するためには、工事の計画段階において、安全な作業の方法を確立しておくことが大切です。このため、安衛法では、一定の工事や仮設設備の設置等を行う事業者にその計画の届出を義務付けていますが、工事の計画を届け出る事業者は、自ら工事の安全性を事前に精査することが大切であり、事業者の安全配慮上の責任でもあります。

そこで安衛法では、工事計画の届出を必要とする危険性の高い工事等については、事業者において工事計画の安全性についての知識・経験を有する者を工事計画の作成段階から参画させ、労働安全衛生関係法令事項や予想される危険性、機械設備の配置、作業工程の設定等について事前にチェックする仕組みを導入することとしたものです（安衛法第88条第５項）。

この場合の対象工事の範囲は次に示すとおりです（安衛則第92条の２）。

１．計画作成時に有資格者を参画させるべき大規模建設工事の範囲

⑴　厚生労働大臣に計画の届出を提出すべき仕事（安衛則第89条の２）

①　高さが300m以上の塔の建設の仕事

②　堤高（基礎地盤から堤頂までの高さをいう）が150m以上のダムの建設の仕事

③　最大支間500m（吊橋にあっては1 000m）以上の橋梁の建設の仕事

④　長さが3 000m以上のずい道等の建設の仕事

⑤　長さが1 000m以上3 000m未満のずい道等の建設の仕事で、深さが50m以上のたて坑（通路として使用されるものにかぎる）の掘削を伴うもの

⑥　ゲージ圧力が0.3MPa（３kgf/cm²）以上の圧気工法による作業を行う仕事

⑵　所轄労働基準監督署長に計画の届出を提出すべき仕事のうち一定のもの（安衛則第90条）

①　高さ31mを超える建築物又は工作物（橋梁を除く）の建設等の仕事

②　最大支間50m以上の橋梁の建設等の仕事

③　最大支間30m以上50m未満の橋梁の上部構造の建設等の仕事（安衛則第18条の２の場所[注]において行われるものに限る）

④　ずい道等の建設等の仕事（ずい道等の内部に労働者が立ち入らないものを除く）

⑤　掘削の高さ又は深さが10m以上である地山の掘削（ずい道等の掘削及び岩石の採取のための掘削を除く）の作業（掘削機械等を用いる作業で、掘削面の下方に労働者が立ち入らないものを除く）を行う仕事

⑥　圧気工法による作業を行う仕事

２．計画の届出が必要な機械等のうち、計画の作成段階で有資格者の参画が必要となる機械等（安衛則別表第７）

①　型枠支保工（支柱の高さが3.5m以上のもの）

②　足場（吊足場、張出し足場以外の足場にあっては、高さが10m以上の構造のもの）

なお、②の足場については、組立てから解体までの期間が60日以上のものが計画の届出対象となっています。

注）「安衛則第18条の２の場所」とは「人口が集中している地域内における道路上若しくは道路に隣接した場所又は鉄道の軌道上若しくは軌道に隣接した場所」をいう。

Q35 計画の作成に参画する者の資格要件と職務はどのようなものですか

Answer

1．計画参画者の資格要件

事業者は、一定の工事計画作成時に有資格者を参画させることになりますが、対象となる建設工事の仕事に応じて資格要件が安衛法等に定められており、**表2.9**のとおりです（安衛法第88条第５項、安衛則第92条の３、別表第９）。

表2.9　建設工事の仕事に応じた資格要件

仕　事　の　区　分	資　　　格
１．大規模の塔の建設の仕事（高さが300m以上の塔の建設の仕事） ２．高層の建築物等の建設、解体等の仕事（高さ31mを超える建築物又は工作物の建設等の仕事（ダム及び橋梁の建設の仕事を除く））	１．次のイ及びロのいずれにも該当する者 イ　次のいずれかに該当すること ⑴　学校教育法による大学又は高等専門学校において理科系統の正規の課程を修めて卒業し、その後10年以上建築工事の設計監理又は施工管理の実務に従事した経験を有すること ⑵　学校教育法による高等学校において理科系統の正規の学科を修めて卒業し、その後15年以上建築工事の設計監理又は施工管理の実務に従事した経験を有すること ⑶　建築士法第12条の１級建築士試験に合格したこと ロ　建設工事における安全衛生の実務に３年以上従事した経験を有すること又は厚生労働大臣が定める研修を修了したこと ２．労働安全コンサルタント試験に合格した者で、その試験の区分が建築であるもの ３．その他厚生労働大臣が定める者
１．大規模のダム、橋梁、ずい道、圧気工法の仕事 ａ．堤高が150m以上のダムの建設の仕事 ｂ．最大支間500m（吊橋にあっては1 000m）以上の橋梁の建設の仕事 ｃ．長さが3 000m以上のずい道等の建設の仕事	１．次のイからハまでのいずれにも該当する者 イ　次のいずれかに該当すること ⑴　学校教育法による大学又は高等専門学校において理科系統の正規の課程を修めて卒業し、その後10年以上土木工事の設計監理又は施工管理の実務に従事した経験を有すること ⑵　学校教育法による高等学校において理科系統の正規の学科を修めて卒業し、その後15年以上土木工事の設計監理又は施工管理の実務

d．長さが1 000m以上3 000m未満のずい道等の建設の仕事で、深さが50m以上のたて坑の掘削を伴うもの e．ゲージ圧力が0.3MPa（3kgf/cm²）以上の圧気工法による作業を行う仕事 2．高層建築物の建設、解体、大型橋梁、ずい道の建設、高い地山の掘削、圧気工法の仕事 a．高さ31mを超えるダムの建設等の仕事 b．最大支間50m以上の橋梁の建設等の仕事 c．最大支間30m以上50m未満の橋梁の上部構造の建設等の仕事 d．ずい道等の建設等の仕事 e．掘削の高さ又は深さが10m以上である地山の掘削（ずい道等の掘削及び岩石の採取のための掘削を除く）の作業（掘削機械を用いる作業で、掘削面の下方に労働者が立ち入らないものを除く）を行う仕事 f．圧気工法による作業を行う仕事	に従事した経験を有すること (3)　技術士法第4条第1項の第2次本試験で建設部門にかかわるものに合格したこと (4)　建築業法施行令第27条の3に規定する1級土木施工管理技術検定に合格したこと ロ　次に掲げる仕事の区分に応じ、それぞれに掲げる仕事の設計監理又は施工管理の実務に3年以上従事した経験を有すること (1)　ダムの建設の仕事 (2)　橋梁の建設の仕事 (3)　ずい道等の建設の仕事 (4)　地山の掘削の作業を行う仕事 (5)　圧気工法による作業を行う仕事 ハ　建設工事における安全衛生の実務に3年以上従事した経験を有すること又は厚生労働大臣が定める研修を修了したこと 2．労働安全コンサルタント試験に合格した者で、その試験の区分が土木であるもの 3．その他厚生労働大臣が定める者

また、型枠支保工及び足場については、**表2.10**の資格要件となっています（安衛則第92条の2、別表第7）。

この表に基づいて、参画者としての資格を取得するまでの過程を整理して図示すると**図2.1**のとおりです。

表2.10　型枠支保工及び足場における資格要件

工　事　の　区　分	資　　格
型枠支保工（支柱の高さが3.5m以上のものにかぎる）にかかわる工事	1．次のイ及びロのいずれにも該当する者 イ　次のいずれかに該当する者 (1)　型枠支保工にかかわる工事の設計監理又は施工管理の実務に3年以上従事した経験を有すること (2)　建築士法第12条の1級建築士試験に合格したこと (3)　建設業法施行令第27条の3に規定する1級土木施工管理技術検定又は1級建築施工管理

	技術検定に合格したこと ロ　工事における安全衛生の実務に３年以上従事した経験を有すること又は厚生労働大臣が定める研修を修了したこと ２．労働安全コンサルタント試験に合格した者で、その試験の区分が土木又は建築であるもの ３．その他厚生労働大臣が定める者
足場（吊足場、張出し足場以外の足場にあっては、高さが10m以上の構造のものにかぎる）にかかわる工事	１．次のイ及びロのいずれかに該当する者 イ　次のいずれかに該当する者 ⑴　足場にかかわる工事の設計監理又は施工管理の実務に３年以上従事した経験を有すること ⑵　建築士法第12条の１級建築士試験に合格したこと ⑶　建設業法施行令第27条の３に規定する１級土木施工管理技術検定又は１級建築施工管理技術検定に合格したこと ロ　工事における安全衛生の実務に３年以上従事した経験を有すること又は厚生労働大臣が定める研修を修了したこと ２．労働安全コンサルタント試験に合格した者で、その試験の区分が土木又は建築であるもの ３．その他厚生労働大臣が定める者

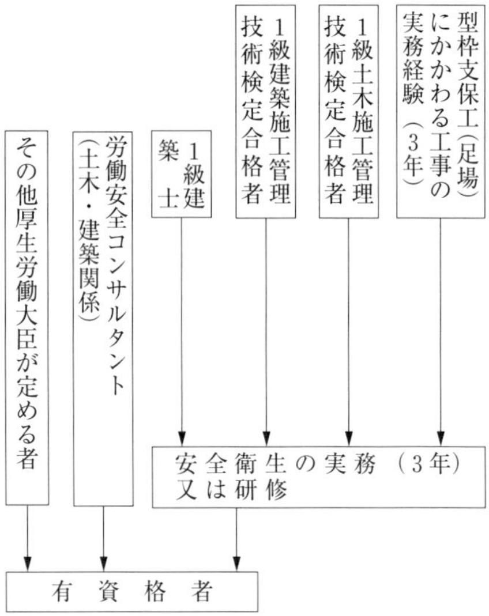

注）厚生労働大臣が定める者
次の各号のいずれにも該当する者であること
①型枠支保工（足場）にかかわる工事の設計監理又は施工管理の実務経験者（２年）
②2級建築士又は2級土木施工管理技術検定若しくは2級建築施工管理技術検定の合格者
③工事における安全衛生の実務経験者（３年）又は工事にかかわる厚生労働大臣が定める研修修了者

図2.1

2．計画参画者の具体的職務

施工計画は、工事を請負った元請の店社又は現場の事務所で、実際に工事を行う関係者が採用される工法、工事用の機械・設備の配置、作業工程等に検討を加えながら作成します。

工事計画の作成に参画する有資格者は、施工計画を作成する過程の施工計画検討会等の場において、安全衛生面から法令違反がないようにチェックするとともに、予想される危険性についての十分な防止措置、安全が確保される機械・設備の配置及び安全で合理的な作業工程の設定等工事の安全衛生が施工計画の中に十分反映されるよう必要な指導・助言等を行う立場であり、それが具体的な職務となります。

Q36

計画の届出における署長認定制度とは、どのようなものをいい、その手続きはどのようにすればよいのですか

Answer

1．計画の届出における署長認定制度とは

労働安全衛生マネジメントシステムを適切に実施しており、一定の安全衛生水準を上回る事業者は、労働基準監督署長の認定を受けることにより、安衛法第88条第1項及び第2項に基づく計画の届出義務が免除されることとなります。

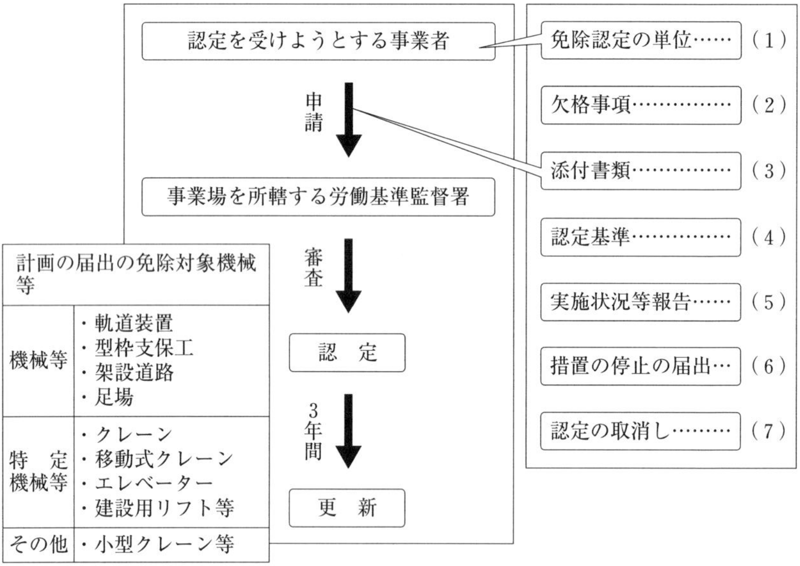

①　免除認定の単位

認定は「事業場」ごとに行います。建設業の場合は、「仕事の契約を行う事業場（店社）」ごとに行います（店社の傘下の現場にかかわる計画届が免除されます）。

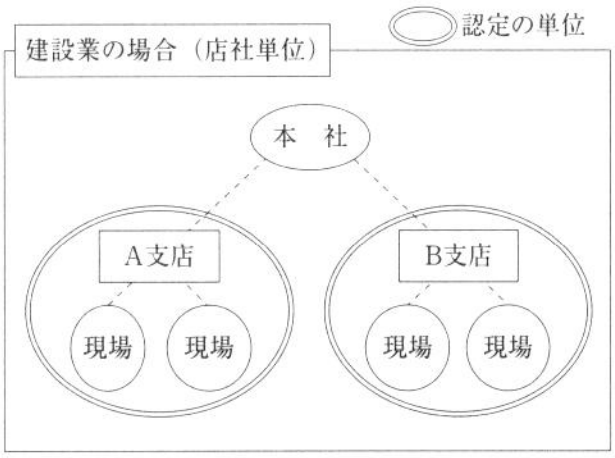

②　認定を受けられる事業者（欠格事項・認定基準）

(a)　欠格事項：次の事項のいずれかに該当する場合は、認定を受けることができません。

(1)　安衛法関係法令の規定「認定を受けようとする事業場に係るものに限る。」に違反して、罰金以上の刑に処せられ、その執行を終わり、又は執行を受けることがなくなった日から起算して２年以上を経過しない者

(2)　認定を受けようとする事業場について安衛則第87条の９の規定により認定を取り消され、その取消しの日から起算して２年を経過しない者

(3)　法人で、その業務を行う役員のうちに(1)又は(2)のいずれかに該当する者があるもの

(b)　認定基準：次の基準のすべてを満たす事業者が認定を受けられます。

(1)　安衛則第87条の措置（労働安全衛生マネジメントシステム）を適切に実施していること

(2)　労働災害の発生率が、当該事業場の属する業種における平均的な労働災害の発生率を下回っていると認められること注1)

(3)　申請の日前１年間に労働者が死亡する労働災害その他の重大な労働災害注2)が発生していないこと

注１）労働災害の発生率については労災保険のメリット収支率が75%以下である場合が該当します。建設業の場合は、店社の傘下のすべての現場の労災保険のメリット収支率（申請の日前１年間に通知されたもの）の平均が75%以下である場合が該当します。

注２）自社の労働者又は関係請負人の労働者による労働災害（認定を受けようとする事業者に安衛法関係法令上元方事業者等としての重大な責任があったものにかぎる）のうち次のものが該当します。第三者に主たる原因のあるもの及び地震による災害等予見不可能なものは含まれません。

・死亡労働災害

・一度に３人以上の労働者に４日以上の休業又は身体障害を伴った労働災害

・爆発、火災、破裂、有害物の大量漏洩等による労働災害であって、避難勧告又は非難指示を伴ったもの

2．申請から認定までの手続き（流れ）

① 認定を受けようとする事業者

(a) 欠格事項に該当していませんか？

(1) 法令違反等で罰金刑等を受けたことはありませんか？(申請前２年)

(2) 認定の取消しを受けたことはありませんか？(申請前２年)

(3) 会社の役員に(1)、(2)に該当する方はいませんか？

(b) 認定基準に適合していますか？

(4) 労働安全衛生マネジメントシステムを適切に実施していますか？

労働安全衛生マネジメントシステムを適切に実施していることについては、申請前３か月以内に安全衛生について優れた識見を有する者の評価、監査を受けることが必要です。

(5) 労災保険のメリット収支率は75％以下ですか？

(6) 死亡災害等重大な労働災害を発生させていないですか？(申請前１年)

↓申請　　　　↑認定

所 轄 労 働 基 準 監 督 署

② 申請時の添付書類（その１）

・(1)〜(3)の添付書類：欠格事項に該当しないことを申し立てる書面を添付し、申請者は記名・押印又は署名を行います。

・(5)の添付書類：認定を受けようとする事業場のメリット収支率に関する申請の日前１年間に通知された「改定確定保険料決定通知書」の写しを添付します。建設業の場合は、認定を受けようとする店社の傘下のすべての現場に関するものを添付するとともに、メリット収支率の平均を計算した書面も添付します。

・(6)の添付資料：申請の日前１年間に死亡災害等重大な労働災害を発生させていないことを申し立てた書面を添付し、申請者の記名・押印又は署名を行います。

③ 申請時の添付書類（その２）

・(4)の添付書類：労働安全衛生マネジメントシステムを適切に実施していることを明らかにする書面として以下のものを添付します。

ア　安全又は衛生に関する有識者が作成した労働安全衛生マネジメントシステムの実施状況についての評価書及び評価結果概要（申請前3か月以内に作成されたもの）

イ　安全又は衛生に関する有識者が作成した評価に関する監査書

ウ　評価者・監査者が要件を満たしていることを証する書面

④　実施状況等報告について

認定を受けた事業者は、認定事業場ごとに1年以内ごとに1回、実施状況等報告書（様式第20号の4）に以下の添付書類を添えて報告する必要があります。

・認定の取消要件に該当しないことを説明する書面
・システム監査結果
・機械等の設置等の概要を記載した書面
・認定証の記載事項の変更を証する書面

⑤　措置の停止の届出

労働安全衛生マネジメントシステムに従って行う措置を停止した場合は、その旨を遅滞なく所轄労働基準監督署長に届け出るとともに、認定証を返納しなければなりません。

⑥　更新の申請

認定は3年ごとに更新を受ける必要があります。

更新の申請にあたっての手続きは、認定申請時と基本的に同じですが、以下の点が異なるため留意してください。

・更新申請の期限：更新申請は、認定の期間満了の日の1か月前までに行う必要があります。
・労働安全衛生マネジメントシステムの評価及び監査：新規申請の場合と同様に労働安全衛生マネジメントシステムを適切に実施していることについては、安全衛生について優れた識見を有する者の評価、監査を受けることが必要ですが、認定の期間満了の日の4か月前の日以降に実施されたものにかぎります。

⑦　認定の取消し

認定を受けた事業者が以下のいずれかに該当することとなった場合は、労働基準監督署長が認定を取り消すことがあります。

・欠格事項に該当するに至った場合
・認定基準に適合しなくなったと認められる場合

・実施状況等の報告の未提出又は虚偽報告を行った場合
・不正の手段により認定又は更新を受けた場合

3．免除の対象となる届出等一覧

表2.11に掲げる機械等の設置等についての届出（安衛法第88条第１項又は第２項）及び特定機械等についての設置等についての報告（安衛法第100条第１項）が免除されます（建設業関係のみ掲載）。

表2.11　免除の対象となる届出（一部）

機械等	軌道装置
	型枠支保工（支柱の高さが3.5m以上のものにかぎる）
	架設通路（高さ及び長さがそれぞれ10m以上のものにかぎる）
	足場（吊足場、張出し足場以外の足場にあっては、高さが10m以上の構造のものにかぎる）
特定機械等	ボイラー、第一種圧力容器、クレーン、移動式クレーン、デリック、エレベーター、建設用リフト、ゴンドラ
その他の機械等	小型ボイラー、クレーン（吊上げ荷重が0.5ｔ以上３ｔ未満（スタッカー式クレーンにあっては、0.5ｔ以上１ｔ未満）のもの）、デリック（吊上げ荷重が0.5ｔ以上２ｔ未満のもの）、エレベーター（積載荷重が0.25ｔ以上１ｔ未満のもの）、簡易リフト

第３章
安全衛生教育と就業制限

Q37

安全衛生教育を実施する場合、どのような点に配慮すればよいのですか

Answer

安全衛生教育は、労働者の就業にあたって必要な安全衛生に関する知識等を付与するために実施されるもので、機械設備の安全化、作業環境の快適化と並んで災害防止の実効を期するうえで安全衛生管理の柱となる重要な対策です。

この教育を効果的に行うためには、次のような点に留意することが必要です。

① 現場管理者、現場監督者、作業者等教育の対象者ごとに実施する教育の種類・実施期間、教育内容を定めておくこと（表3.1）。

② 教育の種類ごとに対象者、実施日、実施場所、講師、教材等を定めた年間教育実施計画を作成すること。なお、継続的な教育の実施のため、中長期的な推進計画を作成することが望ましいこと。

③ 教育実施計画の作成、実施、実施結果の記録・保存等教育に関する業務の実施責任者を選任しておくこと。

④ 教育技法としては講義方式の他、教育の対象者、種類等に応じ、受講者が直接参加する方式、例えば、事例研究、課題研究等における討議方式を採用すること。また、教材ではパワーポイント、DVD、CD 等の視聴覚機材を有効に活用することが望ましいこと。

表3.1　安全衛生教育の対象者・種類・実施時期及び教育内容

対象者	種　　類	実施時期	教育内容	備　　考
1．経営首脳者等〔統括安全衛生責任者〕	現場管理者統括管理教育（平4.3.13基発第125号）	当該業務に初めて従事するとき	建設現場で行う安全衛生管理の具体的な進め方等についての研修を行うとともにその職務を遂行するうえで必要な安全衛生管理の専門的な知識の修得	建災防・安全衛生教育センター ・建設技術者安全衛生管理講座・所長コース ・現場管理者統括管理講習講師養成講座
2．管理・監督者等	1．安全管理者選任時研修（安衛則第５条）	・当該業務に初めて従事するとき	安全管理者の資格要件（厚生労働大臣が定める研修）	建災防 安全管理者選任時研修（建設業）
	2．安全管理者等安全衛生業務従事者能力向上教育（安衛法第19条の２） 〔安全管理者〕 〔安全衛生推進者〕 〔店社安全衛生管理者〕 〔足場の組立て等作業主任者〕 〔木造建築物の組立て等作業主任者〕 〔安全衛生責任者〕	・定期（おおむね５年ごとに） ・随時（機械設備等に大幅な変更があったとき 〔労働災害の防止のための業務に従事する者の能力向上教育に関する指針〕	当該業務に関する全般的事項 〔当該業務に関連する労働災害の動向、技術革新等の社会経済情勢、事業場における職場環境の変化等に対応した事項〕	建災防 ・建設業安全衛生推進者（初任時教育）講師養成講座 ・店社安全衛生スタッフコース（総合工事業者・専門工事業者）
	3．職長等教育 〔安衛法第60条〕 ①職長・安全衛生責任者教育（平18.5.12基発第0512004号） ②能力向上教育に準じた教育	・当該職務に初めて就くとき ・おおむね５年ごとに ・機械設備等に大幅な変更があったとき	安衛則第40条に規定された事項 〔当該業務に関連する労働災害の動向、技術革新等の社会経済情勢、事業場における職場環境の変化等に対応した事項〕	建災防・安全衛生教育センター ・新 CFT 講座 ・職長・安全衛生責任者教育講師のためのリスクアセスメント研修 ・SMT 講座
	4．作業主任者技能講習又は免許（安衛法第61条、第75条、第76条、別表第17、18、安衛則第69条）	・当該業務に初めて就くとき	就業制限等の業務に係る作業主任者資格取得（法定）	・指定試験機関が行う免許試験 ・登録教習機関が行う技能講習
	5．計画参画者等研修（安衛法第88条、安衛則第92条の３別表第９）	・当該業務に初めて就くとき	一定の建設工事の計画の作成に参画する者に対し、施工計画の作成の段階において安全を確保するために必要な知識等の研修（法定）	〔登録計画作成参画者研修機関〕 ・建災防・安全衛生教育センター ・工事計画参画者コース（トンネル工事、ビル建築工事、地山の掘削工事、鋼橋架設工事、ＰＣ橋架設工事、圧気工事） ・(社）仮設工業会

対象者	種　　類	実施時期	教　育　内　容	備　　考
				工事計画参画者コース（足場・型枠支保工）
	6．救護技術管理者研修（安衛法第25条の2、安衛則第24条の8）	・当該業務に初めて就くとき	ずい道等の建設工事の救護技術管理者に対し、爆発災害等の発生に伴い救護の措置がとられる場合に必要な知識等の研修（法定）	・建災防・安全衛生教育センター ・ずい道救護技術管理者研修
	7．生産技術管理者等教育（昭52.2.21基発第91号）〔建設業の生産技術者〕	・当該業務に初めて就くとき	・建設現場における安全衛生管理の基礎的な知識・技術・安全衛生に関する規定、基準等についてその職務を遂行するのに必要な知識の修得	・建災防・安全衛生教育センター ・建設技術者安全衛生管理講座 （工事主任コース）
	〔車両系建設機械の運転の作業を管理する者等〕（昭59.10.9基発第544号）	・当該業務に初めて就くとき	・使用場所・工法等に対応した当該機械の使用を管理するために必要な知識等の教育	建災防
	〔移動式クレーン運転士、建設工事における移動式クレーン作業を管理・監督する者等〕（昭和61.9.13基発第543号）		・最新の技術の進展に対応した知識等	・建災防 ・（社）全国クレーン建設業協会
	8．作業指揮者等教育 ・クライミングクレーンの組立て・解体等作業の指揮者 ・工事用エレベーター組立て・解体等作業指揮者 ・電気工事の作業指揮者 ・木造建築物の作業指揮者	・当該業務に初めて指名されたとき	作業指揮者の職務、安全な作業方法、作業設備の点検及び改善措置等に関する事項	
3．危険作業に従事する者	1．特別教育（安衛法第59条、安衛則第36条、特別教育規程）	・当該業務に初めて従事するとき	危険又は有害な業務に従事する者に対する必要な知識等の教育（法定）	・建災防 ・登録教習機関 ・関係団体
4．特殊技能者等	1．技能講習又は免許	・就業制限の業務の資格を取得するとき	・就業制限の業務に従事する特殊技能者等の資格取得（法定）	・指定試験機関 ・登録教習機関
	2．危険有害業務従事者教育	・就業制限の業務に現に就いている者	・必要な知識等の教育 （定期又は随時）	・建災防 ・関係団体
	3．危険再認識教育	・10年以上当該業務に就いている者	・ドラグショベル、ローラー、高所作業車の危険性の再認識、安全な作業方法の徹底を図る教育	・（社）全登協 ・登録教習機関

Q38

就業が制限される業務にはどのようなものがありますか

Answer

安衛法では、各種の作業のうち特に危険なものについては、必要な資格を有する者でなければその業務に就かせてはならないことが定められています（安衛法第61条、安衛令第20条）。

この就業が制限されている業務のうち、建設業に関係の深いものとして表3.2に示すものがあります。

表3.2　就業が制限される危険有害業務（建設業関係）

業務の内容		業務に就くことができる者（資格者）	資格取得の方法	備考
発破作業	発破の場合におけるせん孔、装填、結線、点火並びに不発の装薬又は残薬の点検及び処理の業務	発破技士その他	発破の補助作業の業務に６月以上従事経験のある者等であって、指定試験機関が行う免許試験に合格すること	安衛令第20条第１号
クレーンの運転	吊上げ荷重が５ｔ以上のクレーン（跨線テルハを除く）の運転の業務	・クレーン・デリック運転士（クレーン限定免許所持者を含む） ・クレーン運転士	指定試験機関が行う免許試験に合格すること	安衛令第20条第６号
	床上で運転し、かつ当該運転する者が荷の移動とともに移動する方式のクレーンで吊上げ荷重が５ｔ以上のものの運転の業務	クレーン・デリック運転士又は床上操作式クレーン運転技能講習修了者又はクレーン運転士	指定試験機関が行う免許試験に合格すること 登録教習機関が行う技能講習を修了すること	〃
移動式クレーンの運転	吊上げ荷重が５ｔ以上の移動式クレーンの運転の業務	移動式クレーン運転士	指定試験機関が行う免許試験に合格すること	
	吊上げ荷重が５ｔ未満の移動式クレーンの運転の業務	・移動式クレーン運転士 ・小型移動式クレーン運転技能講習修了者	指定試験機関が行う免許試験に合格すること 登録教習機関が行う技能講習を修了すること	道路の走行運転は道路交通法による免許が必要となる
デリックの運転	吊上げ荷重が５ｔ以上のデリックの運転の業務	・クレーン・デリック運転士 ・デリック運転士	指定試験機関が行う免許試験に合格すること	
ガス溶接等の作業	可燃性ガス及び酸素を用いて行う金属の溶接、溶断又は加熱の業務	・ガス溶接作業主任者 ・ガス溶接技能講習修了者	ガス溶接技能講習を修了した者であって、その後３年以上従事した経験を有するもので、指定試験	

業務の内容		業務に就くことができる者（資格者）	資格取得の方法	備　考
			機関が行う免許試験に合格すること 登録教習機関が行う技能講習を修了すること	
フォークリフトの運転	最大荷重が１ｔ以上のフォークリフトの運転の業務	フォークリフト運転技能講習修了者その他	登録教習機関が行う技能講習を修了すること	道路上の走行運転は、道路交通法による免許が必要となる
ショベルローダ、フォークローダの運転	最大荷重が１ｔ以上のショベルローダ又はフォークローダの運転の業務	ショベルローダ等運転技能講習修了者その他	〃	〃
車両系建設機械の運転	機体重量が３ｔ以上の整地・運搬・積込み用及び掘削用の車両系建設機械の運転の業務	車両系建設機械（整地・運搬・積込み用及び掘削用）運転技能講習修了者その他		
	機体重量が３ｔ以上の基礎工事用の車両系建設機械の運転の業務	車両系建設機械（基礎工事用）運転技能講習修了者その他	〃	〃
	機体重量が３ｔ以上の解体用の車両系建設機械の運転の業務	車両系建設機械（解体用）運転技能講習修了者その他		
不整地運搬車の運転	最大積載量が１ｔ以上の不整地運搬車の運転	不整地運搬車運転技能講習修了者その他	〃	〃
高所作業車の運転	作業床の高さが10m以上の高所作業車の運転	高所作業車運転技能講習修了者その他	〃	〃
玉掛け作業	制限荷重が１ｔ以上の揚貨装置又は吊上げ荷重が１ｔ以上のクレーン、移動式クレーン若しくはデリックの玉掛けの業務	玉掛け技能講習修了者その他	〃	

Q39

女性が就業できない業務にはどのようなものがありますか

Answer

労働基準法では原則として女性の坑内労働が禁止されるとともに、妊産婦等にかかわる危険有害業務の就業制限が規定されており、建設業に関係する業務も含まれています。以下、妊娠中の女性（妊婦）、産後１年を経過しない女性（産婦）、その他の女性ごとに就業が制限される業務は**表3.3**のとおりです。

表3.3　女性の就業制限業務（建設業関係）　　（※「女性労働基準規則」第２条関係）

業務の内容	就業制限の内容		
	妊婦	産婦	その他の女子
重量物を取り扱う業務（別表参照）	×	×	×
吊上げ荷重が５ｔ以上のクレーン、デリック又は制限荷重が５ｔ以上の揚貨装置の運転の業務	×	△	○
運転中の原動機又は原動機から中間軸までの動力伝導装置の掃除、給油、検査、修理又はベルトの掛換えの業務	×	△	○
クレーン、デリック又は揚貨装置の玉掛けの業務（２人以上の者によって行う玉掛けの業務における補助作業の業務を除く）	×	△	○
動力により駆動される土木建築用機械又は船舶荷扱用機械の運転の業務	×	△	○
直径が25cm以上の丸のこ盤（横切用丸のこ盤及び自動送り装置を有する丸のこ盤を除く）又はのこ車の直径が75cm以上の帯のこ盤（自動送り装置を有する帯のこ盤を除く）に木材を送給する業務	×	△	○
土砂が崩壊するおそれのある場所又は深さ５ｍ以上の地穴における業務	×	○	○
高さが５ｍ以上の場所で墜落により労働者が危害を受けるおそれのあるところにおける業務	×	○	○
足場の組立て、解体又は変更の業務（地上又は床上における補助作業の業務を除く）	×	△	○
異常気圧下における業務	×	△	○
削岩機、びょう打ち機等身体に著しい振動を与える機械器具を用いて行う業務	×	×	○

年　　齢	重量（単位：kg）	
	断続作業	継続作業
満16歳未満	12	8
満16歳以上満18歳未満	25	15
満18歳以上	30	20

凡例
- ×…女性を就かせてはならない業務
- △…女性が申し出た場合就かせてはならない業務
- ○…女性を就かせても差し支えない業務

※　有害物（特定化学物質、鉛及び鉛化合物並びに有機溶剤であって、生殖毒性若しくは生殖細胞変異原性が区分１又は授乳影響ありに該当する25物質については、女性の就業が禁止される。（女性労働基準規則の改正、平成24年10月１日施行）

Q40

年少者が就業できない危険・有害業務にはどのようなものがありますか

Answer

労働基準法では、満18歳に満たない者を一定の危険有害業務に就かせてはならない旨の規定があり、建設業関係では、**表3.4**の業務がこれに該当します。

表3.4　年少者（18歳未満）の就業制限業務（建設業関係）

業　務　の　種　類
・クレーン等の運転の業務
・エレベータの運転（積載荷重２ｔ以上の人荷共用若しくは荷物用）の業務
・コンクリート用エレベータの運転（高さ15m以上）の業務
・動力による軌条運輸機関、乗合自動車又は最大積載荷重が２ｔ以上の貨物自動車の運転の業務
・動力による巻上機（電気ホイスト及びエアホイストを除く）運搬機又は索道の運転の業務
・直流（750ｖを超える）、交流（300ｖを超える）電圧の充電電路又はそのその支持物の点検、修理又は操作の業務
・運転中の原動機又は原動機から中間軸までの動力伝導装置の掃除、給油、検査、修理又はベルトの掛換えの業務
・クレーン等の玉掛け（２人以上の者によって行う玉掛け補助作業は除く）の業務
・動力により駆動される土木建築用機械の運転の業務
・直径25cm以上の丸のこ盤（横切用丸のこ盤及び自動送り装置を有する丸のこ盤その他反ぱつにより労働者が危害を受けるおそれのないものを除く）又は、のこ車の直径75cm以上の帯のこ盤に木材を送給する業務
・手押かんな盤又は単軸面取り盤の取扱いの業務
・土砂が崩壊するおそれのある場所、又は深さ５ｍ以上の地穴における業務
・高さが５ｍ以上の場所で、墜落により労働者が危害を受けるおそれがあるところにおける業務
・足場の組立て、解体又は変更の業務（地上又は床上における補助作業を除く）
・火薬、爆薬又は火工品を製造し、又は取り扱う業務で、爆発のおそれのあるもの
・削岩機、びょう打ち機等身体に著しい振動を与える機械器具を用いる業務

〈重量物を取り扱う業務制限〉

年齢及び性		重量（単位：kg）	
		断続作業	継続作業
満16歳未満	女	12	8
	男	15	10
満16歳以上満18歳未満	女	25	15
	男	30	20

Q41 特別教育の対象となる業務にはどのようなものがありますか

Answer

安衛法関係法令では、一定の危険有害業務に労働者を就かせるときは、安全衛生のための特別教育を行わなければならないとされています。特別教育のカリキュラムは「学科」と「実技」に分かれ、科目ごとに「範囲」と「時間」が決められています。

建設業に関係する特別教育を必要とする業務は表3.5のとおりです。

表3.5　特別教育を必要とする業務一覧（特に建設工事に関係の深いもの）

業務	教育時間		関係規則	特別教育規程	備考
	学科	実技			
アーク溶接	11	10	安衛則第36条第３号	（安全衛生）第４条	厚生労働省告示第188号（平13.4.25）
電気取扱い（高圧）	11	15	安衛則第36条第４号	（安全衛生）第５条	
電気取扱い（低圧）	7	7	安衛則第36条第４号	（安全衛生）第６条	
巻上機の運転	6	4	安衛則第36条第11号	（安全衛生）第14条	
軌道装置の動力車の運転	6	4	安衛則第36条第13号	（安全衛生）第15条	
クレーンの運転（吊上げ荷重５ｔ未満）	9	4	クレーン則第21条	（クレーン取扱業務等）第１条	・労働省告示第107号（昭和53.9.29）吊上げ荷重５ｔ以上のものの運転は免許所持者
移動式クレーンの運転（吊上げ荷重５ｔ未満）	9	4	クレーン則第67条	（クレーン取扱業務等）第２条	
デリック運転（吊上げ荷重５ｔ未満）	9	4	クレーン則第107条	（クレーン取扱業務等）第３条	
建設用リフトの運転	5	4	クレーン則第183条	（クレーン取扱業務等）第４条	
玉掛け（吊上げ荷重が１ｔ未満のクレーン等の玉掛け）	5	4	クレーン則第222条	（クレーン取扱業務等）第５条	・吊上げ荷重１ｔ以上のもののクレーン等にかかわるものは技能講習修了者
ゴンドラの取扱い	5	4	ゴンドラ則第12条	（ゴンドラ取扱い業務等）第１条	・労働省告示第121号（昭47.9.30）
車両系建設機械で次のものの運転					・機体重量３ｔ以上のものの運転は、技能講習修了者
(イ) ローラー	6	4	安衛則第36条第10号	（安全衛生）第12条	
(ロ) 機体重量３ｔ未満の小型車両系建設機械（整地・運搬・積込み用及び掘削用）	7	6	安衛則第36条第９号	（安全衛生）第11条	
(ハ) 機体重量３ｔ未満の小型車両系建設機械（基礎工事用）	7	6	安衛則第36条第９号	（安全衛生）第11条の２	〃
(ニ) 機体重量３ｔ未満の小型車両系建設機械（解体用）	6	6	安衛則第36条第９号	（安全衛生）第11条の３	〃
車両系建設機械（基礎工事用）の作業装置の操作（車体上の運転者における操作を除く）	5	4	安衛則第36条第９号の３	（安全衛生）第11条の５	
基礎工事用建設機械の運転（車両系を除く）	7	5	安衛則第36条第９号の２	（安全衛生）第11条の４	
ショベルローダ等の運転	6	6	安衛則第36条第５号の２	（安全衛生）第７条の２	・最大荷重が１ｔ以上のものの運転は、技能講習修了者
不整地運搬車	6	6	安衛則第36条第５号の３	（安全衛生）第７条の３	

業　　務		教育時間		関係規則	特別教育規程	備　　考
		学科	実技			
ずい道等の掘削、覆工等		7	—	安衛則第36条第30号	（安全衛生）第17条	
車両系建設機械（コンクリート打設用）の作業装置の操作		7	5	安衛則第36条第10号の2	（安全衛生）第12条の2	
ボーリングマシンの運転		7	5	安衛則第36条第10号の3	（安全衛生）第12条の3	
ジャッキ式吊上げ機械の調整又は運転		6	4	安衛則第36条第10号の4	（安全衛生）第12条の4	
高所作業車の運転（作業床の高さ10m未満）		6	3	安衛則第36条第10号の5	（安全衛生）第13条	・作業床の高さが10m以上のものの運転は、技能講習修了者
高気圧業務	空気圧縮機の運転	10	2	高圧則第11条第1号	（高気圧業務）第1条	・労働省告示第37号（昭56.4.10） ・高圧室内作業主任者は免許所持者
	作業室への送気の調節	10	2	高圧則第11条第2号	（高気圧業務）第2条	
	気閘室への送気又は気閘室からの排気の調整	9	3	高圧則第11条第3号	（高気圧業務）第3条	
	潜水作業者への送気	9	2	高圧則第11条第4号	（高気圧業務）第4条	
	再圧室の操作	9	3	高圧則第11条第5号	（高気圧業務）第5条	
	高圧室内業務	7	—	高圧則第11条第6号	（高気圧業務）第6条	
第1種酸素欠乏危険作業		4	—	酸欠則第12条	（酸欠作業）第1条	・労働省告示第43号 ・第1種、第2種酸素欠乏作業主任者は技能講習修了者
第2種酸素欠乏危険作業		5.5	—	酸欠則第12条	（酸欠作業）第2条	
粉じん作業		4.5	—	粉じん則第22条	粉じん作業特別教育規程	・労働省告示第68号（昭54.7.23）
石綿使用建築物又は工作物の解体等の作業		4	—	石綿則第27条	石綿使用建築物等解体等業務	・厚生労働省告示第132号（平17.3.31）

Q42

雇い入れ時教育と新規入場時教育の違いは何ですか

Answer

雇い入れ時教育は、事業者が労働者を雇用したときに行う必要があり、その労働者が従事する業務に関する安全又は衛生のための教育です。この教育は、次の事項について行う必要があります（安衛法第59条、安衛令第35条）。

① 機械等、原材料等の危険性又は有害性及びこれらの取扱い方法に関すること。

② 安全装置、有害物抑制装置又は保護具の性能及びこれらの取扱い方法に関すること。

③ 作業手順に関すること。

④ 作業開始時の点検に関すること。

⑤ 当該業務に関して発生するおそれのある疾病の原因及び予防に関すること。

⑥ 整理、整頓及び清潔の保持に関すること。

⑦ 事故時等における応急措置及び退避に関すること。

⑧ その他当該業務に関する安全又は衛生のために必要な事項。

この教育にあてる時間は、法令上規定されていませんが、事業者は、労働者の従事する業務内容をよく検討し、その業務に関して安全衛生を確保するために必要とされる教育が十分実施されるようにしなければなりません。

次に新規入場時教育は、労働者が自ら作業を行う現場に初めて入場する際に行われるものです。特に建設工事は、工事ごとに現場の状況、施工方法等が異なることから、新規入場時教育において現場ごとの状況について十分な知識を付与することが大切です。

なお、建設労働者の場合、雇い入れと現場への新規入場が同時というケースも見られるため、このときには雇い入れ時教育に新規入場時教育を加えて実施することとなります。

Q43

新規入場時教育は、誰がどのような内容で行えばよいのですか。
また、送出し教育は何のためにどのようにすればよいのですか

Answer

1．新規入場時教育の必要性

建設現場においては、新規に入場した関係請負人の作業者の被災率が高い傾向にあり、就業開始の日100件（19.7％）、２日～７日132件（26.0％）と７日間で約40％が新規入場者の被災者だともいわれています（平成18年死亡災害508件の分析結果より）。

このため、新規入場者に対する安全衛生意識の向上を一層図ることが大切です。

新規入場時教育は、作業者を雇用している関係請負人の事業者において行われることが基本となりますが、建設現場では通常、元方事業者と関係請負人の作業者が現場で混在して作業を行うことから、比較的小さな現場では元方事業者が中心となって関係請負人の作業者に対してこの教育を実施しても差し支えありません。

2．新規入場時教育の具体的な進め方

建設現場では、工事ごとに現場の状況、施工方法等が異なるため、各作業者が安全に作業を行うためには、新規入場時教育において、次のような事項を周知しておくことが必要となります。

① 教育対象者

初めて建設現場に入場して就労するすべての作業者を対象とします。

② 教育の内容

(a) 工事の概要と作業所の安全衛生方針

(b) 作業場内の危険箇所と立入禁止区域等

(c) 担当する作業内容に関する危険性又は有害性とその対策（特に作業手順と災害事例等）

(d) 作業所の規律と安全心得

(e) 作業所の安全衛生行事と実施事項

(f) 避難に関する事項等

③ 教育資料

短時間（30分～１時間）で作業者に理解させ、効果的に教育を実施するため適切な資料、ビデオ等を準備しましょう。

(a)工事概要 (b)工程表 (c)作業所の安全衛生ルール (d)作業所の環境条件 (e)自己申告用アンケート

３．送出し教育の進め方

初めての建設現場で就労する作業員に対して、入場する前（前日まで）に会社の会議室や宿舎等で、関係請負人の事業者又はそれに代わる工事担当管理者（職長・安全衛生責任者も含む）等が入場現場にかかわる事項を教育することを「送出し教育」といっています。

建設現場で行う新規入場時教育の時間をできるだけ短縮したい、作業員の知識、技能、経験等の能力に合った教育をしたい等の考え方から最近実施されるようになってきたものです。

送出し教育の修了者に対する新規入場当日の入場時教育は、現場の状況や他職との関わりなどの補足教育を行う他、作業所長（それに代わる者）が元方事業者、統括安全衛生責任者としての教育を行います。

① 送出し教育の対象者

(a) 受注工事開始前（前日まで）の新規採用者、配置転換者、直用作業員

(b) 工事期間中に初めて入場する新規採用者、配置転換者

(c) 受注工事開始前（前日まで）の下請・関係作業員

(d) 工事期間中に初めて入場する下請・応援作業員

② 教育内容

(a) 施工する工事の概要：作業の種類、作業方法（作業手順等）、工事工程等

(b) 施工体制と管理体制：他班、下請等の施工管理体制、他業者との関連等

(c) 作業所の安全衛生ルール

(d) 建設現場の危険性又は有害性及び立入禁止箇所等

③ 教育場所

(a) 会社の会議室

(b) 宿舎の食堂、娯楽室等

Q44

職長や安全衛生責任者に対する安全衛生教育は、どのようにすればよいのですか

Answer

関係請負人の職長や安全衛生責任者は、常に現場にいて、直接作業者の作業の進め方を指導・監督する立場にあることから、安全衛生のキーマンといわれています。したがって、職長や安全衛生責任者が安全衛生について理解があるか否かで、その職場や作業の安全衛生の状況が大きく変わってきます。

建設業の場合、現場の管理監督者は職長の他、世話役、班長、工長等いろいろな名称で呼ばれており、このような立場の職務に新たに就くこととなった者に対して、安全衛生教育を行うことが義務づけられています。また、職長は安全衛生責任者を兼務することが多く、職長と安全衛生責任者を一体的に安全衛生教育を実施することが効果的との考え方から厚生労働省では、平成18年5月12日基発第0512004号通達によりそのカリキュラムを公表しております（**表3.6**）。

表3.6　職長・安全衛生責任者教育カリキュラム

教　　科　　目	教育時間
(1)　作業方法の決定及び労働者の配置に関すること ①　作業手順の定め方 ②　労働者の適正な配置の方法	2時間
(2)　労働者に対する指導又は監督の方法に関すること ①　指導及び教育の方法 ②　作業中における監督及び指示の方法	2.5時間
(3)　危険性又は有害性等の調査及びその結果に基づき講ずる措置に関すること ①　危険性又は有害性等の調査の方法 ②　危険性又は有害性等の調査の結果に基づき講ずる措置 ③　設備、作業等の具体的な改善の方法	4時間
(4)　異常時における措置に関すること ①　異常時における措置 ②　災害発生時における措置	1.5時間
(5)　その他現場監督者として行うべき労働災害防止活動に関すること ①　作業に係る設備及び作業場所の保守管理の方法 ②　労働災害防止についての関心の保持及び労働者の創意工夫を引き出す方法	2時間
(6)　安全衛生責任者の職務等 ①　安全衛生責任者の役割 ②　安全衛生責任者の心構え ③　労働安全衛生関係法令等の関係条項	1時間
(7)　統括安全衛生管理の進め方 ①　安全施工サイクル ②　安全工程打合せの進め方	1時間

Q45

高年齢労働者に対する安全衛生教育における留意点はどのようなものですか

Answer

平成22年における死亡災害365名（内１名は年齢不明）を年齢別に分析すると図3.1のとおりです。50歳以上の高齢者の占める割合は、56.9％を占めております。また、平成21年の労働災害の発生率を年齢階層別の年千人率で見ると（図3.2）、20歳代が最も低く、年齢が高くなるに従って高くなり、50歳代の年千人率は、20歳代に比べて約1.6倍、60歳以上では約1.9倍とさらに高くなっています。この結果、50歳以上の高年齢労働者が休業４日以上の死傷災害全体に占める割合は、平成21年で44.3％、60歳以上では19.8％となっています。

さらに高年齢労働者は、若年労働者に比べて、被災した場合にその程度が重くなるという傾向があります。

これらの背景には、加齢とともに筋力、反応感覚や平衡機能、視聴覚機能、記憶力等の心身機能の低下があげられます。

一方、高年齢者の一般的な特徴として、過去に身につけた知識、経験等による推理能力があり、判断能力や精神的安定性を増すといわれています。したがって、高年齢労働者に対する安全衛生教育においては、加齢に伴う心身機能の変化とともに十分時間をかけて作業に必要な知識、技能を付与することが大切であり、特に運転、操作等の実技教育においては、若年労働者に比べて習得に

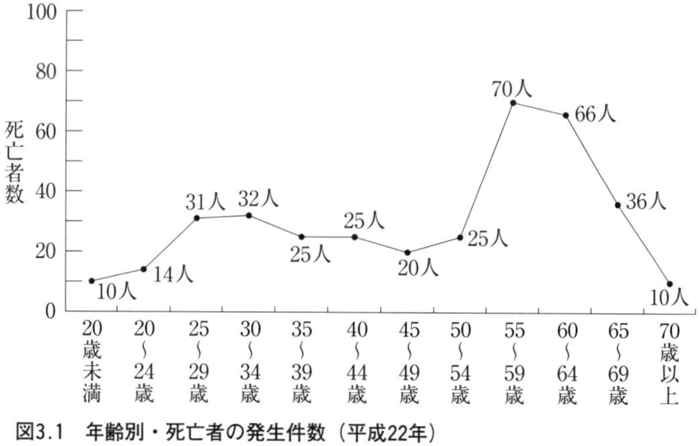

図3.1　年齢別・死亡者の発生件数（平成22年）

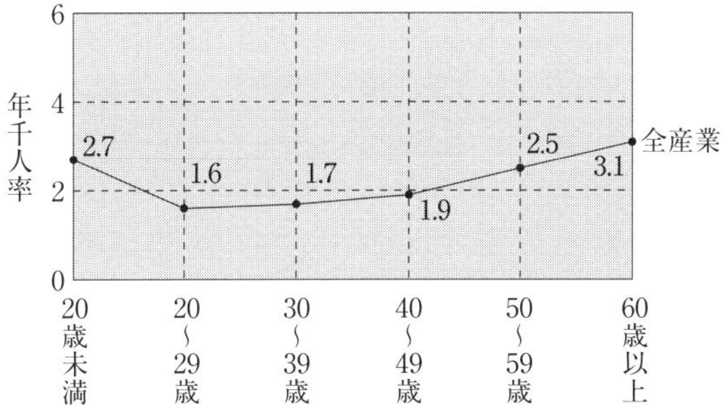

図3.2　年齢別年千人率（休業４日以上）（平成21年）
出典：『労働力調査』総務省統計局、『労働者死傷病報告』厚生労働省

時間を要することに配慮することが必要です。

この他、重量物を運搬する場合や高所作業の場合の作業方法、安全対策についても具体的に教えておくことが必要です。高年齢労働者に対する安全対策を徹底するためには、作業者に対する安全衛生教育の他、人力による運搬、取扱い作業、機械化の促進、昇降設備、作業床等使用する設備の安全化、工具の軽量化など設備面からの改善も怠ってはなりません。

Q46

能力向上教育とはどのようなものですか

Answer

近年、技術革新の著しい進展などにより、職場の労働環境は大きく変化しています。建設現場においても、新たな機械設備が導入されたり、また、作業方法等にも変化が見られます。

このような中で、建設現場の管理者や作業主任者が労働災害防止のための業務を遂行するためには、現在身につけている知識、技能を反復学習するとともに、新たな知識、技能を取得することができるようにすることが重要です。そのため、安衛法関係法令では、安全管理者や店社安全衛生管理者、作業主任者等に対して、その業務に関する能力の向上を図るための教育、講習等を行うように努めることとされています。なお、具体的な科目や時間等については、指針が公表されており、例えば、足場の組立て等作業主任者能力向上教育では、表3.7のように示されています（表3.8）。

表3.7　足場の組立て等作業主任者能力向上教育（定期又は随時）

科　目	範　囲	時間
1　最近の足場、部材等及びそれらの選択と管理	(1)　足場、部材等の特徴 (2)　部材等の選択と管理	1.0
2　足場の組立て等の安全施工と保守管理	(1)　足場の強度計算の方法 (2)　組立て等の基本的事項と留意事項 (3)　組立て後の保守管理	4.0
3　災害事例及び関係法令	(1)　災害事例とその防止対策 (2)　労働安全衛生法令のうち足場の組立て等に関する条項	2.0
計		7.0

表3.8 危険有害業務従事者等に対する安全衛生教育一覧（建設業関係）

教育の名称	内　容	実施主体	関係条文・通達
1 危険有害業務従事者教育	就業制限の業務に現に就いている者に対する、必要な知識等の教育（定期又は随時）（法定）	事業者又は事業者に代わって行う安全衛生団体等（労働基準協会等）	安衛法第60条の2 安全衛生教育指針
	①クレーン運転士免許を有している者に対する、必要な知識等の教育（定期又は随時）	（社）日本クレーン協会、（社）ボイラ・クレーン安全協会	平2.3.1 基発第112号
	②移動式クレーン運転士免許を有している者に対する、必要な知識等の教育（定期又は随時）	建災防、（社）日本クレーン協会、（社）ボイラ・クレーン安全協会、（社）全国クレーン建設業協会など	平2.3.1 基発第113号
	③最大荷重が1t以上のフォークリフトの運転業務に現に従事する者に対する、必要な知識等の教育（定期又は随時）	（建災防等）	平2.3.1 基発第114号
	④機体重量が3t以上の車両系建設機械（整地・運搬・積込み用及び掘削用）の運転業務に現に従事する者に対する、必要な知識等の教育（定期又は随時）	建災防、（社）全国登録教習機関協会	平5.6.11 基発第366号
	⑤吊上げ荷重が1t以上のクレーン等の玉掛けの業務に現に従事する者に対する、必要な知識等の教育（定期又は随時）	（社）日本クレーン協会、（社）ボイラ・クレーン安全協会	平5.12.22 基発第709号
	⑥機体重量が3t以上の車両系建設機械（基礎工事用）の運転業務に現に従事する者に対する、必要な知識等の教育（定期又は随時）	建災防、全国基礎工業協同組合連合会	平9.12.15 基発第756号
2 危険再認識教育	ドラグ・ショベル、ローラー及び高所作業車の運転の業務に従事している者に対する、当該作業に対する危険性の再認識、安全な作業方法の徹底を図る教育	登録教習機関	平13.7.12 基発第623号 平15.4.8 基発第0408006号 平17.5.30 基発第0530002号

教育の名称	内　　容	実施主体	関係条文・通達
3　安全管理者等安全衛生業務従事者能力向上教育	安全管理者等労働災害防止のための業務に従事する者に対する、職務を遂行するために必要な知識等の教育（定期又は随時）（法定）	事業者又は事業者の委託を受けて行う安全衛生団体等（労働基準協会等）	安衛法第19条の2 能力向上教育指針
	①安全衛生推進者の業務に従事する者に対する、職務を遂行するために必要な知識等の教育（初任時）	（建災防等）	平2.3.15 基発第129号、130号、131号 平3.3.22 基発第166号 平11.11.2 基発第636号 平12.12.26 基発第774号
	②店社安全衛生管理者の業務に従事する者に対する、職務を遂行するために必要な知識等の教育（初任時）	（建災防）	平6.1.19 基発第36号
	③足場の組立て等作業主任者の業務に従事する者に対する、職務を遂行するために必要な知識等の教育（定期又は随時）	（建災防）	平2.10.1 基発第602号
	④木造建築物の組立て等作業主任者の業務に従事する者に対する、職務を遂行するために必要な知識等の教育（定期又は随時）	（建災防）	平2.10.1 基発第604号
	⑤建設現場における混在作業を行うことによって生じる労働災害を防止するため、安全衛生責任者の資質の向上を図るために必要な知識等の教育（初任時）	（建災防）	平12.3.28 基発第179号 〔改正 平18.5.12 基発第0512004号〕

第 4 章

具体的な労働災害防止対策

4—1　地盤関係（土砂崩壊等による災害の防止）

Q47

掘削現場での情報化施工とはどのようなものですか。また、その場合の留意点はどのようなものですか

Answer

情報化施工とは、施工中の構造物の主要な部分・部材に各種計測器を設置し、これから得られた時々刻々変化する現場情報をリアルタイムに収集・処理・解析し、それを次の施工段階にフィードバックさせることにより、安全に経済的に、かつ正確に工事を推進するための施工方法です。

情報化施工が必要となる背景には、社会基盤が急速に整備されるにつれて、わが国における建設工事は、自然条件や社会条件からの厳しい制約を受ける場合が増大していること。さらに、これらの困難な条件下でも、周辺環境への影響をできるかぎり軽減し、所定の工期内に安全に工事を完成させねばならないこと等があげられます。また、建設工事には常に多くの不確定な要素が存在しますが、施工前の設計の段階で、これらの不確実な条件を十分な精度の範囲内で予測することが困難なケースもしばしば見られます。このような場合には、工事中にデータを採取して、これをもとに当初の設計条件を見直し、適宜、設計や施工法の変更を行うことが必要です。このような観点からも情報化施工の有用性が強く認識され、多くの場合その効果が発揮されています。

図4.1に情報化施工の一般的な流れを示しました。情報化施工では、まず現場及びその近隣において工事現況を把握するため多様なデータを観測することになります。観測が工事と並行して行われること、また観測データが大量になることにより、場合によっては自動化や遠隔操作等が必要となる場合があります。また、工事の安全性の管理や環境への影響度の管理では、即時情報が必要となることから、大量なデータの処理方法、分析及び表現・表示方法が観測データの効率的な活用に不可欠となります。

次に、分析・処理された情報から、工事の現状の安全性や環境への影響度の

【参考文献】
・情報化施工技術総覧編集委員会編『情報化施工技術総覧』産業技術サービスセンター，1998年

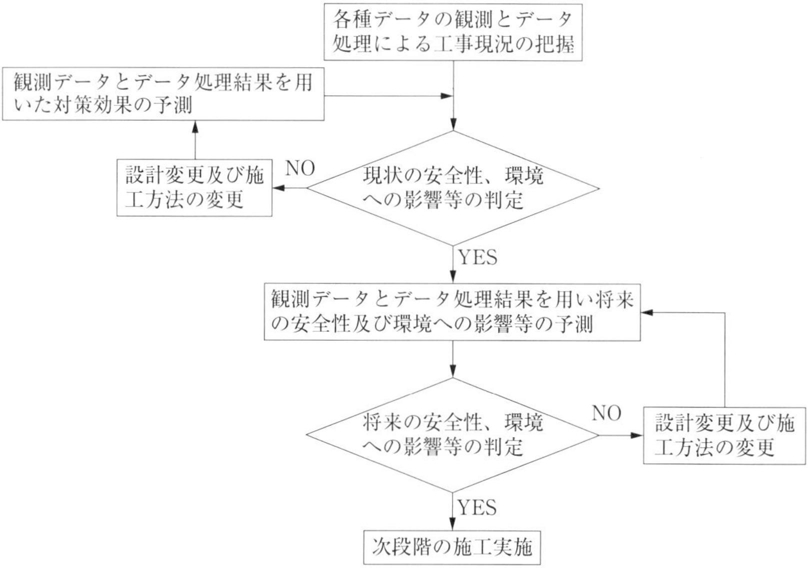

図4.1　情報化施工の一般的な流れ

判定が行われます。これは一般に工事開始時期に設定された安全管理基準によることになりますが、この安全管理基準も各種データの観測結果に基づいて更新されなければなりません。観測データが安全管理基準を満たしていない場合には、設計変更や施工方法の変更等必要な対策を講じることになります。この対策の効果を、観測データをデータ処理結果より更新された条件下で予測し、再び現状での安全性等の判定を行います。

現状の安全性や環境への影響度が安全管理基準下であることが確認された場合には、工事の将来の段階での安全性や環境への影響の予測を行います。

この結果、安全性等に問題があるとされた場合には、設計変更及び施工方法の変更等の対策を講じることとなります。この場合も観測データ等により更新された条件下で将来の予測を行い、対策の効果の確認を行います。工事の将来段階での安全性及び環境等の影響度が十分に小さいことが確認されたうえで、次の段階の工事が実施されることになります。

Q48

斜面崩壊の崩壊パターンにはどのようなものがありますか

Answer

斜面の崩壊パターンとは、崩壊の規模、形状（すべり面の形状、崩壊土の形状)、すべり土塊の運動性状等を総合的に表現したものです。

崩壊の形態は、地質（土質)、地質構造、地形、地下水の位置等の地山固有の要因（素因という）と、切取り状況（のり勾配、のり高）や気象条件（降雨、融雪、凍結融解、風化）等の誘因が複雑に関連して決定されるものです。

このような観点から、奥園が分類した地質・土質条件と崩壊形態の関係を図4.2に示しました。この図の縦方向が土質・岩種・岩質等の違いによる崩壊形態の分類で、横方向は崩壊規模の違いによる分類です。

この中で、a型の小規模な崩壊は土の固結度や礫間充填物（マトリックス)、岩の割れ目の多少と地下水の有無に影響され、c型の大規模なものは基盤との境界面の形状等によってその崩壊形態が左右されることが多いようです。

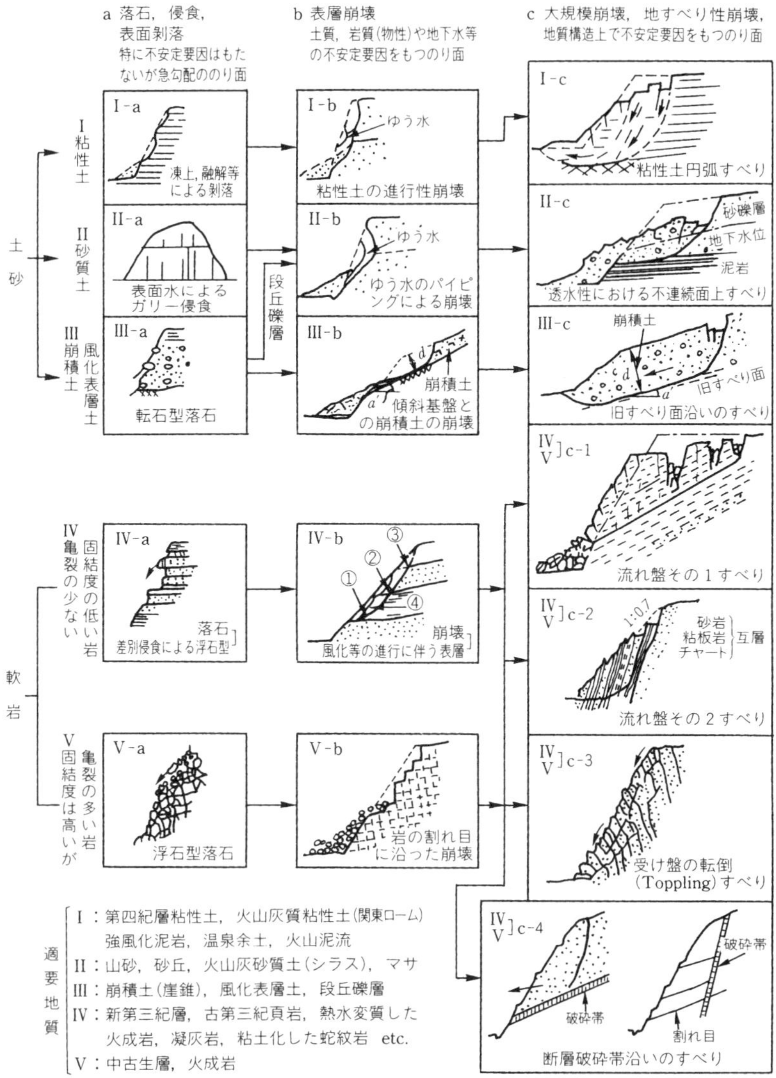

図4.2　地質・土質条件と崩壊形態の関係

出典：奥園誠之著『これだけは知っておきたい斜面防災100のポイント』鹿島出版会，1987年，p8～9

Q49 近接施工を行う場合の安全上の留意点はどのようなものですか

Answer

近年、市街地での建設工事の増大に伴い、建築物、橋梁等の既設構造物や道路、鉄道、埋設ガス管等の既存施設に近接して工事が行われるケースが多くなっています。このように既存構造物や既存施設に近接して建設工事が施工されることを「近接施工」といい、狭義には工事の施工により既設構造物等の機能に重大な障害を与えるおそれのある場合を「近接施工」として取り扱っています。過密状態の都市部においては、地上では高層ビルが、地下では新交通網が既設構造物の隙間を縫って建設されており、このような状況では「近接施工」に該当しない工事は珍しいかもしれません。

近接施工では、トラブルが発生した場合、施工サイドのみならず近接構造物側にも大きな損失となります。このトラブルを未然に防ぐには、調査・計画の段階から、設計・施工及び維持管理に至るまで、より慎重で適切な対応が必要になります。同時に、近接構造物側とは十分協議のうえ工事を進めることが重要となります。

ひとくちに近接施工といっても、新設構造物の種類・工法、近接する構造物の種類や地盤状況等によって数多くのケースがあり、それぞれの施工者がケースバイケースで対応しているのが現状です。ここでは掘削工事を対象として、近接施工での一般的な安全上の留意点について考えてみましょう。

最初に、新設構造物建設のための掘削工事が周辺地盤・構造物へ影響を与える原因について、その代表的なものを次の４つに分類して紹介します。

【参考文献】
・『基礎工　Vol.21　No.10』総合土木研究所，p21～24

① 掘削の準備工が原因となる場合

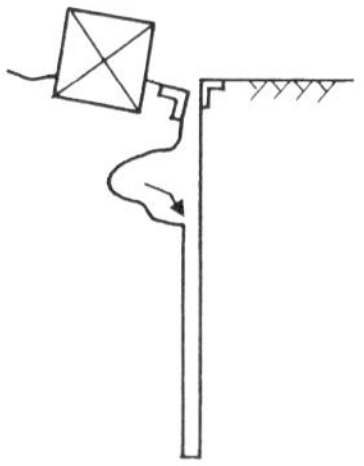

山留め壁構築の
ための泥水掘削

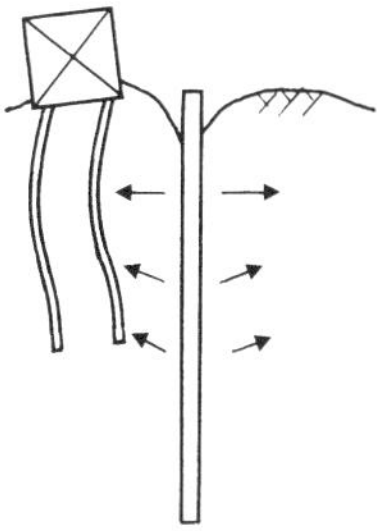

矢板打込み

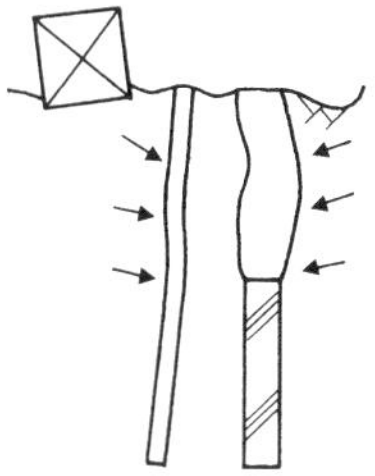

構造物基礎の
杭空打ち

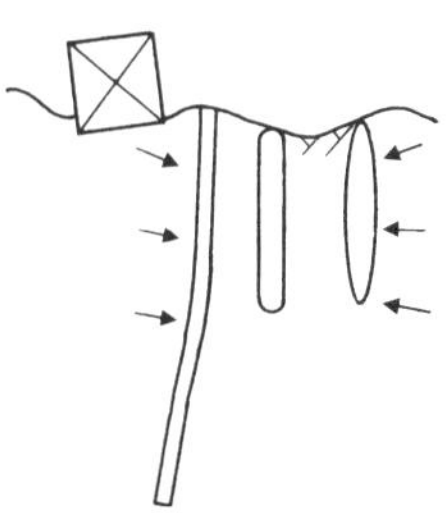

地中障害撤去

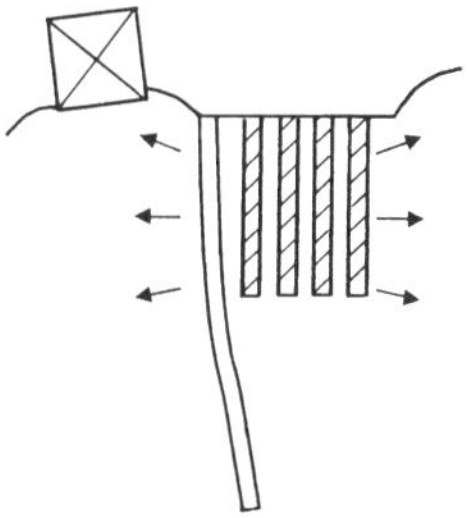

地盤改良

② 山留め架構が原因となる場合

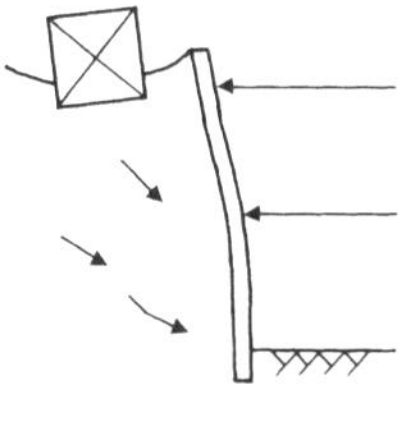

根入れ不足

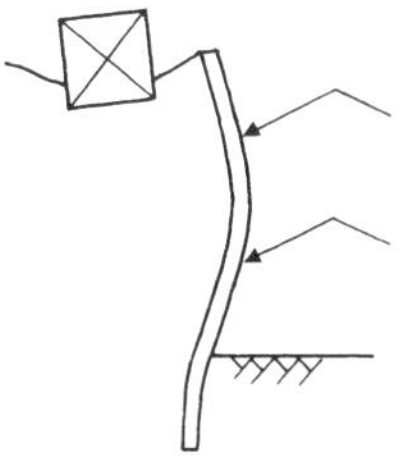

切梁座屈

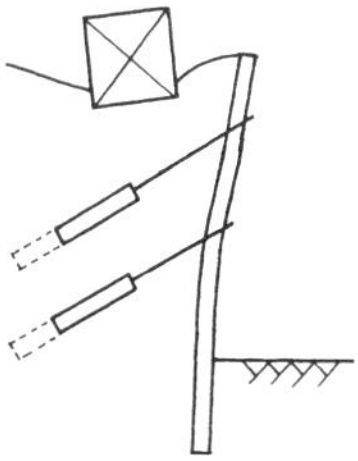

地盤アンカー引抜け

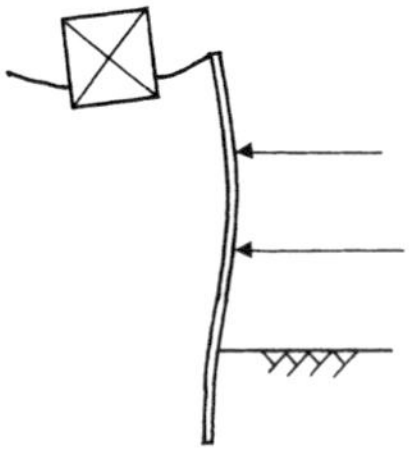

山留め壁剛性不足

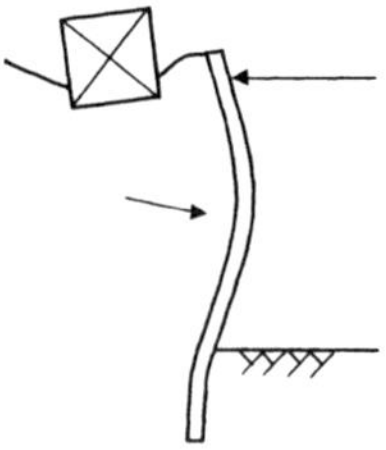

切梁支保工の
段数不足

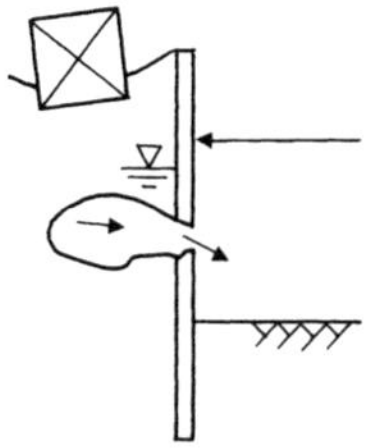

土砂流出

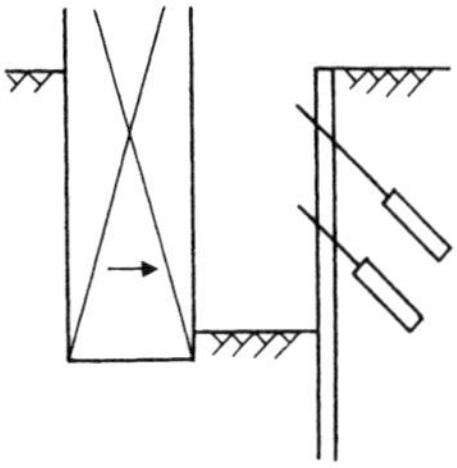

偏土圧による横すべり

③　地盤や地下水が原因となる場合

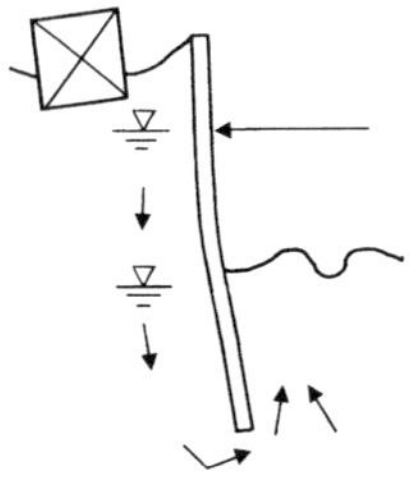

ボイリング

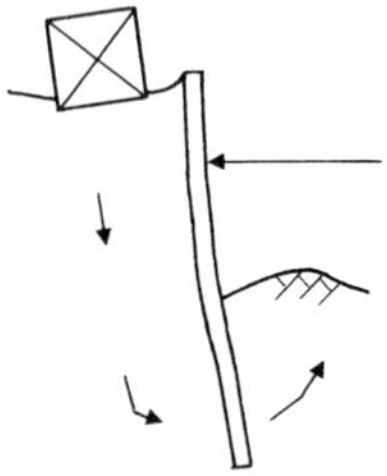

ヒービング

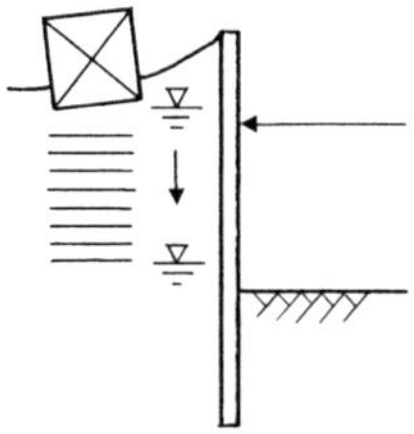

圧密沈下

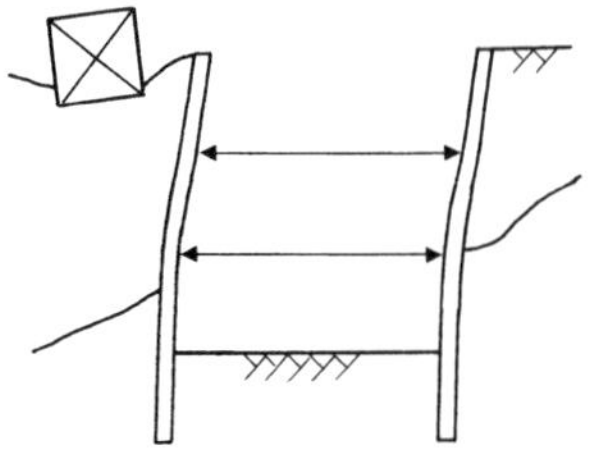

地層の傾斜

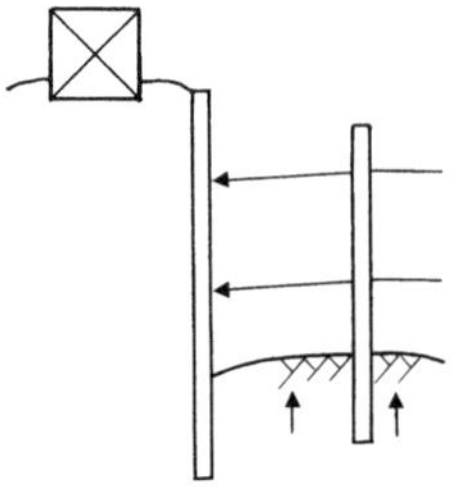

リバウンド

④　掘削後の工事が原因となる場合

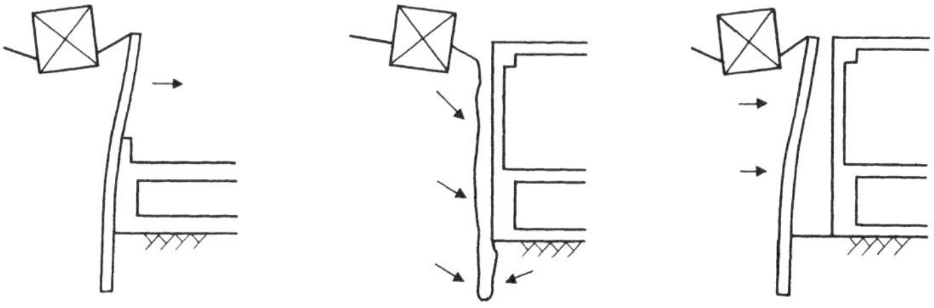

それでは、近接施工における検討手順について紹介しましょう。この検討で最初に行われるものは事前調査です。事前調査項目には、地盤、地下水、地下埋設物、工事環境、気象、近接既設構造物（構造様式、健全度等）及び法規制・指針等があり、場合によってはその地区で以前に行われた工事記録等も貴重な資料となります。これらの事前調査結果に基づいて、新設構造物の施工が近接構造物や近接施設に有害な影響を及ぼす可能性があるかどうかを判断します。既設構造物等の機能、安全性、耐久性等に悪影響を与える可能性があると判定された場合には、**図4.3**に示すような施工検討フローにより、綿密な対策、予測解析を行う必要があります。また、現在では計測管理を行い、安全を確認しながら工事を実施する場合が増えています。

【参考文献】
・『基礎工　Vol.21　No.10』総合土木研究所，p100～105

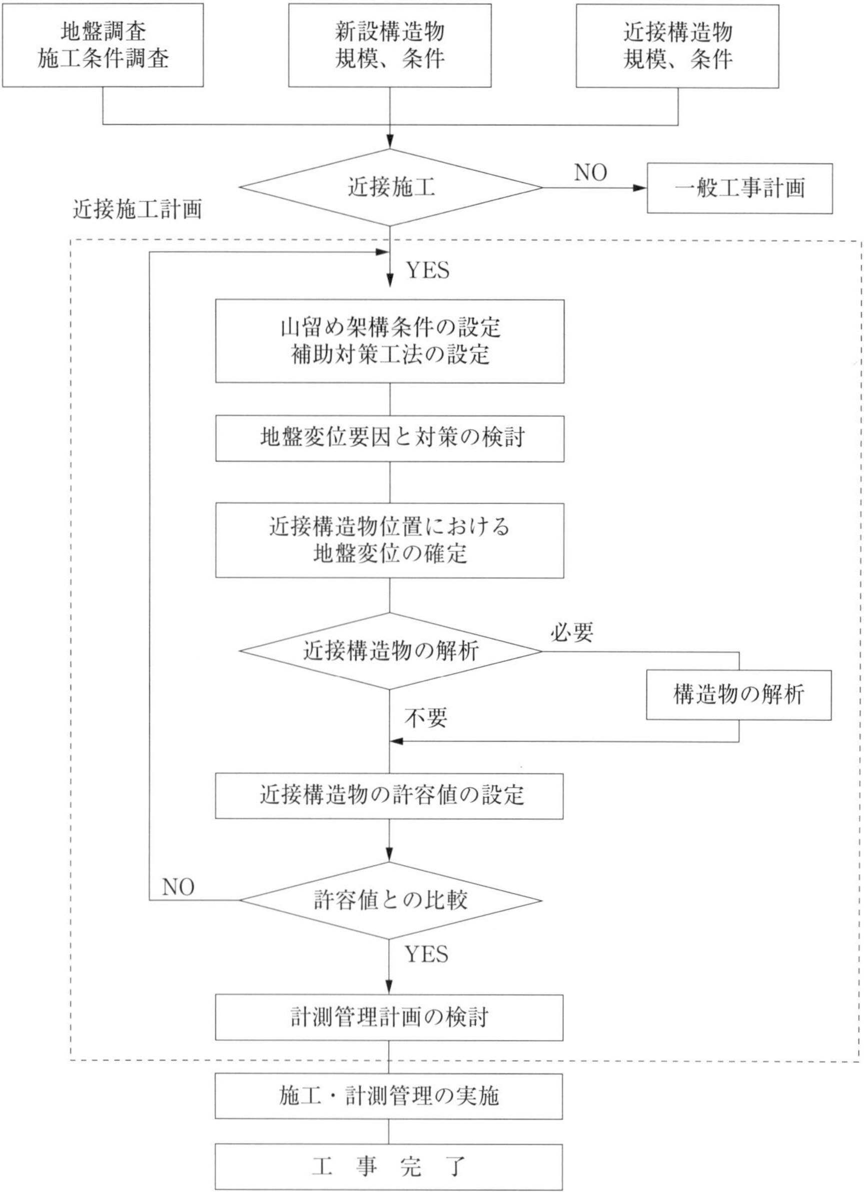
地盤調査
施工条件調査
新設構造物
規模、条件
近接構造物
規模、条件
近接施工
NO
一般工事計画
近接施工計画
YES
山留め架構条件の設定
補助対策工法の設定
地盤変位要因と対策の検討
近接構造物位置における
地盤変位の確定
近接構造物の解析
必要
構造物の解析
不要
近接構造物の許容値の設定
NO
許容値との比較
YES
計測管理計画の検討
施工・計測管理の実施
工　事　完　了

図4.3　施工検討フロー

Q50 掘削時における切取り高さと勾配についての留意点はどのようなものですか

Answer

切取り工事を安全に施工するためには、計画・設計の段階で決定する切取り面の勾配が最も重要な事項になります。地形、地質に応じ、また切取り後ののり面保護工などの有無も考慮し、施工中及び竣工後の崩壊に対して十分安全な勾配としなければなりません。このため、厚生労働省や発注機関が定める基準等では地山の種類や地質に応じて、切取り勾配を設定しています。以下にその基準を紹介します。なお、労働安全衛生規則に定める基準は、作業中に遵守しなければならない最低限のものであり、発注機関で定める基準等は、原則としてできあがり勾配を定めています。

1．厚生労働省；労働安全衛生規則（第356条及び第357条）

表4.1　地山の種類と掘削面の高さ・勾配

地山の種類	掘削面の高さ	掘削面の勾配
岩盤又は堅い粘土からなる地山	5 m未満	90°
	5 m以上	75°
その他の地山	2 m未満	90°
	2～5 m未満	75°
	5 m以上	60°
砂からなる地山	5 m未満	35° 以下
発破等により崩壊しやすい状態の地山	2 m未満	45° 以下

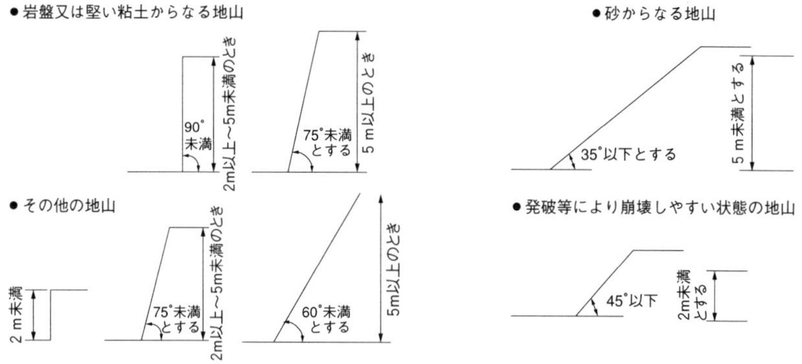

図4.4　地山の種類と掘削勾配

2．道路土工―のり面工・斜面安定工指針―（平成11年３月、(社）日本道路協会）

道路土工―のり面工・斜面安定工指針―では、切土のり面について以下のような記述があります。

「自然地盤は、不均一な土砂・岩塊、節理・断層等の地質的不連続面や風化・変質部を含むため極めて複雑で不均一な構成となっている。しかも降雨、地震あるいは経年的な風化によって、切土のり面は施工後徐々に不安定となっていくものである。このため切土のり面において、精度の高い地盤定数を求め有意な安定計算ができる場合は均一な土砂等を除きほとんどないと考えてよい。したがって、一般的な場合においては、**表4.2**の標準値を参考として「２．調査」における結果及び用地条件等を総合的に判断してのり面勾配を決定する。**表4.2**は、土工面から経験的に求めたのり面勾配の標準値で、無処理あるいは植生工程度の保護工を前提としたものである。」

上記に示されるように、**表4.2**は経験的に求めた切土のり面勾配の標準値であり、のり表面は無処理あるいは植生工程度の簡易な保護工を前提としています。またここでの勾配は単一のり面の勾配であり、小段を含まないものです。

また、次の条件に該当する場合は、標準のり面勾配が適用できないことがあるので、のり面勾配の変更及びのり面保護工、のり面排水工等による対策を講じる必要があります。

表4.2 切土に対する標準のり面勾配

地山の土質		切土高	勾配
硬岩			1：0.3～1：0.8
軟岩			1：0.5～1：1.2
砂	密実でない粒度分布の悪いもの		1：1.5～
砂質土	密実なもの	5 m以下	1：0.8～1：1.0
		5～10m	1：1.0～1：1.2
	密実でないもの	5 m以下	1：1.0～1：1.2
		5～10m	1：1.2～1：1.5
砂利又は岩塊混じりの砂質土	密実なもの、又は粒度分布のよいもの	10m以下	1：0.8～1：1.0
		10～15m	1：1.0～1：1.2
	密実でないもの、又は粒度分布の悪いもの	10m以下	1：1.0～1：1.2
		10～15m	1：1.2～1：1.5
粘性土		10m以下	1：0.8～1：1.2
岩塊又は玉石混じりの粘性土		5 m以下	1：1.0～1：1.2
		5～10m	1：1.2～1：1.5

注）① 上表の標準勾配は地盤条件、切土条件等により適用できない場合があるので指針本文を参照すること。

② 土質構成等により単一勾配としないときの切土高及び勾配の考え方は下図のようにする。

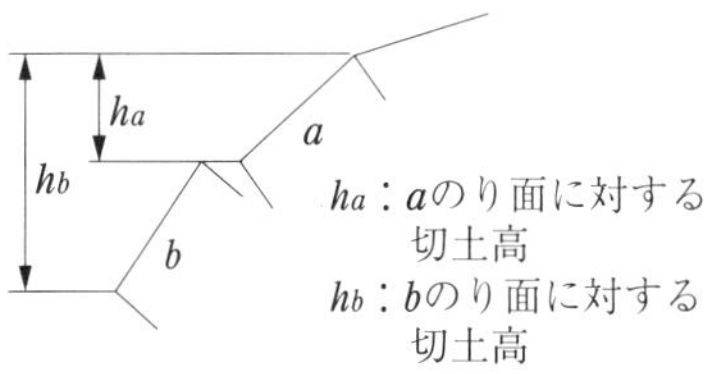

・勾配は小段を含めない。

・勾配に対する切土高は当該切土のり面から上部の全切土高とする。

③ シルトは粘性土に入れる。

④ 上表以外の土質は別途考慮する。

(a)　地すべり地の場合
(b)　崩壊土砂、強風化斜面の場合
(c)　砂質土等、特に浸食に弱い土質の場合
(d)　泥岩、凝灰岩、蛇紋岩等の風化が速い岩の場合
(e)　割れ目の多い岩の場合
(f)　地下水が多い場合
(g)　地震の被害を受けやすい地盤の場合

①　しらす、まさ

「しらす」や「まさ」のように浸食に弱い砂質土においては、のり面勾配だけでなくのり面保護工も同時に考慮する必要があります。「道路土工」指針では、このような地山ののり面について次のように規定しています。

「しらす等の砂質土は特に浸食に弱いので、のり面安定の検討においては、斜面としての力学的安定性のみならず、表流水・雨滴等の水の浸食に対する安定性も考慮しなければならない。したがって、排水等に関し次のように配慮すべきである。

(a)　のり肩、のり尻排水を十分に行う
(b)　のり肩付近からの水の浸透をできるだけ防ぐ
(c)　のり尻には用地を十分とって、万一崩壊しても直接被害を与えないようにする」

「しらす」、「まさ」に対しては上記の標準のり面勾配とは別に**表4.3**、**表4.4**のような適正のり面勾配の事例が示されています。このうち、「しらす」の標準のり面勾配の表は、「土質工学会（当時）しらす標準化委員会案（1980年）」によっており、また、「まさ」土に対する標準のり面勾配の表は「風化花崗岩とまさ土の工学的性質とその応用」（土質工学ライブラリー16、地盤工学会編）によっています。

②　切土のり面の施工

切土の施工にあたっては、地質の変化に注意を払い、当初予想される地質以外の、例えば断層破砕帯、岩脈、のり面に対して流れ盤となる不連続面（節理、片理、断層面）が現れた場合は、ひとまず施工を中止して、当初設計と比較検討し必要があれば設計変更を行う、と規定しています。

表4.3　地山しらすの判断分類に基づく切土工の設計施工指針

分類		しらす					その他		
		極軟質しらす	軟質しらす	中硬質しらす注1)		硬質しらす	溶結凝灰岩	軽石層	火山灰質有機質土及び火山灰質粘性土
指標硬度（mm）		20以下	20～25	25～30 植生工が容易	25～30 植生工が困難	30～33	33以上	—	—
湧水がない場合	勾配（割）	1.0～1.5	0.8～1.2	0.8～1.0	0.5～0.8	0.5～0.8	0.5以下	1.0～1.5	1.0～1.5
湧水がない場合	のり面保護工	のり枠植生工、のり枠栗石張り、のり枠ブロック空張り、コンクリート張り	のり枠植生工、植生マット、張芝	のり枠植生工、植生マット、張芝	しらす・セメントのモルタル吹付け	しらす・セメントのモルタル吹付け	無処理	のり枠栗石張り、のり枠ブロック張り、コンクリート張り	張芝、植生マット、種子吹付け
湧水がある場合	勾配（割）	1.0～1.5	1.0～1.2	1.0～1.2	1.0程度	1.0程度	0.5程度	1.0～1.5	1.0～1.5
湧水がある場合	のり面保護工	のり枠栗石張り、ブロック空張り、コンクリート張り	のり枠栗石張り、ブロック空張り、コンクリート張り	のり枠植生工、植生穴工、植生マット、張芝	のり枠栗石張り、ブロック空張り、コンクリート張り	のり枠栗石張り、ブロック空張り、コンクリート張り	無処理	のり枠栗石張り、ブロック空張り、コンクリート張り	張芝、植生マット、種子吹付け
排水処理の必要注2)		あり	あり	あり	あり	あり	なし	あり	あり

注1）しらすは水に浸食されやすく、のり面の保護が極めて重要である。指標硬度が27mm以下を植生工が容易、27mm以上を植生工が困難なものと判断し、中硬質しらすを対象としてこの判別よりのり面保護工を設計するものとする。

注2）のり高（垂直高）が10mを超える場合は、地質条件を考慮して約7mごとに幅1.5～2.0mの小段を設ける。また、後背地からの表面水をのり面に流さないようのり肩の排水溝を完備するとともに、のり面に対して浸食されないように十分な排水施設を設けるものとする。

3．鉄道構造物等設計標準・同解説　土構造物（平成19年1月、(財)鉄道総合技術研究所）

鉄道構造物等設計標準は、平成19年の改訂により、性能照査型設計に移行しています。これにより、のり面の標準勾配も性能ランク別に区分して扱われるようになっています。

鉄道構造物等設計標準では、切土及び素地の設計は以下により行うことを基本としています。

(a)　切土の設計にあたっては、要求性能並びに性能ランクを設定するものとする。

表4.4　まさ土に対する標準のり面勾配

岩盤区分	地盤の状況						のり高と勾配（m）				
	従来の岩区分		風化状況		ボーリングコア状況	地山での弾性波速度（P波）	0～10	10～20	20～30	30～50	50～
まさ状風化岩	D	D_L～D_H	土砂軟岩	まさ	砂状	km／s 0.4～1.1	1.0～1.2	1.2～1.5	1.5～1.8		
風化花崗岩	C	C_L	極軟岩	まさに近くなった岩で、割目の少ないもの及び割れ目が密集した岩	砂状～細片状	1.1～1.5	0.6～0.8	0.8～1.0	1.0～1.2	1.2～1.5	
弱風化花崗岩	C	C_M	軟岩	岩芯まで黄褐色に変質した岩。節理が発達する。	角レキ状～短棒状	1.5～2.3	0.4～0.5	0.6～0.8	0.8～1.0	1.0～1.2	1.2～1.5
未風化花崗岩	C	C_H	硬岩	大部分が新鮮な岩塊からなり、塊状に節理が発達する。	棒状	2.3以上	0.3～0.4	0.4～0.6		0.6～0.8	
	B										
	A										

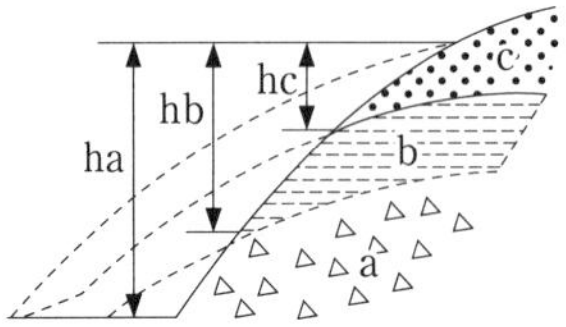

のり高と岩区分
岩区分 a に対するのり高：ha
岩区分 b に対するのり高：hb
岩区分 c に対するのり高：hc

(b)　性能照査による設計を行う場合には、照査指標並びに限界値を適切に設定し、各照査指標に対する応答値が限界値に達しないことを照査するものとする。

(c)　「適合みなし仕様[注)]による設計」による場合には、性能ランクに応じて定められた所定の仕様・構成を満足するように切土を構築するものとする。

性能照査型設計において、土構造物の全体系に対する要求性能の水準を区分するには、以下の性能ランクを用いることとされています。

・性能ランクⅠ：常時においては小さな変形であり、極めて稀な偶発作用に対しても過大な変形が生じない程度の性能を有する土構造物。

注）適合みなし仕様：従来行われてきた仕様。計算によらず、実験や経験的に定められた標準のり面勾配、締固め管理値、支持地盤条件など仕様で規定された設計。小規模工事の簡便性・容易性を損なわないために残されています。

表4.5 性能ランクと要求性能水準、適用のイメージ

	性能ランクⅠ	性能ランクⅡ	性能ランクⅢ
要求性能の水準	常時においては極めて小さな変形であり、L２地震動や極めて稀な豪雨に対しても過大な変形が生じない性能を有する土構造物。	常時においては通常の保守で対応できる程度の変形は生じるが、L２地震動や極めて稀な豪雨に対しても壊滅的な破壊に至らない性能を有する土構造物。	常時においての変形は許容するが、L１地震動や年に数度程度の降雨に対して破壊しない程度の性能を有する土構造物。
適用の例	例えば、省力化軌道を支持する土構造物。	例えば、重要度の高い線区の有道床軌道を支持する土構造物。	例えば、一般的な線区の有道床軌道を支持する土構造物。

・性能ランクⅡ：常時においては通常の保守で対応できる程度の変形は生じるが、極めて稀な偶発作用に対しても壊滅的な破壊には至らない程度の性能を有する土構造物。

・性能ランクⅢ：常時においての変形は許容するが、比較的しばしば生じる作用に対しては破壊しない程度の性能を有する土構造物。

性能ランクと要求水準との対応、具体的な適用の例は**表4.5**に示されています。

切土の照査設計は、照査指標や取り扱う作用の種類に応じて、妥当性があらかじめ検証された材料特性、解析モデル、解析法を用いて応答値を算定して行います。ただし、一般的な切土については「適合みなし仕様による設計」によって断面形状等を決定してよいとしています。

「適合みなし仕様による設計」を行うにあたっては、「調査、計画が行われた後、線区の重要度や地山の構成や状態等を勘案し性能ランクを定め、性能ランクに見合った切土形状を決定する。切土の形状の決定に関しては地山の構成や状態が支配的な要因となり、風化が進んでいる地山や崩壊性の地山等無対策で切り取ることが不適切な地山においては、切土補強土工法を採用するなど適切な処理を講ずる必要がある」としており、適合みなし仕様での設計においても事前の調査により地山の状況を的確に把握することが重要であると述べられています。

「適合みなし仕様による設計」による性能ランクと切土の標準のり面勾配の関係は**表4.6**に示されています。

表4.6　性能ランクと切土の標準のり面勾配

地質・土質・岩質			性能 ランクⅠ*1	性能 ランクⅡ、Ⅲ
一般土*2	軟質土 崩れやすい土砂	軟らかい細粒土	1：1.8以上	1：1.5以上
		緩い砂粒土 緩い礫粒土	1：1.5～2.0	1：1.5～1.8
	中硬質度 やや締まった土砂	中くらいの硬さの細粒土 中くらいに締まった砂粒土 中くらいに締まった礫粒土	1：1.2～1.8	1：1.2～1.5
	硬質度 締まった土砂	硬い細粒土 締まった砂粒土 締まった礫粒土	1：1.0～1.2	1：1.0～1.2
特殊土	火山灰質粘性土	軟　質	1：1.5以上	1：1.2以上
		硬　質*3	1：1.0～1.8	1：1.0～1.5
		灰　土	1：1.2以上	1：1.0以上
	まさ土		1：1.0～1.8	1：1.0～1.5
	山　砂		1：1.5～2.0	1：1.5～2.0
	しらす	軟質しらす	1：1.0～1.5	1：1.0～1.4
		中硬質しらす	1：0.7～1.0	1：0.7～1.0
		硬質しらす	1：0.5～0.7	1：0.5～0.7
岩石	脆弱岩		1：0.8～1.2	1：0.8～1.2
	軟　岩*4		1：0.5～1.0	1：0.5～1.0
	硬　岩		1：0.3～0.8	1：0.3～0.8

*1：ただし、地山の強度が弱い場合においては、地山補強材等による補強を行う必要がある。
*2：SPは特殊土の山砂に準ずる。
*3：関東ローム、岩手ローム等
*4：固結度の良好な凝灰岩類等は硬岩としてよい。

Q51

斜面崩壊の危険性を判断する際の留意点はどのようなものですか

Answer

斜面崩壊を事前に予測することは、貴重な人命・財産を災害から守るという意味で、大変に重要なことです。しかし、斜面の安定を左右する要因（地形、土質等）、誘因（降雨、凍結融解等）が多種多様であり、かつそれらが相互に関連して崩壊が発生するので、定量的に斜面の安定性を評価することは困難なことが多いのが実情です。このようなことから、のり面を日常から慎重に点検し、わずかな変状も見逃さずにチェックして崩壊の危険性を判断することが重要となります。特に、切取り工事では、自然地山に手を加えるので、結果的に斜面の安定を低下させる場合が多く、注意を要します。このため、施工中においては、常に地盤の挙動を監視する態勢が必要であり、地山周辺のわずかな変化を見逃さず、崩壊の危険性を常にチェックすることが災害防止上必要な条件となります。また、崩壊のおそれのある場合には、地すべり計、傾斜計、変位計などの測定機器を状況に応じて設置し、常時地盤の状況を監視することも必要です。

崩壊危険性を判断するための一般的な調査点検の要点は次のとおりです。

① 点検の場所

(a) 対象工事区域の全地表面の踏査
(b) のり肩部より上方の亀裂有無の確認
(c) のり面の地層変化部の状況の確認
(d) 浮石の状況変化の確認
(e) 湧水発生の有無、湧水量の変化の確認
(f) 湧水の濁りの変化の確認
(g) 凍結・融解の状況の確認
(h) のり面保護工の変状の確認

② 点検の時期

以上の項目については、常時、点検・確認が必要ですが、特に以下に示した時期には、綿密な点検を実施しなければなりません。

(a) 作業の開始前
(b) 作業の終了時

(c)　地震（震度４以上）の直後

(d)　降雨の後

(e)　近接した場所での発破作業が行われたとき

また、いったん地山の崩壊が発生した場合、特に気をつけなければならないのは２次災害の発生です。比較的小さな崩壊の後、復旧作業中あるいは被災者救出作業中に、大規模な２次崩壊が発生し、さらに多くの犠牲者を出した事例もあります。

この場合、特に注意しなければならないことは、斜面崩壊が発生した場合には、崩壊面及びその周辺を綿密に注意深く点検し、２次災害発生の可能性の有無を検討し、その後で救出復旧を開始するという細心の注意が必要となります。

【参考文献】
・『切取工事の安全』建設業労働災害防止協会，1979年

Q52 地盤アンカーを用いた掘削の設計・施工における安全上の留意点はどのようなものですか

Answer

わが国で地盤アンカーが利用されはじめてから30年以上が経過し、施工実績や研究成果の蓄積に基づき日本建築学会や地盤工学会などの基準も整備されてきました。しかし、地盤アンカーの支持機構は十分に解明されたわけでなく、未解明の部分も残されているのが現状です。

地盤アンカーは、引張力を地盤に伝達するシステムで、グラウトによって造成されるアンカー体、引張部、アンカー頭部の３要素から構成されます。地盤アンカー自体の耐力はこれらの３要素から求められますが、アンカーを含めた山留め構造全体の安全性はアンカー、地盤及び山留め壁の相互の影響を考慮する必要があります。

1．地盤アンカーの設計・計画における留意点

設計のチェック段階では、設計の前提に誤りや抜けがないかどうかをチェックします。具体的には次の３項目についてそれぞれ目を通しておくことが必要です。

①　事前調査が適切か

建物の設計時において一応の地盤調査が実施されている場合であっても、掘削工事を行うにあたって、情報が十分でない場合には山留め工事独自の調査が必要になります。調査すべき項目は、地盤構成、土の物性、地下水の状態です。地盤が傾斜しているような場合は、数箇所の調査が必要となります。

この場合、地盤調査は日本建築学会等の指針や日本工業規格、地盤工学会の各種基準に準拠して、適切に行われているかどうかを確認することが必要です。

②　設計荷重、設計計算が適切か

地盤調査に基づき適切に設計荷重が選択されているか、設計計算の選択と計算過程に誤りがないかをチェックします。さらに地盤アンカーの配置は、山留め壁の種類・強度、腹起しの強度及び構造躯体の形状等に加え、山留め架構全体の安定も考慮して決定されているかどうかをチェックします。

地盤アンカーの設計・計画は、地盤アンカーが十分安全でかつ施工可能なこ

とを確認するために基本的に次の3つの検討を行い、**図4.5**に示すような大変形や崩壊につながるパターンに至らないことを確認する必要があります。

(a) 地盤アンカーの地盤への定着

(b) 地盤アンカーを含む全体系の安定

(c) 構造体の安全性

これらのそれぞれについて検討項目を示すと**表4.7**のようになります。

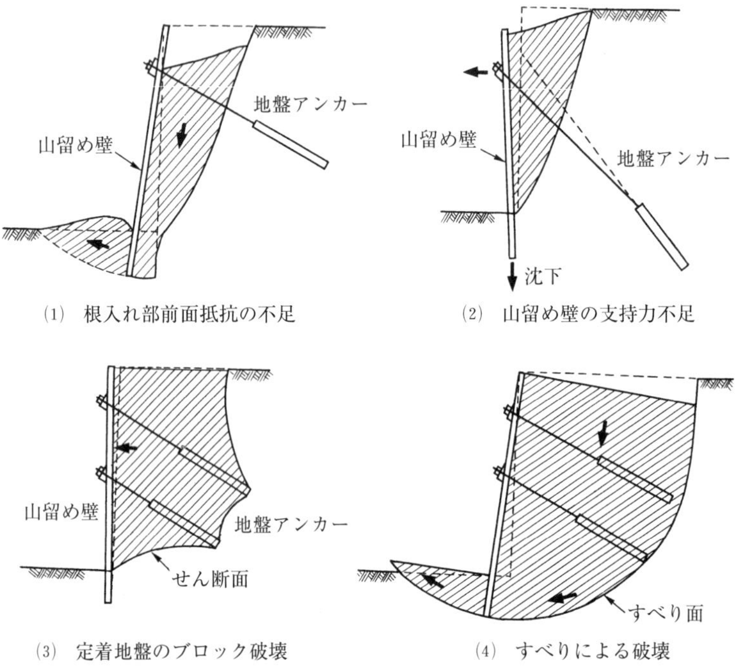

図4.5 地盤アンカーの崩壊パターン

表4.7 検討項目

地盤アンカーの地盤への定着		応力（定着体と地盤の摩擦抵抗力・引張材の引張力・引張材と注入材の付着抵抗力） 変形（荷重—変位の関係）
地盤アンカーを含む全体系の安定		根切り底面の安全性（ヒービング・ボイリング） 周辺地盤・構造物の安定性（すべり・沈下・移動）
構造体の安全性	山留め壁の安全性	応力（曲げモーメント・せん断力・軸方向力） 変形（水平・鉛直） 支持力・沈下
	腹起しの安全性（ブラケットを含む）	応力（曲げモーメント・せん断力：水平・鉛直） 変形

2．施工段階における留意点

施工にあたっては、基本的には施工が設計どおり行われていることを確認することが大切です。また、過度な変形や応力の集中がないか、計測施工を行っている場合は、計測結果で異常が見られないかを確認し、何らかの変化が見られた場合には、変化の進行を慎重に判断しなければなりません。特に変形や過度な応力集中が起こり、全体系の崩壊につながるような兆候が現れた場合は、工事が手戻りになってもいったん掘削部を埋め戻す等の措置が必要となります。

具体的には、図4.5で示した崩壊パターンを含めて、地盤アンカーの山留めが変形・崩壊へと発展する一般的な原因について設計段階はもとより、施工段階においてもチェックが必要です。

①　地盤アンカー定着部の引抜き耐力の不足

定着体と地盤との摩擦抵抗不足、引張材の強度不足（地盤アンカーの破断）又は引張材と注入材との付着抵抗不足、注入材（グラウト）の強度不足による地盤アンカーの引抜け

②　山留め壁の強度不足

山留め壁の過度な変形、座屈

③　地盤アンカーヘッド部の支持不足

腹起し、ブラケットの強度不足による腹起し部材、ブラケットの変形、座屈等、アンカーヘッド部の台座からの抜け

④　アンカーケーブル、地盤アンカー頭部の破壊

アンカー頭部及びその周囲の腐食等による地盤アンカーケーブルの破断、頭部からのアンカーの抜け、アンカー頭部の腐食（仮設期間が長期になる場合は検討が必要です）

⑤　山留め壁の支持力不足

プレストレス力の鉛直成分荷重の影響（特にアンカー打設角度が鉛直に近い場合に考慮します）

⑥　根切り部の地耐力（受働抵抗）の不足

掘削のしすぎ、根入れ不足、受働土圧の過大評価

⑦　山留め壁と地盤アンカーを含む全体的な地盤崩壊

図4.5のような地盤アンカー定着部を含む崩壊、通常は円弧すべりに対する

安全性を検討します。

⑧　その他、削孔時の湧水

労働災害を防止するうえで確実に避けなければならないのは、急速に発生する大変形です。変状が収束せず、加速度的に増加する場合が最も重大な災害につながる可能性が大きいのです。

例えば、山留め壁が沈下すれば、山留め壁の地盤アンカー頭部も沈下するため、地盤アンカー打設角度が鉛直に近い場合は特に拘束効果が減少し、変形が進行する可能性があります。この場合、地盤アンカー頭部定着具がゆるんで山留め壁全体の崩壊につながることも考えられます。山留め壁の支持力、沈下に関しては十分な検討が必要です。

図4.5の⑵のような変状が発生した場合、山留め壁と地盤アンカーとの角度が減少するために、たとえ地盤アンカーにかかる緊張力が変化しない場合でも、地盤アンカー定着部にかかる鉛直応力が増加するおそれがあります。この荷重に対してブラケットや腹起しの強度が十分でなければ、地盤アンカー頭部が離脱し、全体崩壊につながるおそれも生じることになります。

地盤アンカーで支持される山留め壁の特徴は、曲げモーメント、せん断力に加えて地盤アンカーの緊張力によって山留め壁に軸力が発生することです。したがって通常の山留め壁の設計計算に加え、軸力による圧縮応力を加味した応力に対して十分安全なものでなければなりません。

Q53 深さ2～3m程度の小規模な掘削を行う場合に発生する土砂崩壊災害の特徴及び安全上配慮すべき点はどのようなものですか

Answer

1．建設工事における土砂崩壊災害の現状

土砂崩壊による労働災害の死亡者数は、毎年20～30人前後で推移しています。年によって差はあるものの、発生件数はほぼ横ばいの状況です。このうち、小規模な溝掘削作業時の土砂崩壊災害が半数以上を占めております。溝掘削は、どこでも見かける作業ですが、この種の災害は恒常的に発生しているにもかかわらず、災害発生の実態はよく知られていません。

そこで（独）労働安全衛生総合研究所では、溝掘削時に発生した90件の死亡災害について、その発生のメカニズムや死亡原因等を詳細に分析しました。その結果、意外な事実が明らかになりました。

2．溝掘削工事における土砂崩壊災害の特徴

① 腹部を挟まれて圧死が多い（顔が出たままでも死亡）

この災害の調査で、被災者がどこまで埋まっていたかを調べたところ、

(a) 「全身が埋まって死亡した」が約3割であること

(b) 「首、胸、その他の身体の部分（土塊により打撃を受けたり、身体の一部が、崩壊した土砂と掘削面に挟まれる等）が埋まって死亡した」が約6割であること

という結果となっています（図4.6）。このうちの約6割は全身が埋まっていないにもかかわらず死亡しており、約4割は胸から上が出たまま死亡していました。つまり、比較的浅い部分の掘削工事中に地山が崩壊して、崩壊土と溝壁との間に胸や腹を挟まれて、圧死した災害が多いということです。

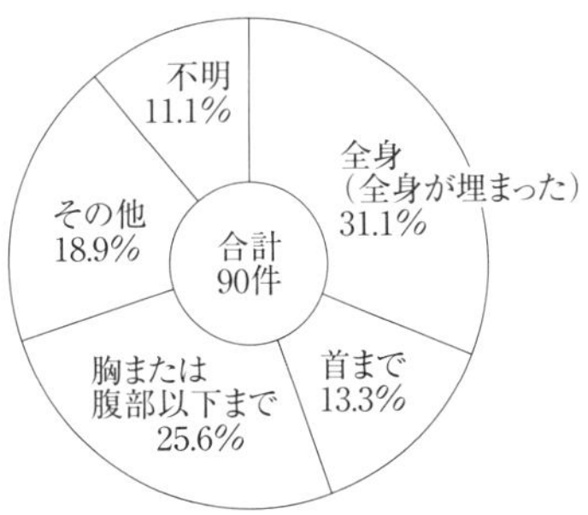

図4.6　埋没部位

例えば、こんな事故がありました。土砂崩壊により、現場監督者が顔が出た状態で、

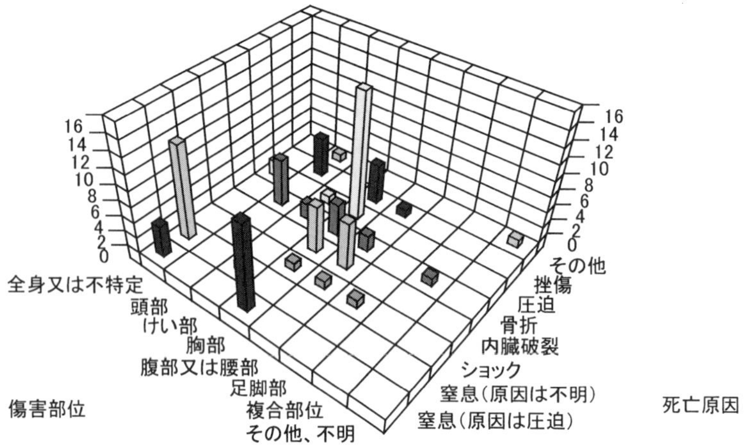

図4.7　傷害部位と死亡原因の関係

崩れた土砂に胸から下を挟まれました。事故後しばらくは声を出してあれこれ指示を与えていましたが、20分、30分と時間が経過するにつれしだいにぐったりし、病院に運ばれた時点ではすでに死亡していました。

土砂崩壊災害というと、多量の土砂に全身が埋まって鼻や口を塞がれて呼吸ができずに窒息死すると考えられがちです。しかし、小規模な土砂崩壊による労働災害では、同じ窒息死でも胸部圧迫によるものが多いのです。

図4.7は、傷害部位と死亡原因の関係を示したグラフです。死亡原因を見ると、窒息、圧迫死、骨折、内臓破裂が多いのです。傷害部位は胸部が多数を占め、腹部とあわせると6割近くになります。

胸や腹に土圧を受けた場合、圧迫による呼吸困難やろっ骨骨折による肺挫傷で窒息するか、内臓破裂等で死亡しています。胸部圧迫による窒息死を含めて、大部分は胸部又は腹部に土圧を受けたために起きる、いわゆる圧死と考えられます。

② 比較的浅い掘削工事で発生

溝掘削工事での土砂崩壊災害は、比較的浅い小規模な掘削工事で発生しています。前述の調査では、

(a) 死亡災害の約８割が深さ３m以下の掘削で発生していること

(b) 深さ２m以下でも２割を超す死亡災害が発生していること

といった分析結果でした。２m以下の比較的浅い掘削溝でも死亡した例が少な

くないということです。たとえ浅い溝であっても、土圧をまともに受けると死に至ることを肝に銘じておくべきでしょう。

③ 剥離倒壊型（びょうぶが倒れるような崩壊）が多い

死亡者が出た溝掘削の土砂崩壊現場で、溝の中にいて助かった人もいます。崩壊に気づいた人が「山がきた！」と叫び、ほんの数秒の間に、溝の中で崩壊部から逃げることができたのです。土砂の崩壊に気づいた人に背中を「どん」と押されて助かった人もいました。しかし、このケースでは、後ろから押してくれた人は逃げきれず亡くなりました。

崩壊パターンは①表層すべり型、②剥離倒壊型、③滑動又は円弧すべり型、④落下型、の４種類に分類できると考えられます（図4.8）。

関係者の証言で意外と多いのが、「びょうぶや壁が倒れるように崩壊した」というものです。これは、「剥離倒壊型」の崩壊です。掘削した溝の壁面が、このように剥離して崩壊することはあまり知られていません。

この種の崩壊では初めはゆっくりと壁が動きはじめるので、早く気づけば逃げきれる場合もあるようです。もちろん、そのような状況に至らないようにすべきことはいうまでもありません。

④ 危険な埋戻し土（崩壊の一因）

分析結果では、全体の85％の災害で、すべり面の一部に埋戻し土が認められました。過去の土工事で、地盤が弱くなったことが崩壊の要因です。

掘削した後の溝がなぜ危険なのかを力学的に考えてみましょう。掘削で土砂を取り除くことによって、水平方向の支えがなくなった状態になっています。さらに掘削面が鉛直なため､土の重量がまともに溝壁面の下部にかかるのです。つまり、下部の壁面近くの地盤は支えを失っているにもかかわらず、地盤の重量のかなりの部分を支えている状態なのです。

この部分に、過去に設置された配管などがある場合は、強度不足による崩壊の危険性が生じます。埋め戻した土中に残された布袋が剥離面となって土砂が崩壊し、死亡した事例もありました。

埋戻し土には、何が埋まっているか分かりません。強度が十分でないと疑ってかかるべきでしょう。同じように、排水溝や建物の基礎が残された地盤、あるいは盛土地盤でも十分な注意が必要です。

⑤ 死亡災害の９割は土留め未設置

土留めの設置中又は除去中を含めると、土留めをしていなかったものが全体

①Type-1　表層すべり型

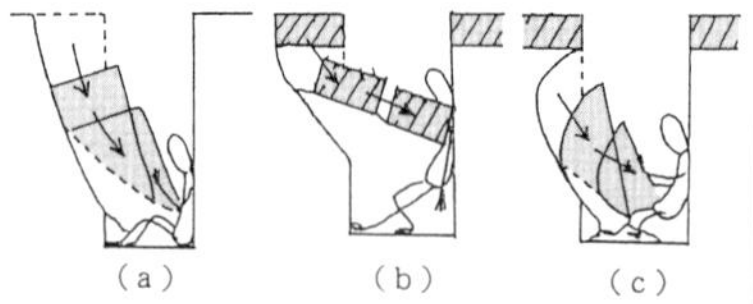

掘削部の比較的浅い部分がすべり落ちる崩壊の型。典型的なのが（a）のような掘削表層部のすべりです。いわゆる肌落ち、崩落等に類するものもこの型の一種です。舗装面等とともに崩壊する場合は（b）、舗装部等の上層部が堅牢な場合は（c）のような斜面内の崩壊が発生します。

②Type-2　剥離倒壊型

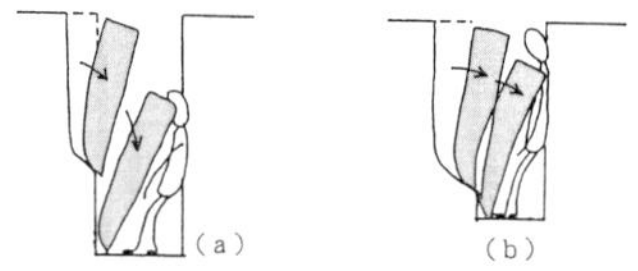

土塊が剥離して、倒れるように崩壊する型。目撃者が「びょうぶや壁が倒れるように崩壊した」と表現する崩壊です。横に長い区間が壁のように一時に倒れてくることが多いのです。崩壊の前兆として、地表面や地盤内に亀裂が発生します。

③Type-3　滑動又は円弧すべり型

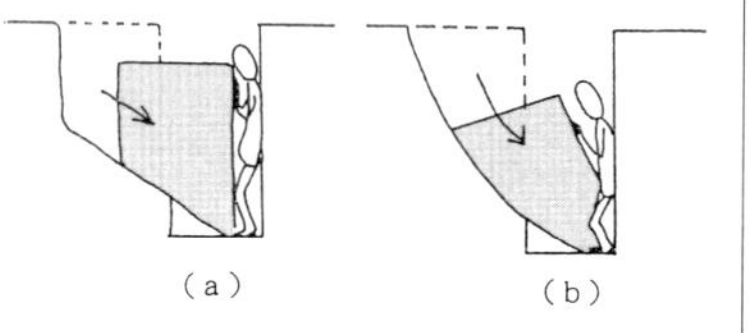

Type-1に比べて崩壊土塊が大きく、すべり面がより深部にある崩壊の型です。（a）のように基盤との境から滑落するように崩壊するものと、（b）のように円弧すべり状に崩壊するものがあると考えられます。円弧すべり状の崩壊は主に軟弱な地盤で発生します。

④Type-4　落下型

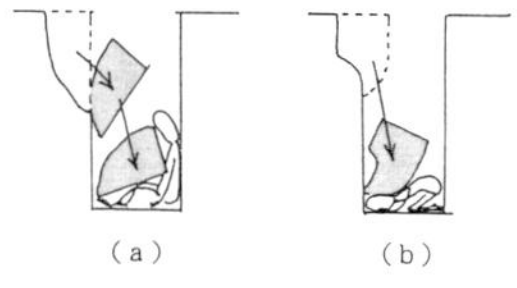

溝壁面の一部が固まり（締まった土、岩石等）で抜け落ちるように崩壊する型。落下箇所にいる作業者が被災するものです。Type-1及びType-2の崩壊は溝の長手方向にそった崩壊幅が長いものが多いのに対し、このType-4は崩壊規模が小さく、土量は2㎥以下がほとんどです。

図4.8　溝崩壊の型別分類

出典：『土止め先行工法に関する指針とその解説』建設業労働災害防止協会，2002年，p129

の９割を超えていました（図4.9）。土留めの設置を終了していたものは、ごく少数にすぎなかったのです。土留めを省略したことが災害の主因となったと考えられます。

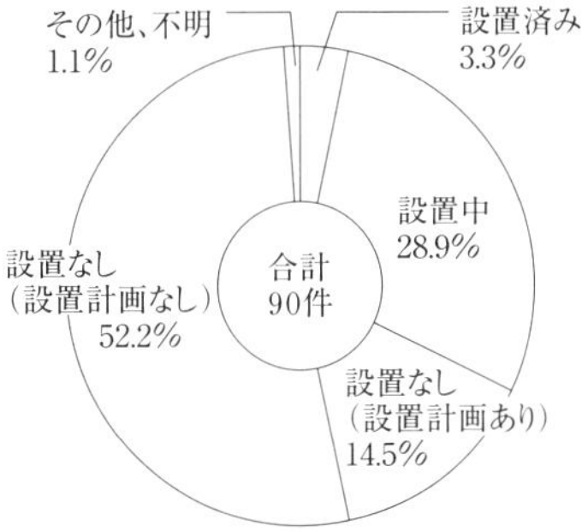

図4.9　土留めの設置状況

３．土砂崩壊災害の防止対策

土砂崩壊災害が一向に減らない要因の一つには、自然が相手ということで対策がとりにくいということがあげられます。しかし、土砂崩壊が自然現象だとしても、上記の調査結果のように災害発生の要因を見ると「防護対策が不十分であった」という事例が目立ちます。つまり、対策を十分行っていれば防止できた災害が多いということです。上下水道工事の掘削作業では、比較的浅い小規模な掘削工事となるため、十分な崩壊対策がとられないケースが見受けられます。しかしながら、安衛則第361条では、「事業者は…地山の崩壊又は土石の落下により労働者に危険を及ぼすおそれのあるときは、あらかじめ土止め支保工を設け…危険を防止するための措置を講じなければならない」と明確に規定されています。

土砂崩壊災害を防止する主なポイントは以下のとおりです。

①　事前調査の実施

基本的対策としては、まず事前調査の実施があげられます。掘削箇所周辺の地質、地層の状態について事前に地質調査及び埋設物の調査を行います。

(a)　地質や湧水の調査

溝掘削工事の場合には、土質や湧水の状況により、土留め支保工の必要性やその工法を検討しておくことが重要です。

(b)　地下埋設物調査

溝掘削工事において地下埋設物の調査は、作業中の地下埋設物の破損防止に大切なばかりでなく災害防止のうえでも重要です。溝掘削工事における土砂崩壊の大半が、掘削側面に地下埋設物が近接し、その過去の埋戻し土や漏水・湧水に関係しています。

②　施工計画の策定

事前調査に基づき、掘削範囲、深さ、勾配及び順序を検討し、現場の状況に適合した施工計画を策定することが大切です。

③ 作業における安全対策

(a) 実際の作業にあたっては、施工計画に基づき、正しい掘削勾配、掘削順序で作業を行うよう、作業員に周知徹底させること。

(b) 日常の地山点検は、作業開始前及び降雨、地震等の後には地山の状態について十分な点検を行い、浮石や崩壊しやすい土砂等を除去するとともに、土留め支保工の結合部の状況、変形の有無等についても入念に点検すること。掘削中も掘削によって現れた地山と施工計画時に想定していた地山との地質、湧水状態の違いについて把握し、その結果に基づき必要な対策を立てていくことが大切です。

(c) 掘削部には土留め等がない無防備な状態では入らないことです。安衛則では２ｍまで危険がないかぎり鉛直に掘削可能ですが、災害事例にかんがみ1.5m以上の掘削では土留めをすることが望ましいでしょう。

Q54

「土止め先行工法」とはどのような工法ですか

Answer

溝掘削作業及び溝内作業中における土砂崩壊による災害は、溝内での土止め支保工の組立て、解体作業中や土止め支保工が未設置の構内作業中に発生したものが９割を超えています。

こうした災害のほとんどは、労働者が構内に立ち入る前に適切な土止め支保工を設置することにより防止することが可能であることから、構内での作業に先行して土止め支保工を設置する工法である「土止め先行工法」が厚生労働省から推奨されています（平成15年12月17日基発第1217001号）。

この「土止め先行工法」とは、「上下水道等工事において、溝掘削作業及び構内作業を行うにあたって、労働者が構内に立ち入る前に適切な土止め支保工等を先行して設置する工法であり、かつ、土止め支保工等の組立て又は解体の作業も原則として労働者が構内に立ち入らずに行うことが可能な工法」をいいます。

「土止め先行工法」の例としては、次のような工法等があげられています。

① 軽量鋼矢板工法（建込み式、打込み式）

② 建込み簡易土止め工法（スライドレール方式、縦ばりプレート方式）

③ 鋼矢板工法

これらの工法にかぎらず、上記の条件を満たす工法であれば「土止め先行工法」であるといえます。

上記①の軽量鋼矢板工法では、掘削した溝が自立するのであれば、溝を掘削した後に軽量鋼矢板を建込む「建込み式」とし、自立しない軟弱な地山であれば、あらかじめ軽量鋼矢板を打ち込み、それから軽量鋼矢板の間を掘削する「打込み式」とするように、地盤に応じて工法を選択することが必要です（**表4.8**）。

図4.10に「建込み方式軽量鋼矢板工法」を示します。この工法の概要は、次のとおりです。

掘削した地山が自立することを前提とした工法であり、その手順は、一定の深さまで掘削機械により溝掘削を行い、軽量鋼矢板を建て込んだ後、所定の深さまで押し込み、地上から専用の治具を使用して最上段の腹起し及び切りばり

表4.8　小規模溝掘削における土止め支保工等の一般的な選定の目安

比較項目 / 土止め工法の種類	地盤の状態				地下水位		施工の条件			掘削の規模			土止め先行工法の適否
	軟弱	砂質土	粘性土	砂礫土	高い	低い	騒音振動（＊1）	周辺地盤の沈下	壁の曲り剛性	浅い	深い	広い	
軽量鋼矢板工法（水圧ジャッキ使用）													
（建込み方式）	×	△	◎	×	×	◎	◎	×	○	◎	×	○	適
（打込み方式）	○	○	◎	×	○	◎	×	△	○	◎	○	○	適
建込み簡易土止め工法													
（スライドレール方式）	◎	◎	◎	○	○	◎	◎	△	○	◎	◎	○	適
（縦ばりプレート方式）	◎	◎	◎	○	○	◎	◎	△	○	◎	△	○	適
木矢板工法	×	×	◎	×	×	◎	◎	×	×	○	×	×	否
鋼矢板工法	◎	◎	◎	△	◎	◎	×	○	○	○	◎	○	適
親杭横矢板工法	×	◎	◎	◎	×	◎	×	×	○	○	○	○	否

注：◎＝最良、○＝良、△＝可能、×＝不適
＊1：この項目の判定は、採用する工法によって異なる。

を設置して土止め支保工を組み立てる方式です。２段目以降の腹起し及び切りばりの設置は、専用の作業台を使用して行います。

土止め先行工法（土止め支保工）の選定にあたっては、**表4.8**が参考となります。

なお、「土止め先行工法」については、建設業労働災害防止協会が発行する「土止め先行工法に関する指針とその解説」で詳しく説明されています。

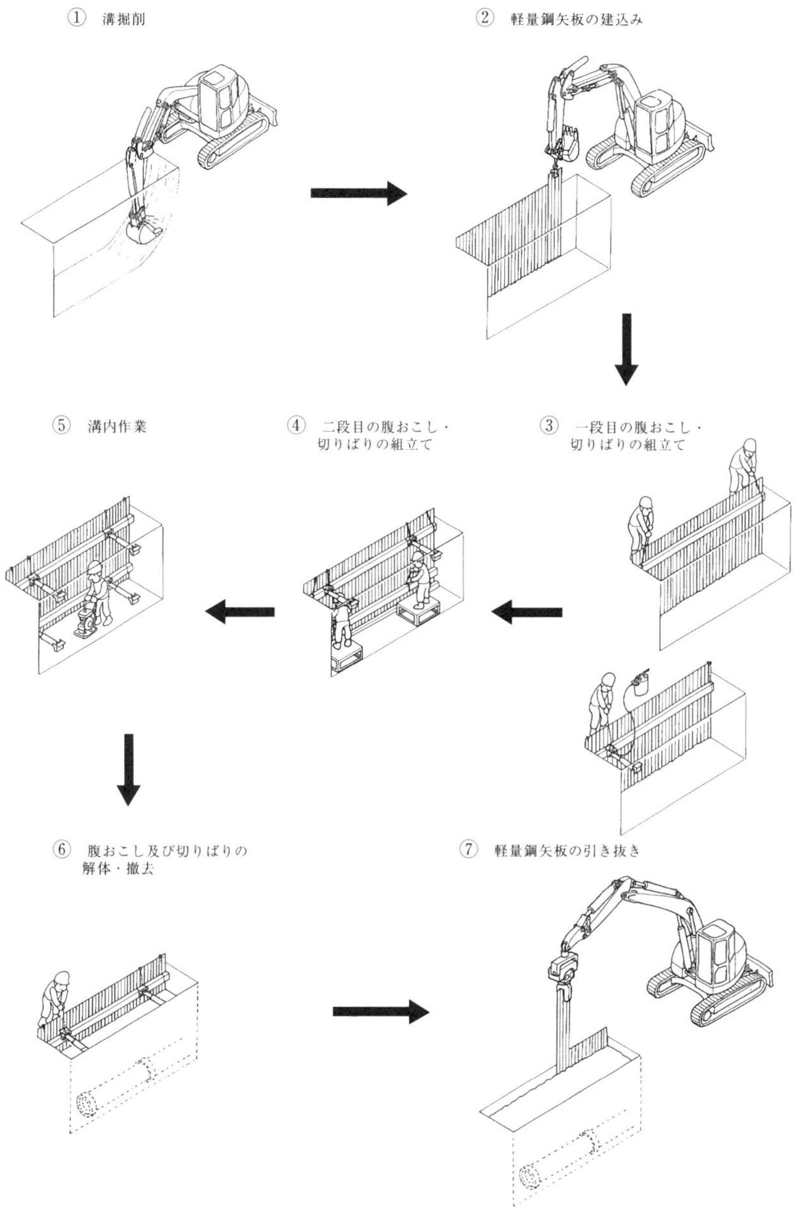

図4.10　建込み方式軽量鋼矢板工法の作業手順

出典：『土止め先行工法に関する指針とその解説』建設業労働災害防止協会，2002年，p67

Q55

地震による地盤の液状化は抗土圧仮設構造物にどのような影響を与えますか

Answer

ゆるい砂質土からなる地盤は地震により液状化を生じることがあります。液状化とは、土がせん断強度を失って、流体のようにふるまう現象をいいます。例えば、飽和した砂質土からなる水平地盤においては、地震等による繰返しせん断力が作用することによって土粒子の接触がはずれ、水中に土粒子が浮遊しているような状態になります（図4.11参照）。力学的には地盤内の土粒子間隙にある間隙水圧が上昇することによって有効応力が失われ、地盤強度が失われてしまいます。有効応力が失われなくても、間隙水圧の上昇によって土は軟化し、地盤に大きなひずみが生じることがあります。

液状化の発生による現象には大きく以下のものがあげられます。

① 噴砂、噴水：地盤内に発生する過剰間隙水圧のその圧力勾配により地盤表面に向かって浸透流を生じます。その結果地表に土粒子を含む水を吹き出します。

② 地盤沈下：地盤内の間隙水と土粒子を吹き出した結果、液状化した層は圧縮され地盤は沈下します。

③ 地盤支持力の低下：過剰間隙水圧の発生により有効応力が低下し、地盤の支持力が低下します。

④ 側方流動：傾斜した地盤において液状化が発生すると、地盤は下流側方向に向かって水平に移動します。このような現象は非常にゆるやかな勾配であっても発生していることが、過去の地震被害から報告されています。

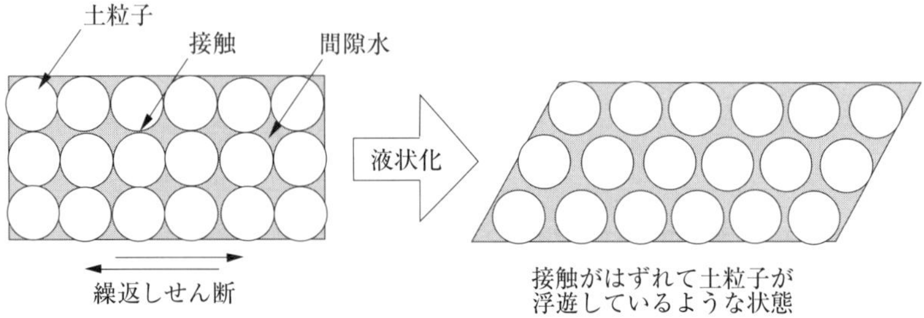

図4.11　地盤の液状化の概念図

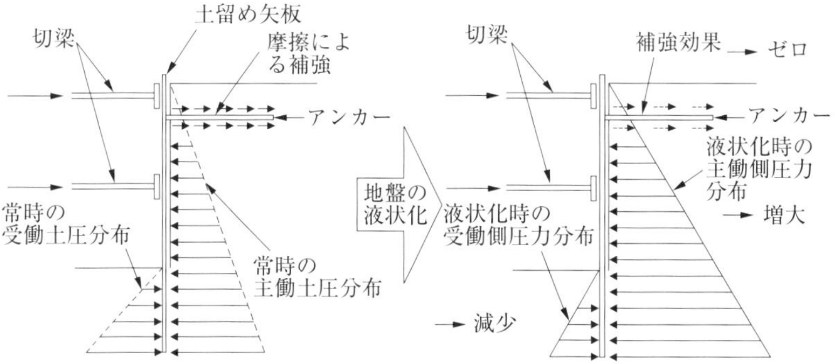

図4.12 常時と液状化時における掘削土留めに作用する荷重の比較

⑤ 土留め壁の移動：土留め壁の裏込め土が液状化するとせん断抵抗が減少し、内部摩擦角が小さくなった場合と同じことになります。その結果、土留め壁に作用する主働土圧が大きくなります。他方、壁を支える前面の受働土圧や控え工の耐力は小さくなり、壁の安定が危うくなります。

大規模工事現場においてはその施工期間が長期化するために、施工途上に地震を受ける可能性が考えられます。このような地盤の液状化が大規模掘削現場などの土留め構造物に及ぼす影響については、前述した現象から、常時に安定している仮設土留め構造物においても、土の内部摩擦角が小さくなるために受働土圧は小さくなり、主働土圧は大きくなります。さらに、アースアンカー等の控え工についてはその摩擦による耐力も期待できなくなります。結果として、切梁等に作用する荷重が増大して崩壊に至る可能性が考えられます（図4.12）。さらに、工事現場がわずかにでも傾斜した地盤である場合や斜面近傍における工事である場合には、地盤が側方流動してさらに大きな荷重が仮設土留めに作用する可能性も考えられます。また、地盤支持力の低下現象は現場内のプラントや工事用重機等の倒壊や転倒を引き起こす可能性も考えられます。これらのことから、特に施工期間が比較的長期である大規模工事については、地震に対する安全性の検討も行う必要があると思われます。

Q56

地盤強度の現場調査法にはどのようなものがありますか

Answer

地盤調査は、建設工事等の設計施工に関連して土の性質を主として原位置で知るために行う調査をいい、室内で行われる土質試験とは区分されます。すなわち地盤調査は、一般に、ある目的の工事に対してその場所の適正を判断し、合理的で経済的な設計施工ができるように行うものです。地盤調査のために用いる技術的な手法としては、標準貫入試験を伴う調査ボーリングを数多く行うという方法のほかに、最近では各種の物理探査法をはじめとする間接的な地盤調査法や、コーンペネトロメータなどによる直接的なサウンディング法も数多く開発されています。代表的な地盤調査（地盤強度の原位置調査）方法について以下に解説します。

1．平板載荷試験

平板載荷試験は、原位置地盤に剛な載荷板を通じて荷重を加え、この荷重の大きさと載荷板の沈下の関係から、載荷面より載荷板幅の1.5～２倍程度の深さまでの地盤について、その変形強さ等の支持特性を調べるために行う試験であり、地耐力試験とか単に平板載荷試験ともいわれています。この試験は比較的簡便であり、基礎の支持地盤について地盤の種類にかかわらず直接試験ができ、しかも地盤上の載荷板に荷重を加えることが、構造物基礎の模型に対比できる等の利点があります。特に道路の路床、路盤等の地盤係数を求める試験方法についてはJIS A 1215-1993に「道路の平板載荷試験方法」として規定されています。標準的な試験方法は、直径30㎝の円形の載荷板を用い、これに段階的に荷重を作用させて、平板の沈下量を計測するものです（図4.13)。

地盤係数は、ある荷重強さにおける荷重板の沈下量で、そのときの荷重強さを割った値により求められます。

地盤係数　$K_S=\dfrac{P}{\Delta S}$

ここに、K_S：地盤係数（kN/㎥）{Kgf/㎥}

P：荷重強さ（kN/㎡）{Kgf/㎠}

ΔS：沈下量（m）{㎝}

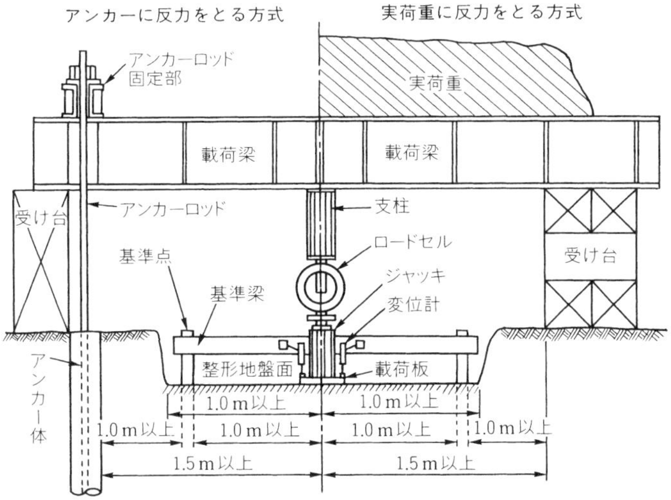

図4.13　載荷装置の組立て及び計測装置の設置例
出典：土質調査法改訂編集委員会『地盤調査法』（社）地盤工学会，1995，p346

2．標準貫入試験

標準貫入試験は、一定の方法で土中にサンプラーを打ち込むときの抵抗、すなわち、ある貫入量に対する打撃回数から、ボーリング孔の各深さの土の相対密度や地盤の支持力を推定する試験です。質量65.3kgのハンマを75cmの高さから自由落下させ、サンプラーを30cm貫入させるのに要する打撃回数N（N値）を測定する試験です（**図4.14**）。N値から土層の状態を判断しようとする試みは多くの研究機関で行われており、これらの一例を**表4.9**、**表4.10**に示します。

一般に、砂質土は粘性土より高いN値を示します。沖積層のN値は砂質土で５～20程度、粘性土で０～５程度となっています。砂の中に粘性土が混ざったり、粘性土の中に砂が混入すればN値は変化し、その量によって変化の度合いは異なります。

3．オランダ式コーン貫入試験

オランダ式コーン貫入試験は、ロッドの先端に先端角60°、底面積10㎠の円錐を取り付け、貫入するときの周面の摩擦を避けるために、ロッドを二重管式の構造にしたものです（**図4.15**）。この試験機による地盤の調査では、円錐の部分を１cm/ｓの速度で外管の下端から10～15cmだけ押し込んで、円錐だけの

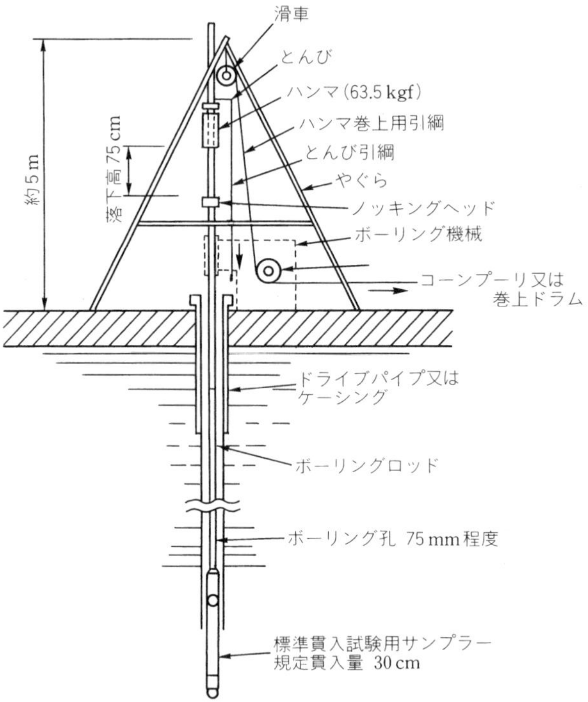

図4.14　標準貫入試験装置の概要

出典：土質調査法改訂編集委員会『地盤調査法』（社）地盤工学会，
1995，p199

表4.9　標準貫入試験のN値と砂の相対密度と内部摩擦角
（Peck, Meyerhof による）

N値	相対密度（%）、$Dr=\frac{e_{max}-e}{e_{max}-e_{min}}$		内部摩擦角 ϕ	
			Peckによる	Meyerhofによる
0～4	非常にゆるい	0～20	28.5以下	30以下
4～10	ゆるい	20～40	28.5～30	30～35
10～30	中位の	40～60	30～36	35～40
30～50	密な	60～80	36～41	40～45
50以上	非常に密な	80～100	41以上	45以上

貫入抵抗をロッド上端で測定します。この測定を深度50㎝ごとに反復実施します。この方法に類似した円錐貫入試験は種々の構造、機能のものが考案されています。

表4.10　標準貫入試験のN値と粘性土の緊硬度

コンシステンシー	非常に柔らかい	柔らかい	中位の	硬い	非常に硬い	固結した
N値	2以下	2～4	4～8	8～15	15～30	30以上
q_u (kgf/cm²)	0.25以下	0.25～0.5	0.5～1.0	1.0～2.0	2.0～4.0	4.0以上

また、貫入も静的な圧力によらず、ドロップハンマの衝撃によって動的に行うものもあります。

土の静的貫入抵抗（q_c）は次式によって計算します。

$$q_c=\frac{Q_c}{A}$$

$$Q_c=Q_{rd}+W_R$$

$$W_R=nW_t+W_n$$

ここに、　q_c：静的貫入抵抗（kN/m²）

Q_c：マントルコーン貫入力（kN）

A：コーン底面積（m²）

Q_{rd}：コーン貫入抵抗測定値（kN）

W_R：内管全重量（kN）

n：内管使用本数（本）

W_1：内管1本の重量（kN/本）

W_0：コーン摺動部重量

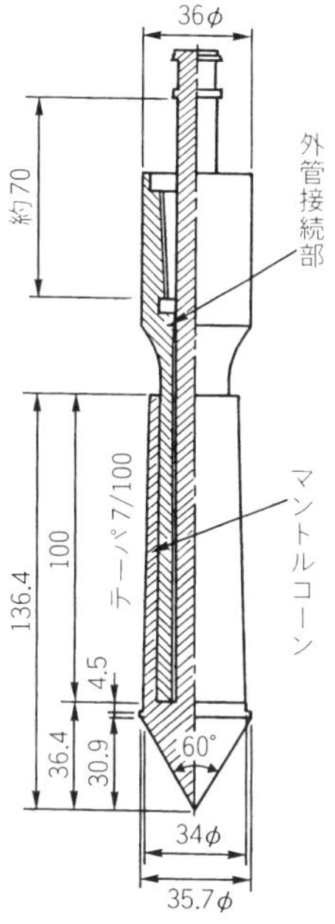

図4.15　コーン貫入先端の例

出典：土質調査法改訂編集委員会『地盤調査法』（社）地盤工学会，1995，p228

4．スウェーデン式サウンディング試験

スウェーデン式貫入試験は、スクリューポイントをロッドの先に取り付けた後に5～100kgの荷重をかけて、試験機の土中への貫入抵抗を測定し、さらに荷重をかけたままスクリューを回転させて一定回転数における貫入量を測定して、地表からの深さとその位置における貫入抵抗を調べる試験です。この方法は装置（**図4.16**）も操作も簡単であり、20～30mの深さまで調査できます。また、これは砂地盤にも粘土地盤にも適用でき、相対的な強度の概略値を知ることができます。

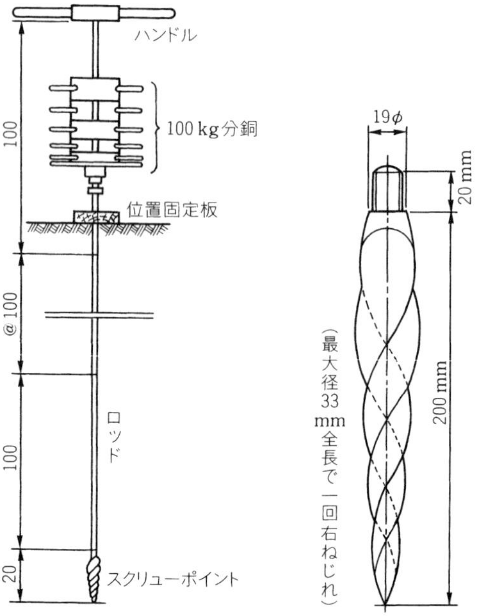

図4.16　スウェーデン式サウンディング試験機の概要
出典：土質調査法改訂編集委員会『地盤調査法』（社）地盤工学会，1995，p213～214

5．ベーンせん断試験

現場せん断試験の中で、最も一般的な試験はベーンせん断試験です。ベーンせん断試験は、比較的軟弱な粘土質の試料で、乱さない試料の採取が困難なような場合、また乱さない試料を採取しても、その試料を用いて三軸圧縮試験や一軸圧縮試験を実施することが困難なほど軟弱な場合、直接地盤についてせん断強さを求めるために行われます。ベーン試験機は**図4.17**のようなもので、十字状に取り付けた４枚の矩形の羽を土中に押し込み、ロッド頂部からトルクを与えて毎分１°の割合で回転させます。このときのトルクから土のせん断強さを求めます。

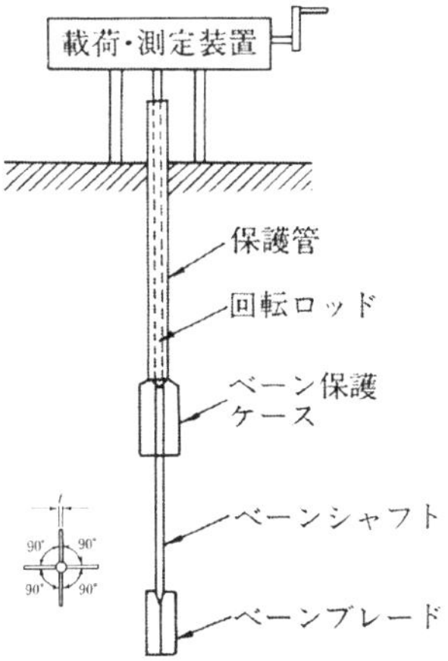

図4.17 押込み式ベーンせん断試験
概略図

6．弾性波探査試験

弾性波探査試験は、地下の弾性波（P波、S波）速度とその構造を求める調査であり、その結果から地質構造や地表の力学的性質を推定するほか、地震時における地盤の挙動の算出等に利用されます。弾性波探査法は屈折法と反射法の2種類に大別されます。

4—2　構造関係（墜落・飛来落下・倒壊等による災害の防止）

Q57

足場や型枠支保工等の仮設構造物の設計における荷重の種類や条件、安全率の考え方等はどのように考えればよいのですか

Answer

足場や型枠支保工の設計は、基本的にはほぼ以下のような考え方に基づいて行われています。

① 仮設構造物に対しては、安全性と経済性の両立が不可欠であり、この両者のバランスを適切に考慮することが必要です。性能上過大な要求をしないこと、また、永久構造物のように設計に重点を置くのではなく、施工管理を前提とした設計に心がけること。

② 設計荷重は、確実に作用するものに限定すること、定量化が困難なものや作用する確率の小さいものは必要最小限に留めること、ただし、理論上、鉛直荷重しか作用しない場合であっても、水平方向の安定性を照査するための水平荷重（照査水平荷重）を考慮すること。

③ 許容応力度や許容荷重の設定に際して考慮する安全率は、以下のような仮設構造物特有の条件に対応するためあまり小さくしないこと。

・個々の材料の材質的、寸法的なばらつき

・部材の配置間隔の誤差

・設計荷重と実際の荷重の相違

・材料の多現場転用に伴う欠陥

・計算理論の不正確さ

具体的には、設計荷重、安全率、荷重の組合せについて、ほぼ表4.11、表4.12、表4.13のように整理されます。

これらの考え方は、安衛則においても同様であり、一部は安衛則に規定として盛り込まれています。このほかに、建設工事公衆災害防止対策要綱（国土交通省）、関連学会の基準や指針、各高速道路会社の基準等にも足場や型枠支保工に関する規定が見られ、設計荷重の種類や組合せに多少の相違も見られますが、基本的には上記のような考え方に沿って定められています。

表4.11　足場・型枠支保工の設計荷重

鉛　直　荷　重		水　平　荷　重
足場の場合	型枠支保工の場合	
①足場の自重 ②積載荷重 ・重作業用 本足場のように資材の借置きを考慮する場合、 2.450～3.430kN/m²（250～350kgf/m²） ・軽作業用 簡易足場のように作業者と手工具のみを考慮する場合、 1.176～1.470kN/m²（120～150kgf/m²）	①鉄筋コンクリートの重量 鉄筋コンクリートの単位体積重量を、 ・建築構造物の場合、 23.52kN/m³（2 400kgf/m³） ・土木構造物の場合、 24.50kN/m³（2 500kgf/m³） として計算 ②型枠の重量 ③作業荷重 通常の型枠支保工の場合作業荷重として、 ・建築構造物の場合、 1.470kN/m²（150kgf/m²） ・土木構造物の場合、 2.450kN/m²（250kgf/m²） として計算する。なお、橋梁工事においては実測値等を考慮して3.430kN/m²（350kgf/m²）程度の作業荷重を見込むことが望ましい。 ④型枠支保工の自重	①照査水平荷重 枠組支柱 鉛直荷重の2.5% 枠組支柱以外の支柱 鉛直荷重の5.0% ②風荷重 改訂「風荷重に対する足場の安全技術指針」による。 ③その他の特殊な荷重 例えば、型枠支保工において、傾斜した型枠によって発生する荷重など。

表4.12　足場・型枠支保工における安全率の考え方

材　　料	安全率の考え方
鋼材	材料の降伏点に対し、1.5以上、破壊強度に対して2.0以上とする
木材	木材の許容応力度については、安衛則第241条による。
吊足場に用いる材料	
吊ワイヤロープ、吊鋼線	破断強度に対し、10.0以上
吊鎖、吊フック	5.0以上
吊鋼帯	2.5以上
吊足場の上・下支点の鋼材	2.5以上
吊足場の上・下支点の木材	5.0以上
合板足場板	合板足場板の構造規格に定める曲げ強度に対し、4.0以上とする。

表4.13　荷重の組合せに対する考え方

組合せの基本 ①　通常の場合 鉛直荷重、照査水平荷重 ②　強風が予測される場合 鉛直荷重、風荷重 「通常の場合」とは、風がまったく当たらない室内のほか、屋外でも弱い風が吹く場合を含め、穏やかな気象条件の場合をいい、「強風が予測される場合」とは、工事期間中に台風や強い季節風に見舞われることが予想される場合をいう。 照査水平荷重の検討が必要な足場とは、例えば棚足場のように作業床が設けられ、かつ、ある程度の建設資材等を積載する場合は荷受け・荷取り時に水平力がかかる場合が考えられる。その場合には、照査水平荷重と風荷重を比較して大きい方の値で斜材、つなぎ材等について検討する。しかし、建物に沿って組立てられた足場については、壁つなぎが設けられているので、照査水平荷重による検討の必要はない。

なお、通常仮設構造物と呼ばれるものには、上記の足場や型枠支保工のほかに、山留め用仮設材、橋梁架設工事に使用されるベントや鉄塔、各種構台などがありますが、これらの中には、足場や型枠支保工と同じ材料であっても設計荷重の種類、許容応力度の値等に相違が見られるものもあります。これは対象とする仮設構造物の種類によって設計思想が異なったり、規則・指針作成の経緯によるもので、設計に際してはそれぞれの構造物の構造や使用条件を吟味したうえ、混用しないように注意する必要があります。

参考：足場や型枠支保工以外の仮設構造物についての関係規則や書物としては、例えば、山留め用仮設材については安衛則のほかに、建築基準法施行令、建築基礎構造設計指針（日本建築学会）、設計要領第二集（高速道路会社）、足場工事実務マニュアル、足場型枠支保工設計指針（(社）仮設工業会)、ベントや鉄塔には鋼構造架設設計施工指針（土木学会)、乗入れ構台には期限付き構造物の設計・施工マニュアル（日本建築学会）等があります。

Q58

足場からの墜落・転落災害を防止するためには、足場の計画段階から使用の段階までの各段階において、どのようなことを考慮すればよいのですか

Answer

足場からの墜落・転落災害の防止に当たっては、安衛則に基づく墜落防止措置の徹底に加えて、次の点に留意することが必要です。

Ⅰ　安全対策を設計、計画の段階から検討する必要があること。

Ⅱ　危険性又は有害性等の調査（リスクアセスメント）の観点を踏まえ、実際に足場上で行われている労働者の作業の実態等を十分に踏まえたものとすること。

Ⅲ　作業性の低下や不安全行動等による新たなリスクの誘発等が生じないよう、本質的な安全対策を優先的に採用するように努めること。

Ⅳ　検討した対策については適切な管理のもと、総合的にこれらを実施することが効果的であること。

以上のことを踏まえて、足場の計画から使用までの次の段階ごとの足場からの墜落・転落災害の防止にかかわる検討をすることが必要です。

⑴　設計・計画段階

⑵　足場の設置計画段階

⑶　足場の組立て等の作業段階

⑷　足場上で作業を行う段階

1．設計・計画段階における留意事項

工事の対象となる建築物、構築物等の設計においては、足場上での高所作業ができるだけ少なくなるような工法を採用するよう努めること。

2．足場の設置計画段階における留意事項

⑴　足場の組立て等の際の最上階からの墜落・転落災害防止

ア　高所での組立て・解体作業を必要としない「移動昇降式足場」や、高所での組立て・解体作業が少なくて済む「大組・大払工法」の採用に努めること。

イ　組立て等の際における墜落・転落災害の多いつり足場については、足場上での作業を必要としないゴンドラや高所作業車を用いた工法の採用についても検討すること。

ウ　「手すり先行工法」や下図に示すような設備的対策を積極的に採用すること。

○足場の組立て等の作業時における設備的な墜落防止措置の例

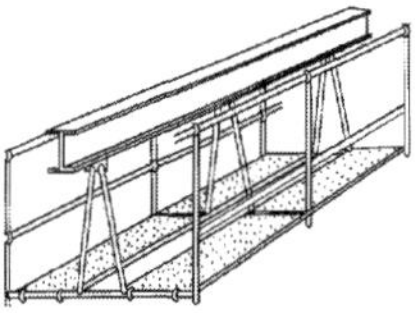

例１：鉄骨部材にあらかじめ取り付けられた「つりわく足場」

例２：水平方向にスライドする先行手すりわく

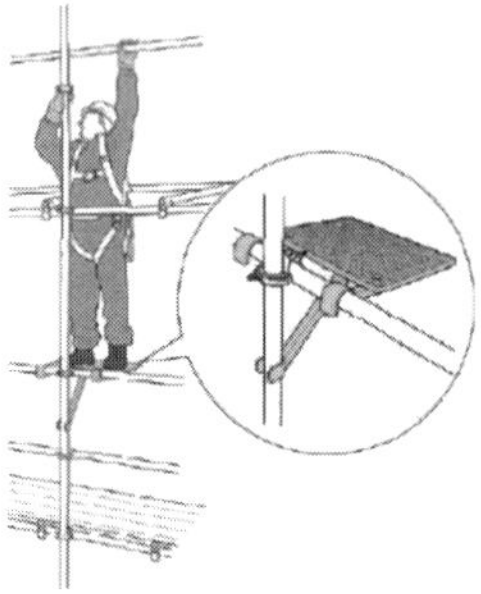

例３：作業台を用いた先行的な手すりの設置

⑵　通常作業時等における墜落・転落災害防止

ア　リスクアセスメントを実施し、その内容を踏まえた墜落防止措置を採用すること。

イ　足場からの墜落防止措置については、安衛則第563条第１項第３号の措置に加えて、足場上で作業を行う労働者が墜落するすき間をなくす次のような「より安全な措置」を積極的に採用すること。

①　わく組足場
・交さ筋交い、高さ15cm以上の幅木等を設置

②　わく組足場以外
・手すり等及び中さん等に加えて幅木を設置

ウ　足場を設置する際に作業床と建地とのすき間を少なくするための安衛則第563条第１項第３号等の措置や次の措置を積極的に採用すること。

①　900㎜幅の建わくを用いて設置するわく組足場について、床材と建地とのすき間が最小となる組合せの床付き布わくを２枚設置すること。

②　Ｌ字型の幅木を設置すること。

③　複数の床材を組み合わせて設置したにも関わらず、建地とのすき間が空く場合には、十分な高さがある幅木を床材とのすき間が生じないように傾けてしっかりと固定すること。

④　複数の床材を組み合わせて設置したにも関わらず、建地とのすき間が空く場合には、小幅の板材をすき間に敷き詰めること。

エ　足場の昇降設備は、足場上での作業状況を踏まえ、適切な位置に適切な数の設備が設置されるよう配慮すること。
通常の「昇降階段」の設置が困難な場合には、ハッチ式の床付き布わくと昇降はしごを組み合わせた昇降設備を設置する等により、「足場の外側をよじ登る」、「昇降禁止の場所から足場の外側を伝って降りる」等の「不安全行動」を誘発させないものとすること。

3．足場の組立て等の作業段階における留意事項

⑴　足場の組立て等に係る作業手順の作成及びこれに基づく作業の実施について

ア　上記２．により作成した足場の設置計画に応じ、足場の組立て等の作業に当たっての具体的な作業手順を定め､労働者に対して周知し、これに基づく作業を徹底させること。なお、作業手順には、安衛則第564条第１項第１号に掲げる事項のほか、設置する足場の種類に応じた組立方法など足場の組立て等の作業に当たって必要な事項を含めること。

イ　作業手順については、作業進行によって発生する問題点や現場の実情を踏まえ、必要に応じこれを見直すこと。

⑵　作業主任者について

ア　高さ５ｍ以上の足場の組立て等の作業に当たっては、必要な資格を有する者の中から「足場の組立て等作業主任者」（以下「作業主任者」という。）を選任し、安衛則第566条各号に定める事項を行わせること。

イ　特に、作業主任者には安衛則第566条第４号に基づき、安全帯の使用状況の監視等を徹底させること。また、使用させる安全帯については、同条第２号に基づき、作業主任者にその機能の点検等を行わせること。

ウ　高さ５ｍに満たない足場の組立て等の作業に当たっても、安衛則第529条に基づき、作業を指揮する者を指名し、上記に準じた事項を行わせること。

エ　作業主任者については、技術革新の進展や新たな機材等に対応した作業管理を適切に講ずることができるよう、労働安全衛生法第19条の２に基づき、定期的に「足場の組立て等作業主任者能力向上教育」を受講させるよう努めること。

⑶　安全帯の使用について

ア　労働者に安全帯を使用させる場合には、安衛則第521条に基づき、適切な安全帯取付設備等を設置すること

イ　足場の組立て等の作業において、労働者が足場の最上層で作業を行う際には、あらかじめ安全帯取付設備等を設置すること。

ウ　足場の組立て等作業時においては、「安全帯の二丁掛」を基本とすること。

エ　特殊な形状の足場の組立て・解体や、建物や足場の形状から墜落時に労働者の救出に時間を要する場所での作業においては、原則としてハーネス型安全帯を使用すること。

⑷　手すり先行工法について

ア　「手すり先行工法」を用いた足場の組立て等の作業を行う場合には、上記⑴により作成する作業手順については、ガイドラインを踏まえた適切な内容とすること。

イ　「手すり先行工法」を採用した場合であっても、足場の妻側や躯体側には先行手すり部材を設置しないことが一般的であるため、先行手すり部材のみに依存するのではなく、安全帯を併用すること。なお、先行手すり部材に安全帯を取り付ける場合には、足場上での移動に伴い、安全帯の掛け替えが生ずるため、上記⑶に示した「安全帯の二丁掛」を基本とすること。

⑸　足場の点検について

ア　墜落防止措置も含め、適切に計画された足場が計画どおりに設置されていることを確認することは、足場の組立て又は変更後に足場上で作業を安全に行う上で極めて重要な事項であるため、足場の組立て等の後には安衛則第567条第２項等に基づき、足場の点検及び補修を実施するとともに、その結果について記録・保存を行うこと。

イ　点検実施者については、十分な知識・経験を有する者を指名するとともに、点検に当たっては足場の種類に応じたチェックリストを作成の上、これを活用すること。

4．足場上で作業を行う段階における留意事項

⑴　足場上での作業に係る作業計画の作成及びこれに基づく作業の実施について

ア　足場上で行われる作業に係る作業計画の作成に当たっては、［１］足場上での作業箇所や作業範囲、［２］作業に伴う手すり等の取り外しの有無及びその際の作業方法、［３］取り外した手すり等の復旧等に関する内容を含めることとし、当該作業計画に基づく作業を徹底すること。

イ　上記の作業計画の作成に当たっては、手すり等の取り外しや身を乗り出しての作業を行う必要がないような作業方法の採用を検討すること。

ウ　設置された足場上で作業を行った場合において、［１］不安全行動や無理な姿勢となることが想定される場合、［２］作業計画では想定していなかった手すり等の取り外しを行う場合等については、特定元方事業者の担当者や職長等当該足場を使用する労働者の責任者に報告させることとし、労働者個人の判断でこれを行わせないよう徹底すること。

⑵　手すり等を臨時に取り外して作業を行う場合について

ア　手すり等を臨時に取り外して作業を行う場合には、安衛則第563条第１項第３号ただし書きに基づき、安全帯の使用等により労働者の危険を防止するための措置を講ずること。

イ　手すり等を臨時に取り外して作業を行っている箇所については、必要に応じ、立ち入り禁止措置を講ずることにより、作業と直接関係のない労働者が通行することによる墜落の危険を防止すること。

ウ　臨時に取り外した手すり等については、上記⑴により作成する作業計画に基づき、作業の終了後、直ちに元の状態に戻すとともに、これが確実に行われていることを、職長等当該足場を使用する労働者の責任者に確認させること。

⑶　安全帯の使用について

労働者に安全帯を使用させる場合には、足場の組立て等の作業段階における留意事項に準じた対策を行うこと。

⑷　足場の点検について

ア　一般に足場上では様々な作業が行われ、手すりや交さ筋交い等の墜落防止措置が一時的に取り外されることも多く、墜落防止措置が適切な状態で維持されていることの確認は、足場上で作業を安全に行う上で極めて重要な事項であるため、日々の作業開始前には安衛則第567条第１項に基づき、点検及び補修を実施すること。
なお、つり足場以外の足場についても、必要に応じ、安衛則第567条第２項各号に掲げる足場の構造等に関する事項についても併せて確認し、問題が認められた場合には補修を行うこと。

イ　点検実施者については、職長等当該足場を使用する労働者の責任者から指名すること。

（参考：「足場からの墜落・転落災害防止総合対策推進要綱の策定について」平成24年２月９日基安発0209号２号）

Q59

枠組み式の足場はどの程度の高さまで使用することができるのですか。また、壁つなぎは最低何層何スパンごとに必要ですか

Answer

枠組み式の足場は、通常、枠組足場といわれているものです。枠組足場は、建わく、交差筋かい、床付布枠、脚柱ジョイント（アームロックを含む）、ジャッキ型ベース金具等の部材によって構成されています（図4.18）。

足場の組立て等作業主任者技能講習用テキスト「足場の組立て等工事の作業指針（建設業労働災害防止協会発行）」では、原則45mとされています。これは、所定の部材を使い、所定の基準で組み立て、所定の使用条件（積載荷重等）であれば、高さ45m未満までは、特に強度計算をしなくても使用できるという意味のものです。

①　所定の部材を使うとは

所定の部材を使うとは、厚生労働大臣の定める「鋼管足場用の部材及び附属金具の規格」に適合したものを使うということです。この規格に適合していないものは、譲渡、貸与又は使用してはならないことが労働安全衛生関係法令（安衛法第42条、安衛令第13条第３項第11号、安衛令別表第８、安衛則第27条）で定められています。

上記の枠組足場の構造部材は、この規格に適合していることが必要です（図4.19）。

適合しているかいないかの見分け方は、(社)仮設工業会が、性能試験を行い、適合しているものには、刻印又はラベルで表示しているので、これを目安にするとよいでしょう（図4.20）。

なお、枠組足場の部材等の仮設機材は、当然のことながら、繰り返し現場で使われます。変形、損傷、亀裂のある部材は、強度が低下していると予想されるので、そのまま使用することは危険です。使用できるか、できないかの判断基準は、厚生労働省通達の「経年仮設機材の管理指針」によります。

(社)仮設工業会から、「仮設機材構造基準とその解説」、「経年仮設機材の管理に関する技術基準と解説」が発行されていますので、これを参考にするとよいでしょう。

②　所定の基準で組立てとは

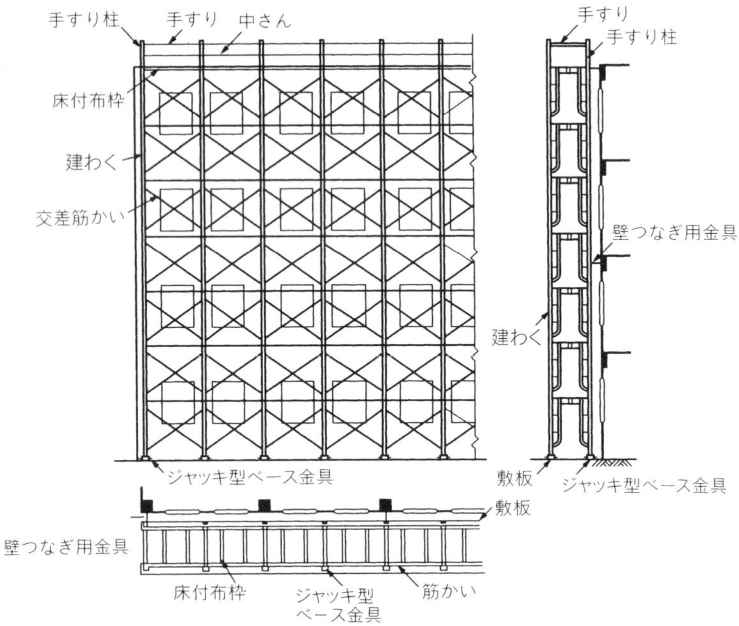

図4.18　枠組足場の例

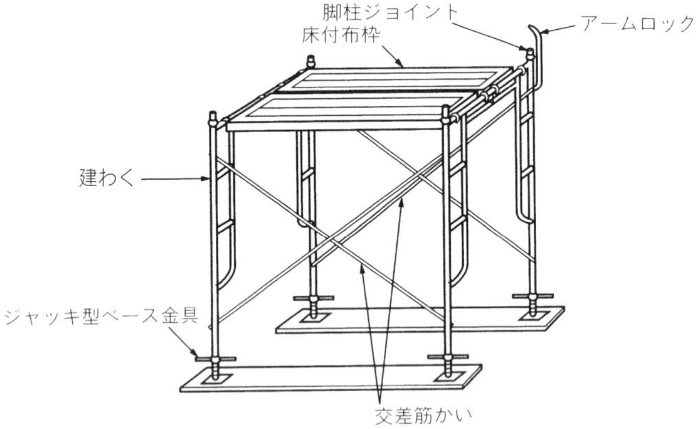

図4.19　枠組足場の構成部材の例

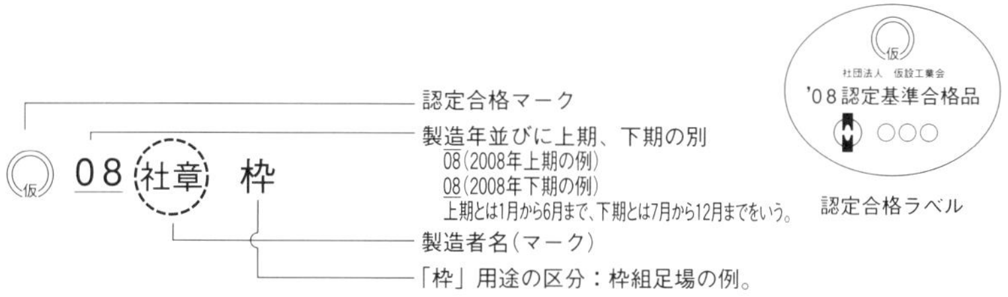

図4.20　刻印・ラベルの例

所定の基準での組立ては、壁つなぎの最低設置間隔のことも決めています。この組立て基準は、次のとおりです。

(a)　脚柱が沈下しないように地盤を突き固めること。

(b)　敷板を敷き並べること。

(c)　建わくの間隔は、1.85m以下とすること。

(d)　建わくの高さは、２m以下とすること。

(e)　脚柱の下端にジャッキベース金具を配置し、敷板に釘止めすること。

(f)　脚柱には直角２方向に根がらみを配置すること（敷板を直角２方向に配置し、ジャッキベース金具を釘止めした場合は根がらみを省略してもよいこと）。

(g)　建わくを組み上げるごとに、脚柱ジョイント（アームロックを含む）の抜け止めを効かせること。

(h)　各層、各スパンに床付布枠（又は布枠）を建わく幅いっぱいに設ける。床付布枠のロックピンを効かせること。

(i)　建わくと建わくには、両側に交差筋かいを取り付けること。

(j)　壁つなぎは、直交方向９m以下、水平方向８m以下の間隔で設けること、また、壁つなぎは、建物の最上部からもとること。

壁つなぎは、建物の壁面にできるだけ直角に、建わくの横架材付近に取り付けること。

養生シートを張る場合は、風荷重を検討して壁つなぎの間隔を決定すること。

(k)　その他（妻面に手すりを取り付ける、昇降階段を取り付ける等）

③　所定の使用条件とは

所定の使用条件とは、組立基準どおりの状態で使用するということで、使用前に部材で外されているところはないか等を点検することが必要です。また、積載荷重は、簡易枠を使用した場合は１スパンあたり2.45kN（250kgf）以下、標準枠を使用した場合は１スパンあたり3.92～4.90kN（400～500kgf）以内（枠幅による）です。

なお、45m以上になると、枠組み足場もかなりの自重になり、ジャッキ型ベース金具を含めた建わくの脚柱１本あたりの許容支持力21.3kN（2173kgf）の限界近くになります。

また、どうしても45m以上に枠組足場を組まなければならない場合は、十分な強度計算を行い、枠組足場に適切な補強をすることが必要です。

Q60

低層用足場の倒壊防止対策にはどのようなものがありますか

Answer

低層用足場には、くさび緊結式足場、布板一側足場、低層工事用簡易枠組足場、ブラケット足場等種々のものがあります。また、枠組足場でも、高さを抑えて組み立てれば低層用足場として使用できます。

足場の倒壊事例を見ると、次のような原因で倒壊災害が発生しています。

① 風圧による倒壊

② 支柱の座屈による倒壊

このような足場の倒壊防止対策としては、

① 各足場の特性を理解し、足場の種類に応じた正しい組立てを行うこと。

② 壁つなぎの間隔を密にとること。

③ 建地を補強すること。

等があります。

また、倒壊に至らないような事前の措置としては、

① 強風が予想されるときは、足場に張った養生シートをはずすか、建地に巻き付けること。

② 決められた積載荷重以上の荷を載せないこと。

等があります。

低層用足場の倒壊防止対策も同様です。

次に、低層用足場を低層住宅建築工事で足場先行工法に用いる二側構造のブラケット足場（図4.21）ということに限定して述べると、上記の他次の点に留意することが必要です。なお、足場先行工法は、躯体の建方工事前に足場を建て、建方作業の作業床を確保しようというものです。

① 原則４構面とも組み立て、各層ごとに堅固に連結すること。

② 最上層のコーナーには、火打ちを設けること。

③ 建方作業前は、足場に控えを設けておくこと。

④ 躯体を構築する前に、養生シートを張らないこと。

建設業労働災害防止協会では、二側構造のブラケット足場の倒壊防止の観点から、次の２つの提案をしていますので、これを積極的に取り入れるとよいでしょう。

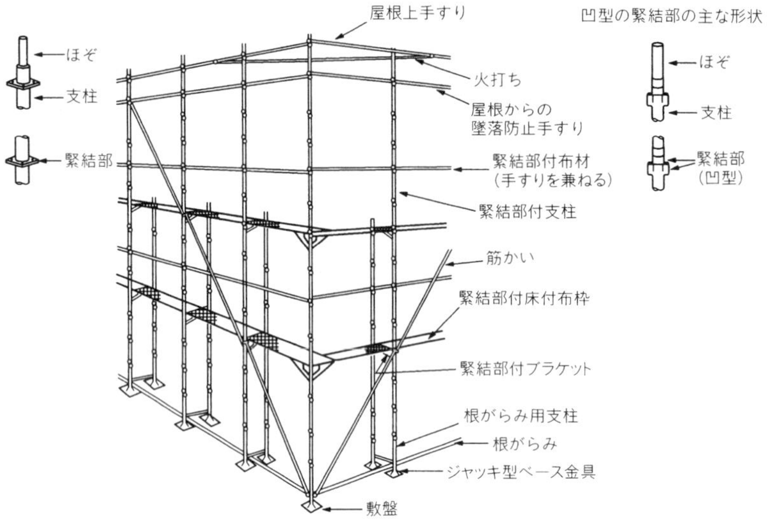

図4.21　二側構造のブラケット足場の例

① 低層住宅建築構造物の基礎部から壁つなぎをとること（7スパンで2か所以上)。

② 養生シートを足場に張る場合は、網目が3～5㎜のものを用いること。

Q61

強風時の足場の対策はどのようにしたらよいのですか

Answer

足場は、一般に軽量で、かつ水平方向に不安定な構造になりやすいため、水平荷重に対して倒壊や転倒を防止する配慮が必要です。特に屋外で落下物防護用のシート等を取り付けた足場の場合には、強風で足場が倒れたり飛ばされたりしないような対策が不可欠です。

基本的には、足場の部材やその取付け部は、予想される風荷重に対して、十分な強度を持つように設計するとともに、組立てに際しては設計どおりに施工することが大切です。加えて、足場設置後の定期的な点検や強風時の作業の中止等の安全管理が必要です。

具体的には、吊足場を除く鋼管足場については、「改訂　風荷重に対する足場の安全技術指針」((社)仮設工業会)に、足場の風圧力や強度計算の方法、設計・施工上の留意事項等が示されています。

〔指針の概要〕

① 足場に作用する風圧力は、次式により求める。

$$P=q_Z \cdot C \cdot A$$

ここに、P ：足場に作用する風圧力（N）

C ：足場の風力係数

q_Z ：地上高さZ（m）における設計用速度圧（N/m²）

$$q_Z=\frac{5}{8}V_Z^2$$

V_Z ：設計用風速

A ：作業面積（m²）

上式の設計用風速V_Zは、足場の設置期間を考慮に入れて地域別に定めた基準風速をもとに台風時の補正、地上からの高さの補正及び近接高層建築物の影響による補正を考慮して決定します。また、風力係数Cは、足場の構面に取り付けられるシートやネットの充実率、足場構面の縦横寸法比及び足場と建物駆体の相対位置などを考慮して求めます。

② 風荷重に対し強度等の検討を必要とする部分

(a) 壁つなぎ及びその取付け部の強度

(b) 控え及びその取付け部の強度

(c) 脚柱（又は建地）及びそのジョイント部の強度

(d) 落下物防護材及びその取付け部の強度

(e) その他水平荷重に対して重要と思われる部分の強度

(f) 足場全体の安定性

③ 設計上の注意

以下のような足場及び足場の部位によっては、風力が増大するので、耐風性能を強化する等の措置が必要です。

(a) 隣接建物との間に張り出す足場

(b) ピロティ等の空隙部分を覆う足場

(c) 屋上や側面に張り出す足場

(d) がけや山丘の麓、斜面、頂上付近に建つ足場

(e) 谷間や高層建物間に建つ足場

(f) 足場の端部や隅角部、開口部周辺

④ 組立て上の注意事項

(a) 足場の上端の壁つなぎ（又は控え）からの立ち上がり高さは、原則として足場２層（約3.4m）以下とすること。

(b) 足場の側端の壁つなぎからの張出し長さは、原則として足場１スパン（約1.8m）以下とすること。

(c) 壁つなぎの設置間隔は、強度計算等により安全性が確認された間隔とし、足場及び建物駆体への取付けは確実に行うこと。

(d) 控えは有効に働くように配置し、控え尻は堅固なものに確実に取り付けること。

(e) 落下物防護材は、足場に強固に取り付けること。

(f) 脚柱（又は建地）のジョイントや布枠のつかみ金具は完全にロックすること。

⑤ 足場設置期間中の安全管理

(a) 壁つなぎの盛替えは、安全性を確認した後、工事責任者の指示によって行うこと。

(b) 帆布製シートや防音パネルは、強度計算等により風に対する安全性が十分に確認された場合のみ使用すること。

(c) 強風時には足場上の作業は中止すること。

(d) 足場は、組立て直後及び定期的に、また、台風接近時及び通過後に点検すること。

(e) 足場設置地点の過去の気象について把握しておくとともに、常時、気象情報に注意すること。

(f) 台風や強風が予測される場合には、次の対策を講じること。

・シートの取外し又は巻上げ等

・壁つなぎの補強

・足場上の資材の固縛又は撤去

Q62

機械で駆動する足場とはどのようなものですか。また、その使用上の留意点はどのようなものですか

Answer

機械で駆動する足場は、枠組足場のように壁全体に足場を組立てるのではなく、ある一定の長さの作業床を巻上装置を使って上下に昇降させる方式の足場で、機械駆動式足場又は移動昇降式足場（図4.22）と呼ばれ、現在では移動昇降式足場が一般的な名称として用いられています。

この足場には、過荷重での停止機構、巻過ぎでの停止機構等の安全装置が組み込まれています。現在、日本ではこの移動昇降式足場の構造・使用基準は整備されていませんが、(社)仮設工業会では、移動昇降式足場について、メーカー及びユーザーから構成される委員会を立ち上げ、移動昇降式足場の構造、性能及び使用規準等についての必要要件を検討しています。

次にこの足場の採用上の利点、使用上の留意点を簡単に触れます。

1．採用上の利点等

① 大きな凹凸の少ないビルの外壁改修工事に有利であること。

② 足場の高さが作業に応じて自由に調整できること。

③ ゴンドラ等の懸垂状態の足場に比べ、作業床を昇降するためのガイドレールがあるため、揺れが少なく安定していること。

④ 作業をするところだけに作業床が配置されるので、室内への採光が確保されること。

等です。この反面、組立ての手間、保守管理、経済性等のデメリットもあります。

2．使用上の主な留意点

① 移動昇降式足場の種類ごとにメーカーが足場の性能や使用基準が定められているので、これを遵守すること。

② 所定の積載荷重を守ること。

③ 組立て後の昇降が円滑かを、無人状態で確認すること。また、安全装置、安全機構を確認し、これらを必ず使用すること。

④ 使用時は、作業床の固定状態、駆動部等について、作業開始前に所定の点検を実施すること。異常のあるときは使用しないこと。

⑤ 強風、悪天候時には使用しないこと。作業床は最低の位置に下げておくこと。

などが留意点として挙げることができます。

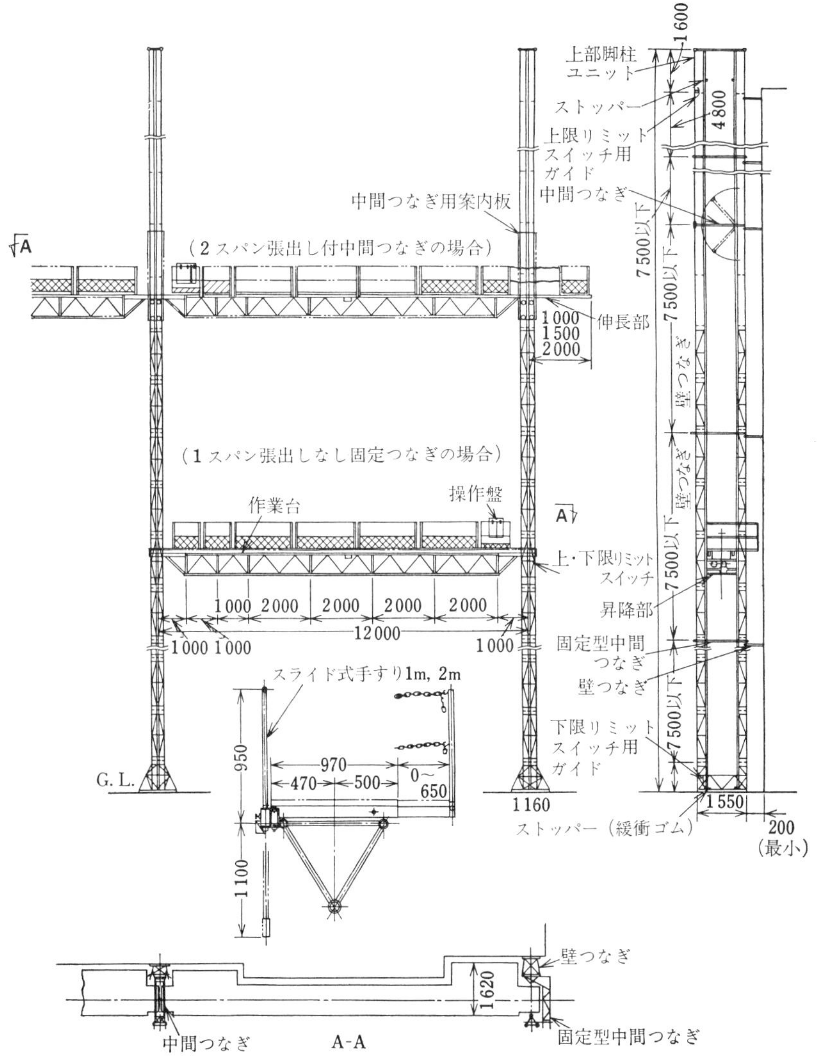

図4.22 移動昇降式足場の例

出典：(社) 仮設工業会編『足場工事実務マニュアル』オーム社，1975年，p126

Q63

型枠支保工の倒壊防止対策についてどのような方法が適切ですか

Answer

型枠支保工の倒壊災害のほとんどは、コンクリートの打設中、つまり、コンクリートによる荷重が作用したときに発生しています。また、倒壊の型としては、支柱式や梁式の支保工が横倒れしたり、座屈したりする事例が多数を占めています。

このような倒壊現象の発生には、多くの物的、人的要因がかかわっており、防止対策も多面的に講じる必要がありますが、支保工の構造面に限定すれば、

① 基礎の沈下防止措置がとられていない

② 支柱や梁に筋かいや控えが設けられていない

③ 部材等の強度不足

④ 支柱上端の施工不良による偏心荷重の作用

⑤ 梁式支保工の梁の支持点の強度不足、施工不良

⑥ 部材接合部の偏心や取付けボルト穴の施工不良

等が原因で、倒壊に至ったものです。

したがって、これらの原因を取り除く措置を講じることが倒壊防止上重要ですが、これらを含めて一般的な型枠支保工の倒壊防止措置を以下に述べます。

① 支柱下端の沈下・滑動防止

地盤を突き固めたり、砂利を敷いたり、特に大きな荷重を受ける場合は、コンクリート基礎や杭基礎にして沈下を防止すること。また、支柱の下に長い角材（敷角）を敷きこれに支柱を固定したり、支柱の下端付近に水平つなぎ材（根がらみ）を設けて滑動を防止すること。

② 支柱・梁の横倒れ・座屈防止

長い支柱や幅に比較して背の高い梁では、横倒れや座屈を防止するため、それらを連携（水平つなぎでつないだうえ、水平つなぎの末端を堅固なものに固定するか、筋かいを設ける。）し、一体化すること。特に支柱の段組（支柱の上に板や角材を架け渡し、その上に支柱を立てた構造。）にする場合には、上下の支柱はできるだけ軸線を合わせるように立て、上段、下段それぞれの支柱群を連結し一体化すること。かつ、上段の支柱の下端、敷き板など及び下段の支柱の上端は相互に確実に固定すること。

また、省支柱式型枠支保工システムなどで梁型枠に梁式支保工を架けて支持する場合は､支持点直下の型枠に縦受け桟木を設けて型枠を補強するとともに、型枠の傾倒防止措置を講じること。

③　支柱の偏心荷重の防止

支柱の上端には、十分な支持面積を持つ受け板を取り付けること。大引き等は受け板に偏心のないように載せて確実に固定すること。特に傾斜した型枠を受ける支保工では、キャンバを用いて偏心荷重を防止すること。また、H形鋼式の支保工等で支柱の途中にジャッキや調節ブロックを結合して用いる場合には、部材間に偏心が生じないように軸線を合わせるとともにボルト等で確実に結合すること。

④　局部座屈の防止

H形鋼式の支保工で支柱を水平材上に取り付ける場合は、水平材のウェブの座屈やフランジの変形が生じないようスティフナを取り付ける等の方法により水平材を補強すること。

Q64

建物の床スラブのコンクリート打設時に、梁式の鉄筋兼型枠支保工を用いる方法がありますが、その際の安全上の留意点はどのようなものですか

Answer

この工法は、鉄筋をトラス状に溶接加工した梁を大梁の型枠間に架け渡して、床の型枠支保工として利用してコンクリート打設を行い、コンクリート硬化後はその梁が床の鉄筋として機能する方式のものと思われます。同様の工法には、梁が埋め込まれないでコンクリート硬化後に撤去する工法や従来からある軽量の支保梁を用いた工法等さまざまな方式のものがあり、システム化された製品として開発されたものも数多く見られます。

これらは、多くの支柱によって床のコンクリートを支持する従来工法に比べて、支柱が少なくてすむことや下方のスペースが有効に利用できること等の利点がある反面、梁の型枠はコンクリートによる側圧と同時に床のコンクリート荷重による大きな圧縮力を受けることや、梁式支保工の支持点の固定方法等に構造的に不安定な要因を有しており、型枠の設計や施工を誤ると型枠が破損したり、座屈したりするおそれがあります。実際に、施工中に梁型枠が倒壊して梁式支保工が脱落し、大規模な型枠支保工の倒壊災害に発展した例も報告されています。

このような災害を未然に防止し、安全に作業するためには、工法全体をシステムとしてとらえて安全対策を講じる必要がありますが、その際、以下の留意事項があげられます。

① 工法の採用について

工法の採用に際しては、事前にシステムの仕様・強度特性・使用実績、工事対象の構造物の規模や構造を十分に検討したうえで、適用の可否を決定する必要があります。特に、工事対象の建物の大梁間隔が大きい場合には、仮設梁の支点荷重が大きくなり型枠の強度・剛性上の問題が生じるおそれがあります。また、大梁のスパンが長すぎる場合には、大梁の剛性が低下して不安定となり、ねじりなどの発生が懸念されます。したがって、型枠の補強方法も含めて工法の採用に際しては慎重に検討しなければなりません。

② 梁式支保工について

梁式支保工は、曲げ強度、せん断強度が十分で、横倒れや横座屈しない構造のものであること。市販の製品の場合には、メーカーの指定する許容荷重を守って割付けを行うとともに、施工に際しては、梁が脱落しないよう支点に確実に固定します。

③　大梁の型枠の構造について

大梁の型枠は、コンクリートによる側圧と梁式支保工からの支点荷重に対して十分な強度を有する構造にします。梁の支点部分の圧縮強度だけでなく、型枠全体の横倒れや座屈に対しても十分安全な構造にします。具体的には、梁の支点直下には必ず縦受け桟木を設け、上からの荷重を確実に下方の支柱に伝える構造にします。また、梁が長い場合や梁下に壁がない構造の場合には、梁型枠のねじれや回転が生じることのないよう、チェーンや控えを用いて型枠全体を補強します。

④　大梁を受ける支柱式支保工の構造について

支柱式支保工は、鉛直荷重に対する強度のみならず水平荷重に対しても適度の強度を有するものとします。このためには、大梁を受ける支柱は大梁方向に少なくとも2列の構造にしたうえ、支柱列の大梁方向、大梁直角方向に水平材と斜材を設けるとともに支柱列間にも水平つなぎと斜材を設けて、連携一体化を図ります。

⑤　コンクリートの打設方法について

大量のコンクリートを多スパンにわたって打設する場合、1方向からだけ急速に打設すると、支保工が浮き上がったり、大きな水平力が発生するおそれがありますので、複数のポンプにより両方向から水平力を打ち消すように打設します。また、梁と床を一度に打たないで梁を打設後適当な時間をおき、梁のコンクリートの硬化がある程度進んでから床を打設する等、打設方法や打設速度に十分留意しなければなりません。

Q65

墜落防止設備にはどのようなものがありますか

Answer

各種足場を設置して安全な作業床を確保するという意味では、足場も墜落防止設備の一つです。例えば、吊足場は、鉄骨梁上での作業や通行をなくすものなので、墜落防止設備の一つであることが分かります。

また、開口部へふた、囲い、手すり等を設ける措置を講じると墜落防止設備となります（図4.23）。墜落危険箇所へは、これらの措置をすることが必要になります。

なお、墜落防止対策には、設備だけでなく、作業指揮、安全帯の使用、安全教育の実施等さまざまなことがあります。これらを組み合わせて墜落防止対策を実施する必要があります。

また、これらの措置ができない場合には、次のような墜落防止設備で、対応することが必要です。

① 墜落した人体を受け止められるように安全ネットを設けること。

② 墜落危険箇所には、安全帯の取付け設備を設置し、これらから安全帯をとること。

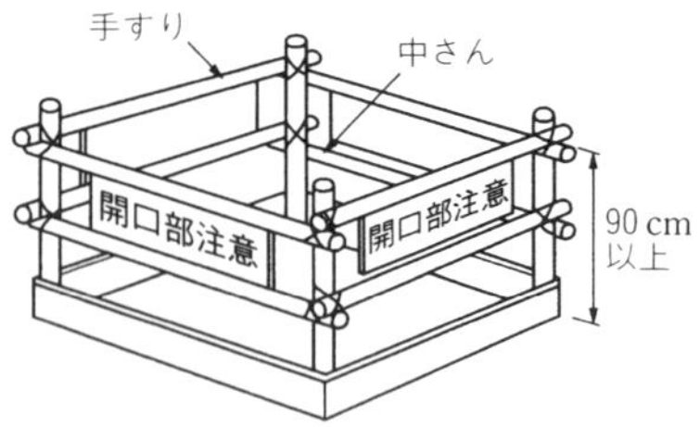

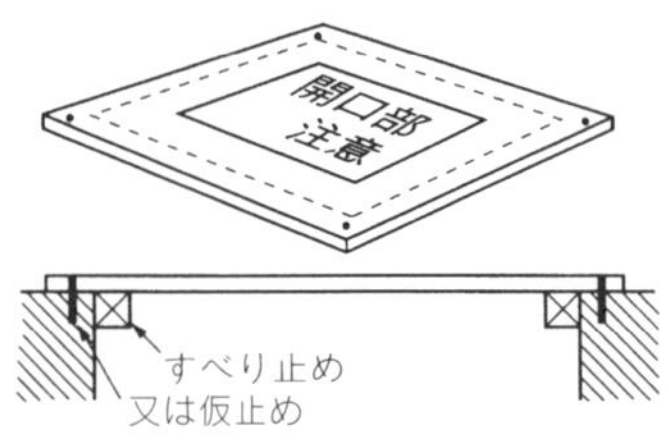

図4.23　開口部へのふた、囲い、手すり等の設置の例

安全帯取付け設備は、

① 構造体そのものに取り付けること。

② 構造体に専用金具を設けること。

③ 水平親綱、垂直親綱を設けること。

④ 安全ブロックを使うこと。

⑤ 親綱支柱を設置して水平親綱を張ること。

等です。

安全帯の取付け方法には、次のような方法があります。

① 構造体そのものに取り付ける場合

例えば、足場を組み立てながら、建枠の水平材等からとることをいいます。取付け箇所には、墜落の衝撃に耐えられるだけの強さが必要です。作業前に取付け場所を作業主任者等が指示する必要があります。

② 構造体に専用金具を設ける場合

鉄骨の柱、梁等にあらかじめ専用の金具を溶接等で取り付けることをいいます。専用金具の取付けにあたっては、安全帯の取付け位置が足元より上にくるように計画することが必要です。

③ 水平親綱、垂直親綱を設ける場合

親綱には、繊維ロープ（ナイロンロープ等直径14～16㎜）又はワイヤロープ（直径９～10㎜）のものが使われています。

親綱は、張る前によく点検し、**表4.14**のように適切なものを使用するようにします。

水平親綱の緊結方法は、②と同様な専用金具等を使って、ゆるみのないように張ります。この水平親綱に直接安全帯のフックを掛けることになります。

また、垂直親綱は、昇降時の墜落防止のために主に使われるもので（**図4.24**）、鉄骨昇降用のステップ等を利用して親綱を垂らし、親綱にグリップ（ロリップ）

表4.14　適切な親綱の例

ワイヤロープ	繊維ロープ
・一よりの間に素線数が10％以上切れていないこと ・径が７％以上減少していないこと ・キンク癖がないこと ・著しい形崩れ又は腐食がないこと	・ストランドが切れていないこと ・径が減少していないこと ・よりほぐれがないこと ・腐食していないこと ・焼け焦げていないこと

で取り付け、そこに安全帯が取り付けられます。

なお、１本の親綱を２人以上で利用しないようにします。

④　安全ブロックを使う場合

安全ブロックは、主に垂直昇降用に用いられるもので、作業箇所の上部に取り付け、作業時には作業位置に応じて安全ブロックのロープが繰り出され、墜落時は、安全ブロックのロープの出が止まる機構になっています（図4.25）。

図4.24　垂直親綱の設置例

出典：『産業安全研究所技術指針』労働省産業安全研究所，1999年，p45

図4.25　リトラクタ式墜落阻止器具

出典：『足場の組立て等工事の作業指針』建設業労働災害防止協会，2003年，p189

【参考文献】
・『産業安全研究所技術指針』労働省産業安全研究所，1999年

Q66

仮設手すりの構造要件と設置時の留意点はどのようなものですか

Answer

仮設手すりとは、建設現場の足場や型枠支保工等の仮設構造物からの墜落を防止する目的で使用される手すり等のことをいいます。仮設手すりはその使用目的から、作業者が作業中にその上を乗り越えたり、部材の隙間を通り抜けたりしない構造であると同時に、作業中に手すりに作用するさまざまな力に対して容易に破壊したり大きくたわんだりしない強度や剛性を持ったものでなければなりません。

仮設手すりの構造や性能については、法的には安衛則のなかで、仮設通路又は高さが２ｍ以上の作業床の端、開口部等で墜落により危険を及ぼすおそれのある箇所には、高さ85㎝以上の丈夫な手すりを設けなければならないと規定されていますが、材料、構造、強度等については具体的に示されていません。このため、(旧)産業安全研究所において仮設手すりの具備条件に関する研究が実施され、その結果（産業安全研究所研究報告RIIS－RR－25－3）をもとに昭和52年に「墜落防護工安全基準」((社)仮設工業会）が作成されました。その後、平成15年に安全ネットの技術基準を含めて見直し、「墜落防止設備等に関する技術基準」が作成されました。同基準には、材料、構造・寸法、強度・たわみに関し、具体的な基準が示されていますので、現場で仮設手すりを組み立てる場合には、これに基づいて組み立てることが安全上重要と思われます。また、仮設機材のメーカーが開発した製品としての仮設手すりについては、同基準に基づいて(社)仮設工業会が「ガードポストの認定試験」を実施していますので、同試験によっても構造や性能の確認が可能と思われます。

表4.15、**表4.16**、**図4.26**に、「墜落防止設備等に関する技術基準」で推奨している手すり等の標準的な構造と、強度を示しています。

次に、仮設手すりの設置時、使用時の留意事項は次のとおりです。

① 手すり等の各部材は、容易にはずれたりすべったりしないように、さらに手すり自体は、容易に回転しないように確実に取り付けること。

② 手すり、中さん又は幅木に継ぎ足したものを使用する場合には、その継ぎ足しは、容易に外れないよう確実に行うこと。

③ 束柱は、作業床にほぼ垂直に取り付け、さらに作業床に直接取り付ける

表4.15　手すり等の種類

種　類	設　置　箇　所	手すりの高さ
第一種	荷上げ開口部、踊り場	95cm以上
第二種	作業床、通路	90cm以上

表4.16　手すり等の強度

種類	手すり等の部分	作業位置（荷重点）	荷重値
第一種	手すり	スパンの中点	1.18kN
	束柱、同取付け部、手すり取付け部	束柱と手すりの節点	0.84kN
第二種	手すり	スパンの中点	0.49kN
	束柱、同取付け部、手すり取付け部	束柱と手すりの節点	0.39kN

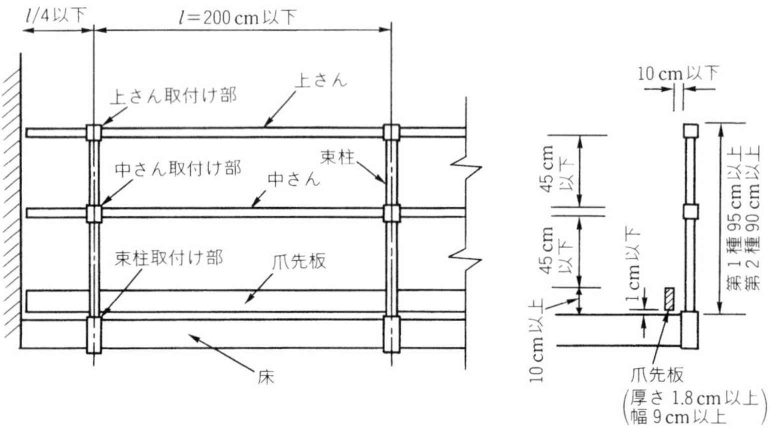

図4.26　墜落防護工の標準構造

場合は、作業床はねじれたり、浮き上がったりしない堅固なものとすること。

④　手すり等は、作業床にほぼ平行に取り付けること。

⑤　手すり等、中さん、幅木は、束柱の内側に取り付けるものとし、終端の束柱からはね出す場合は、そのはね出しが束柱間隔の４分の１を超えないこと。

⑥　手すり等は、みだりに取りはずさないこと。作業の都合でやむをえず取りはずす場合は、その必要がなくなった後、直ちに現状に戻すこと。

⑦　手すり等を安全帯のランヤード、親綱、控え、壁つなぎ、足場板等の支持点や資材荷揚げのつり元としてはならないこと。また、手すり等に材料などを立てかけてはならないこと。

⑧　手すりや中さんを踏みさん代わりに昇降してはならないこと。

⑨　手すり等は、使用前及び定期に各部材及び取付け部の状態を点検し、異常を認めたときは直ちに補修すること。

Q67

親綱支柱とは何ですか。また、その使用上の留意点はどのようなものですか

Answer

親綱支柱は、水平親綱を張るための支柱です（図4.27）。本来は、枠組足場の組立て中の墜落防止のために開発されたものです。両側妻面の建わくに支柱が立てられ、この支柱を利用して水平親綱を張るシステムです。最近は、鉄骨の梁等を利用してこの支柱を立て、親綱を張ることも行われています。

親綱支柱の足場への取付けと使用上の留意点は、次のとおりです。

① 親綱支柱には、支柱を足場等に取り付けるための金具及び親綱を保持する金具等を備えていること。

② 親綱支柱は、枠組足場の建わく等に取付け金具により確実に取り付けること。

③ 親綱支柱に控え綱をとる場合は、支柱の外方１スパンの位置の足場の建わくにとること。

④ 親綱の取付け位置は、支柱を取り付けてある作業床より0.9m以上の位置に取り付けること。

⑤ 親綱の末端は、専用金具等により支柱の支持金具又は建わくに取り付けること。

⑥ 親綱はゆるみすぎないよう、張りすぎないようにして張ること。

⑦ 親綱支柱及びその親綱を使用するときは、作業開始

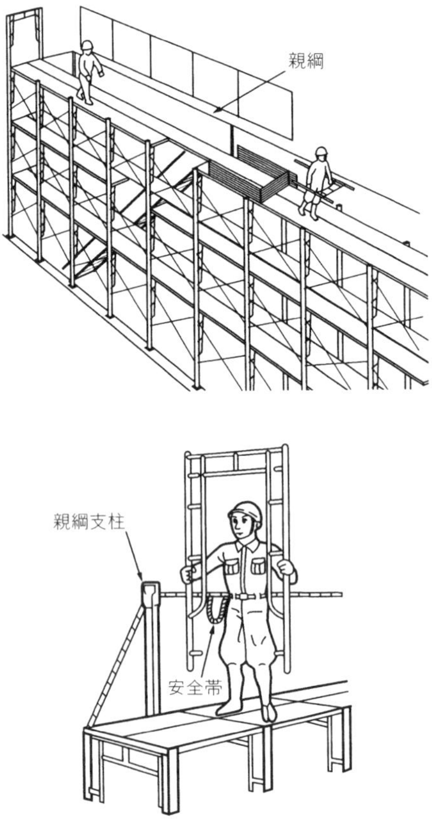

図4.27　親綱支柱の使用例

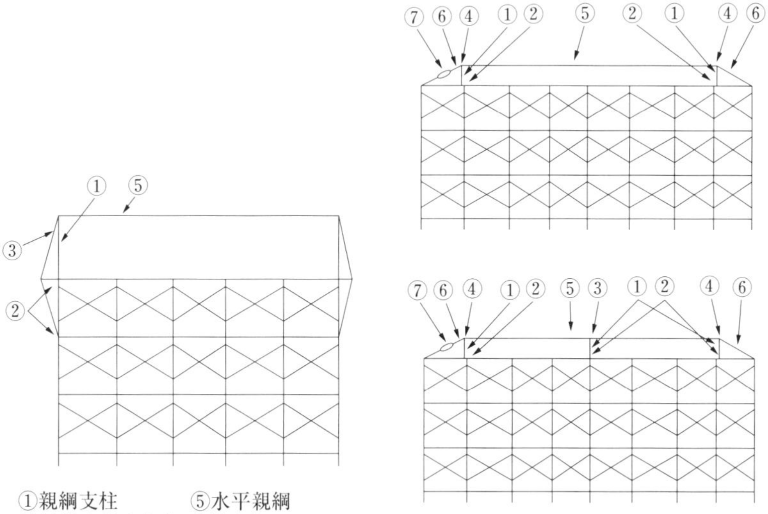

①親綱支柱　　⑤水平親綱
②足場取付け金具　⑥控え綱
③親綱保持金具　⑦緊張器
④控え綱保持金具

図4.28　親綱支柱の配置例

表4.17

親綱の種類	親綱支柱を取り付けた足場床の地上よりの高さ(単位：層)	親綱支柱の設置間隔(単位：スパン)
合成繊維ロープ	2以上 3以上 4以上	1 5以内 8以内
ワイヤロープ	2以上 3以上	4以内 10以内

前に支柱の取付け状態、親綱の状態を点検すること。

⑧　1本の親綱を2人で使用しないようにすること。

⑨　親綱支柱の盛替えで、足場作業床から身を乗り出すときは、安全帯を使用すること、なお、安全帯は建わくの横架材にとるとよいこと。

などが挙げられます。

なお、(社)仮設工業会では、親綱支柱・支柱用親綱・緊張器等を用いて構成する水平親綱システムについての認定基準及び使用基準を定めており、これを参考にするとよいでしょう。

Q68 合板足場板の強度と使用上の留意点はどのようなものですか

Answer

現在、市販されている合板製の足場板は、約30年前にわが国で開発されたもので、アピトン、カポール等の熱帯広葉樹を材料に、これらをフェノール樹脂を用いて接着したものです。アピトンやカポールは、国産材の楢（なら）や樫（かし）に匹敵する高強度材で、また、フェノール樹脂は耐候性がよく、さらに工場生産品であることから、挽き板製の足場板に比べ強度が高く、品質のばらつきが小さいといわれています。開発当初は、多種類の板幅、板厚のものがありましたが、最近では、板幅240㎜×板厚28㎜×長さ4,000㎜のものが一般的です。

合板足場板の構造や性能については、(旧)産業安全研究所の研究成果等をもとに、昭和56年に旧労働省の構造規格が設けられました。そのなかで強度等（曲げ性能・接着力性能）について、**表4.18**のように定められています。

合板足場板の架設に際しては、使用中に足場板が支点から脱落したり、板の隙間から物が落ちたりしないようにすることが必要です（**図4.29**）。また、足場板には安全積載荷重を超えた荷を積載しないことが重要です。

安衛則第563条には、作業床の床材にアピトン、カポールの合板を用いた場合の曲げ応力の値が許容曲げ応力の値16 200kN/m^2（165kgf/cm^2）を超えない

表4.18 合板足場板の曲げ性能・接着力能力

曲 げ 性 能	接 着 力 性 能
曲げ強さ：64,700kN/m^2（660kgf/cm^2）以上 曲げ弾性係数：8,820MN/m^2（90,000kgf/cm^2）以上	接着力：784kN/m^2（8 kgf/cm^2）以上

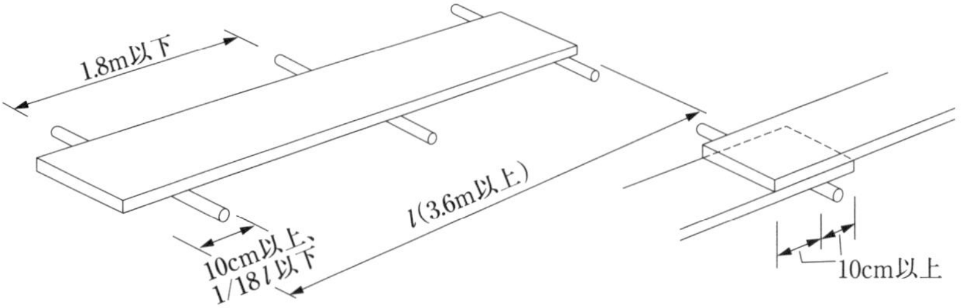

図4.29 足場板の架設方法

表4.19 合板足場板の安全積載荷重とたわみ

	足場板の支点間隔（m）							
	0.9	1.2	1.5	1.8	2.1	2.4	2.7	3.0
安全積載荷重 (N、〔 〕はkgf)	2,240 〔229〕	1,690 〔172〕	1,350 〔138〕	1,120 〔114〕	960 〔98〕	843 〔86〕	745 〔76〕	666 〔68〕
中央たわみ(cm)	0.9	1.5	2.5	3.5	4.8	6.3	7.9	9.7

ようにすることが定められています。つまり、**表4.18**の曲げ強度に対し、安全率４をとることにしています。**表4.19**は、市販の合板足場板（板幅240㎜×板厚28㎜×長さ4 000㎜）について、上記許容曲げ応力の値をもとに計算した安全積載荷重の値（支点間隔の中央集中荷重とし、自重は考慮していない）と、**表4.18**の曲げ弾性係数の値をもとに計算した安全積載荷重時の支点中央のたわみの値です。通常の足場板上での作業荷重は、工具等や衝撃を含め作業者１人あたり980N（100kgf）程度とすれば、**表4.19**より、強度とたわみの面から支点間隔は1.8m程度以下にする必要があるものと思われます。また、作用荷重がさらに大きい場合や支点間隔が大きい場合には、２枚重ねで使用することも必要です。

一方、合板足場板は木材製品ですので、経年使用時の劣化による強度性能の低下を防止するため保管や輸送の方法に留意することや定期的に強度性能をチェックすることが安全上重要となります。

これらについては、（社）合板仮設安全技術協会の安全技術基準のなかに具体的に定められています。

また、最近では、地球環境問題の一つとして熱帯林の減少と保護が叫ばれ、これに対処するため、南洋材に代わり、材料の一部に継続的に管理された森林から生産された針葉樹を用いた合板（複合合板）への転換が模索されており、複合合板を用いた足場板（エコ合板足場板）も開発されています。エコ合板足場板については、（社）合板仮設安全技術協会の自主基準が設けられています。

Q69

安全ネットの使用に関する安全上の留意点はどのようなものですか

Answer

安全ネットとは、開口部、作業床の端、梁等の下部に張り作業者の墜落を受け止めるものです。墜落危険箇所には、安全ネットを水平に張るようにします。

厚生労働省では、安全ネットについて、「墜落による危険を防止するためのネットの構造等の安全基準に関する技術上の指針」を公表しています。また、（社）仮設工業会で安全ネットの認定基準を定めていますので、これらの基準によることが必要です。

安全ネットは、網地、縁綱、仕立て糸及び吊綱等より構成され、それらの材料はナイロン、ポリエステル又はビニロン等の合成繊維です。網地は、かえるまた結節、無結節又はラッセルで、網目の大きさは、網目の１辺の大きさは10cm以下です。

安全ネットは、張る前によく点検し、欠陥のないものを用います。経年劣化などしているものは用いてはなりません。

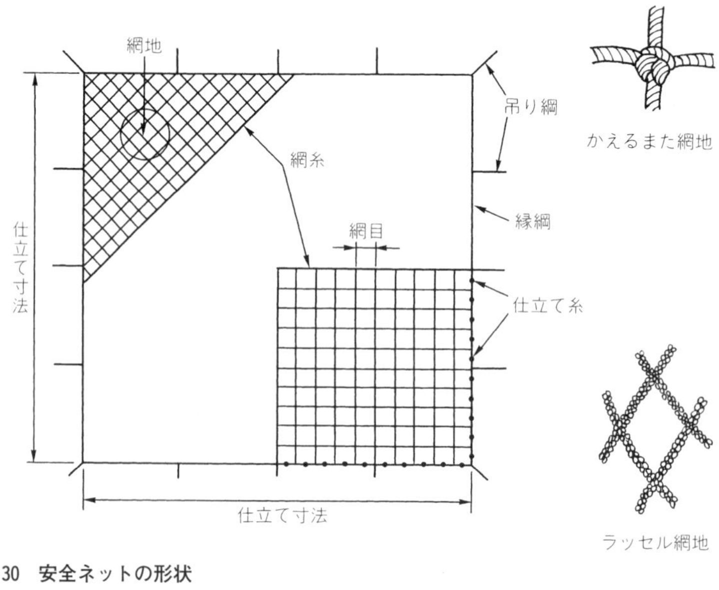

図4.30　安全ネットの形状

表4.20　網糸、縁綱及び吊綱の強度

網目の大きさ（cm）	網糸の廃棄時の強度（N、〔　〕はkgf）		縁綱及び吊綱の新品時の強度（N、〔　〕はkgf）
	かえるまた結節網地	ラッセル網地	
10	1,320〔135〕	1,370〔140〕	14,710〔1,500〕
5	590〔60〕	590〔60〕	
3	—	340〔35〕	
1.5	—	170〔17〕	

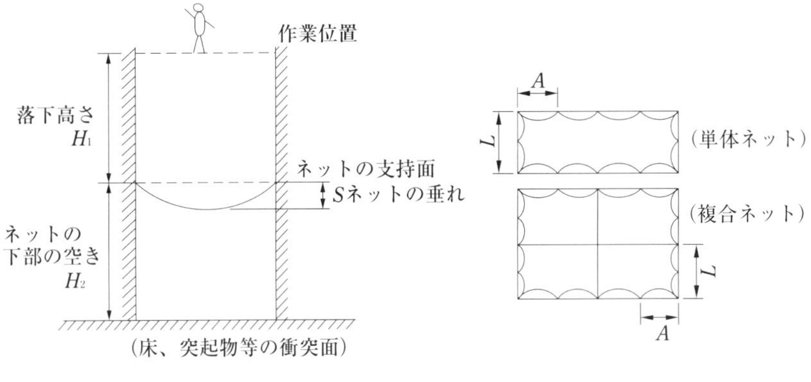

区分＼条件	落下高さ（H_1）		ネット下部の空き（H_2）		ネットの垂れ（S）
	単体ネット	複合ネット	単体ネット	複合ネット	
L＜A	0.25×（L＋2A）以下	0.20×（L＋2A）以下	0.85×（L＋3A）÷4以上	0.95×（L＋3A）÷4以上	0.25×（L＋2A）÷3以下
L≧A	0.75L以下	0.6L以下	0.85L以上	0.95L以上	0.75L÷3以下

L：ネットが架設されたときにおけるネットの短辺方向の長さ（m）

A：ネットが架設されたときにおけるネットの長辺方向のネットの支持間隔（m）

図4.31　安全ネットの張り方

安全ネットは、取付け位置、張り方等によって墜落防止用としての効果が減少するので、取付けは**表4.20**、**図4.31**によることが必要です。

また、張るときは、次のことに留意します。

① 落下高さができるだけ小さくなるように取り付けること。

② ゆるみすぎず、張りすぎないようにすること。また、十分広い範囲に張り、必要によりはね出しを設けて張ること。

③ ネット周辺の隙間が少なくなるように、安全ネットの支持間隔を定め、取付け部に確実に緊結すること。

④ 墜落した人の衝撃により下方にネットが大きくたわむため、下方の障害物に衝突しないよう下部空間に十分余裕があるよう取り付けること。

⑤ 安全ネットと安全ネットを継ぐ場合は、

(a) ロープ類で縁綱相互をつなぐときは、ネットの網糸以上の強度があるロープを用い、網目ごとにかがり縫いをすること。

(b) 安全ネットどうしを重ね合わせるときは、重ねしろを１m程度とり、要所を緊結すること。

⑥ 安全ネットの取付けは、共同作業で行い、作業中は安全帯等を使用すること。

⑦ 次のものは使用しないこと。また、これを発見した場合は張り替えること。

(a) 縁綱、網地等が破損したり、網糸が傷んでいるもの

(b) 人体又は人体と同等の落体を受け止めたもの

⑧ 安全ネットを張った周辺では、溶接作業等の火気を使用する作業をしないこと。

Q70

安全帯使用時における安全上の留意点はどのようなものですか

Answer

安全帯は、高さが２m以上の場所で、鉄骨梁上、作業床の端部、開口部からの資材の搬出入部等の墜落の危険がある場所での作業では、安全帯を使用しなければなりません。また、安全帯は正しい使い方をしなければ効果がないことを十分に認識する必要があります。

安全帯の使用にあっては、旧労働省告示第67号（昭和50年９月８日付）「安全帯の規格」が示されているので、これに適合したもので、損傷等が無いものを使用する必要があります。安全帯の形状の一例、安全帯の種類を示すと図4.32、表4.21のとおりです。

また、（旧）産業安全研究所では、従来の「安全帯構造指針・使用指針」（RIIS-TR-76-3）を新しい材料、新しい構造の安全帯の開発等に伴い改定し、平成11年に新たに安全帯構造指針（NIIS-TR-No.35）が示されています。新指針では、従来の安全帯の他にハーネス形の安全帯の採用をしたこと、安全帯（図4.33）の衝撃吸収性能値等に修正がなされています。新・旧指針の主な相違点を示すと表4.22のとおりです。なお、平成16年に新しい安全帯使用指針も示されたため参考にするとよいでしょう。

安全帯を使用する場合は、それぞれの作業に最も適した方法で使用することが必要であり、次のような事項に留意する必要があります。

① 安全帯の装着

ベルトはできるだけ腰骨の近くで、落下阻止時に足部の方に抜けないような位置に確実に装着する。

ロープを１本掛けにして使用する安全帯の例

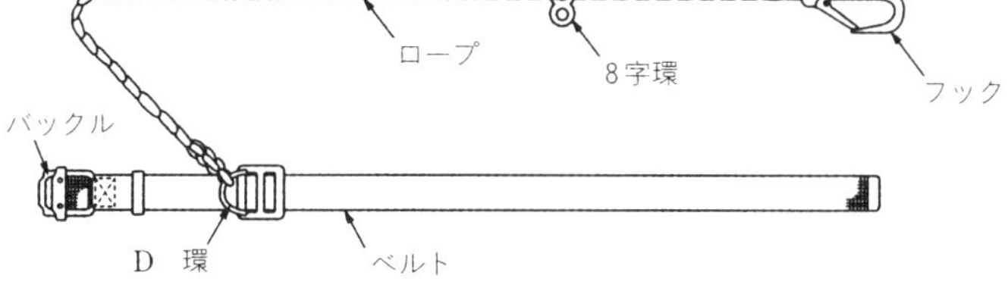

図4.32　安全帯の例

表4.21　安全帯の種類

<table>
<tr><th>種類</th><th>使用条件</th><th>ベルトの形式</th><th>主要金具部品</th><th>ロープ</th></tr>
<tr><td>A種</td><td>1本吊り用</td><td>胴締めベルト</td><td rowspan="2">フック（カラビナ）又はグリップ
D環</td><td rowspan="2">三つ打Zより又は八つ打（編索）原則として1.5m以下(2.5mまで)</td></tr>
<tr><td>B種</td><td>1本吊り用</td><td>胴締めベルト（補助ベルト付き）</td></tr>
<tr><td>C種</td><td>U字吊り専用</td><td>胴当てベルト
外締めベルト</td><td rowspan="2">フック
伸縮調節器（C種とD種では性能が異なる）
角環、D環</td><td rowspan="2">三つ打Zより3m（補助ロープの使用可能）</td></tr>
<tr><td>D種</td><td>U字吊り、1本吊り共用</td><td>胴当てベルト
外締めベルト</td></tr>
<tr><td>E種</td><td>U字吊り、1本吊り共用</td><td>胴当てベルト
外締めベルト（補助フック付き）</td><td>フック、補助フック、伸縮調節器、角環、D環</td><td>三つ打Zより3.5m</td></tr>
</table>

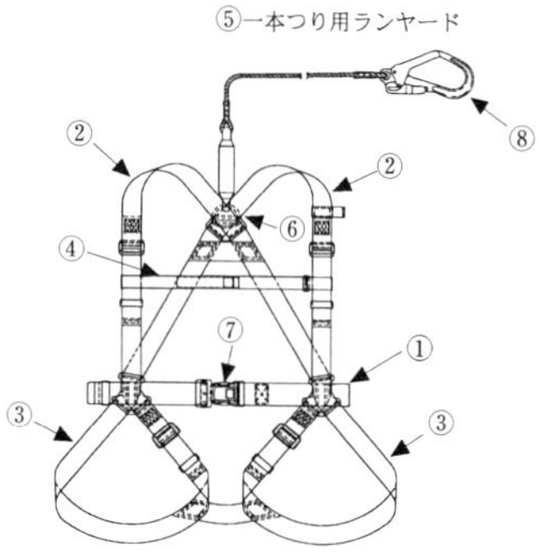

2種安全帯（形状は一例を示す。）

安全帯各部の名称

①胴ベルト　　⑤一本つり用ランヤード
②肩ベルト　　⑥角環
③腿ベルト　　⑦バックル
④ハーネス用副ベルト　　⑧フック

図4.33　フルハーネス

『産業安全研究所技術指針』労働省産業安全研究所，1999年，p38

表4.22　新・旧安全帯構造指針の主な相違点

項目	新指針	旧指針
安全帯の種類	1種安全帯として旧指針のA～E種すべてを包含 2種安全帯（フルハーネス） 3種安全帯A（垂直面用ハーネス） 3種安全帯B（傾斜面用ハーネス）	A種　1本吊り用 B種　1本吊り（補助ベルト付き） C種　U字吊り専用 D種　U字吊り・1本吊り共用 E種　U字吊り・1本吊り共用（補助フック付き） なし なし なし
安全帯関連器具の種類	親綱式スライド 固定ガイド式スライド リトラクタ式墜落阻止器具	なし なし なし
材　料	機械的、熱的及び化学的条件に耐え、耐候性を有し、規定の強度的性能を満足するもの、材料の指定なし	各部品について材料を指定している
ランヤード	繊維ロープ、ワイヤロープ、織物、鎖等が使われるロープ／ストラップとフック等からなるもの	合成繊維ロープとフック等からなるものに相当するもの
ランヤードの長さ	1種安全帯の1本吊り用は、フック等の金具及びショックアブソーバを含め原則として1,700mm以下、やむをえない場合は2,500mmまで（2種安全帯も同じ）	A・B種安全帯のロープは、フック等の金具を除き原則として1,500mm以下、やむをえない場合は2,500mmまで
	1種安全帯のU字吊り用は、フックを含め3,000mm以下、常時接続形安全帯（旧指針のE種）のものにあっては3,500mm以下（ただし2,500mm以上の1本吊り防止処置を講ずる）	C・D種安全帯のロープは、フックを除き3,000mm以下、E種のものにあっては3,500mm以下（ただし2,500mm以上の1暴吊り防止処置を講ずる）
巻取り器	規定あり	なし
ショックアブソーバ	規定あり	なし
ロープ／ストラップの強さ	アイ加工部を含め 1本吊り用：15.0kN U字吊り用：19.0kN	ロープのさつま編込み部を含めず A・B種安全帯　：1,830kgf C・D及びE種：2,340kgf
衝撃吸収性　試験用落下体	トルソー又は砂のう 質量：85kg	砂のう 質量：75kg
衝撃吸収性　衝撃荷重	8kN以下	900kgf ｛8.82kN｝ 以下

② 安全帯を取り付ける対象物

安全帯を取り付ける対象物は、ロープが外れたり、抜けたりするおそれのないもので、墜落阻止時の衝撃に対し十分耐えうる堅固なものとする。また、鋭い角のある場合には、ロープが直接鋭い角にあたらないような処置を講ずる。

③ 1本吊りの状態の使用法

D種又はE種の安全帯で、2.5mを超える長さのロープを付けたものは、必ず2.5mの範囲内で使用する。

安全帯のロープを取り付ける構造物等の位置は、腰に装着したベルトの位置より上とし、できるだけ高い位置のものを選ぶ。

④ U字吊りの状態の使用法

ロープは、作業上必要最小限の長さに調節し、墜落阻止時に下にずり落ちないような場所に取り付ける。

⑤ E種安全帯の使用法

E種の安全帯は、通常の1本吊り、U字吊りの状態で使用するほか、U字吊りの際、フックをD環にかけ外しするときに、あらかじめ補助フックを構造物等に取り付け、万一墜落しても補助フックにより、墜落を阻止できるようにして使用する。

⑥ 補助ロープの使用法

補助ロープは、一方をC種又はD種の安全帯の角環又はD環に取り付け、他の一方は構造物等に取り付けるもので、安全帯に附属したロープでU字吊りのために、フックをD環にかけ外しする際等に、万一墜落しても、この補助ロープにより墜落を阻止できるようにして使用する。

⑦ グリップ付安全帯の使用方法

A種又はB種の安全帯のグリップ付安全帯は、ロープ先端のグリップを合成繊維ロープの垂直親綱に取り付けて使用する。親綱は、グリップに表示された太さで、2 340kg以上の引張強さを有するものを使用する。

⑧ 垂直親綱への取付け

1本の親綱を利用する作業者数は、原則として1人とすること。

長い合成繊維ロープの親綱の下方で使用する場合は、墜落阻止時に下方の障害物に接触しないように使用する。

⑨ 水平親綱への取付け

1スパンの親綱を利用する作業者数は、原則として1人とする。

図4.34　ロープ、フックの取付け位置

親綱に合成繊維ロープを使用する場合は、墜落阻止時に下方の障害物に接触しないように使用する。また、フックの位置は腰より高い取付けになるように水平親綱を設ける（図4.34）。

Q71

飛来落下による災害を防止する設備にはどのようなものがありますか

Answer

飛来落下防止設備は、朝顔、工事用シート、投下設備、足場作業床上の幅木等です。しかし、いずれも飛来落下物の形状、大きさ、重さ、落下してくる高さ等で限界があります。

足場・型枠支保工の組立て・解体、構造物の取壊し作業など、飛来落下のおそれのある作業では、朝顔、投下設備を設けるとともに、次の措置を講じることが大切です。

(a) 作業を指揮する者を定め、その者の指揮のもとに作業を行うこと。

(b) 監視人の配置、立入禁止区域の設定等を行うこと。

(c) 材料の仮置きは、開口部等の近くを避け、材料にはロープ等を掛けること。

(d) 資材の積重ねは、できるだけ高さ２ｍまでとすること。

(e) 強風等悪天候が予想されるときは、材料を地上まで降ろし、必要に応じシート掛け、ロープ掛けをすること。高所にそのままとどめるときは、シート掛け、ロープ掛けを確実に行うこと。

(f) 小物類の荷揚げは、吊袋を使うこと。

(g) 工具類を落下させないよう、紐、ホルダ等をつけること。

次に、飛来落下防止設備として、朝顔、工事用シート類等についての留意点は次のとおりです。

① 朝　顔

朝顔は、落下物を防ぐために足場又は構造物の外部へはね出して設ける設備です。通行人等の第三者に対する飛来落下物防護設備として用いられることが多いのです。

朝顔を設ける場合は、次の事項に留意するとよいでしょう。

(a) 足場の高さが、地上から10m以上の場合は１段以上、20m以上の場合は２

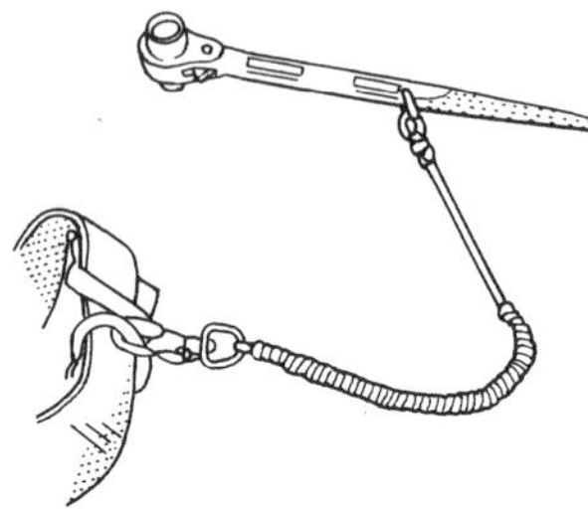

図4.35　紐、ホルダ

段以上取り付けます。一般的には、地上からの高さ4～5mの箇所に1段目を設け、2段目以降は下段の朝顔から10mより低い間隔のところに設けます。

(b) 朝顔のはね出しの長さは、足場から水平距離で2m以上とし、水平となす角度は20°以上とします。

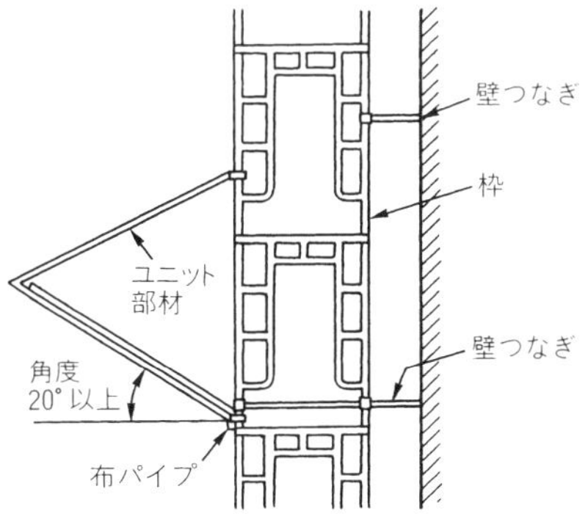

図4.36 朝顔の設置の例

(c) 朝顔面は、隙間なく全面に板を張ること。ひき板は厚さ30㎜以上、鉄板は厚さ1.6㎜以上のものを用います。

② 工事用シート

工事用シートは、足場の外側面に張られることが多いものです。工事用シートの種類、使用時の留意事項は、**Q72を参照**して下さい。

③ 投下設備

解体した材料等の投下時に、周囲に飛散させないように設けるもので、鋼製、合成樹脂製等の円筒形のものを設置したり、工事用シートや合板を使って、現場で囲いをつくるような場合があります。

投下設備の使用では、次のことに留意して下さい。

(a) 投下設備は、材料投下中に動かないよう支持物に確実に固定すること。

(b) 投下設備の設置では、材料が途中に引っかかったり、止まることのないようにすること。

(c) 投下中の下に入らないこと。投下が終わったことを確認した後に搬出作業をすること。

(d) 投下設備が破損したりしている場合は、補修すること。

④ 足場等の作業床に設ける幅木

足場、仮設通路、作業構台等には、その上部の仮置物が落下しないよう幅木を設けます。

幅木の高さは10㎝以上とすること。厚さは木材では1.6㎝以上とします。また、幅木と幅木、幅木と床との間は隙間のないようにします。

⑤ 落下物防止用金網（養生金網）

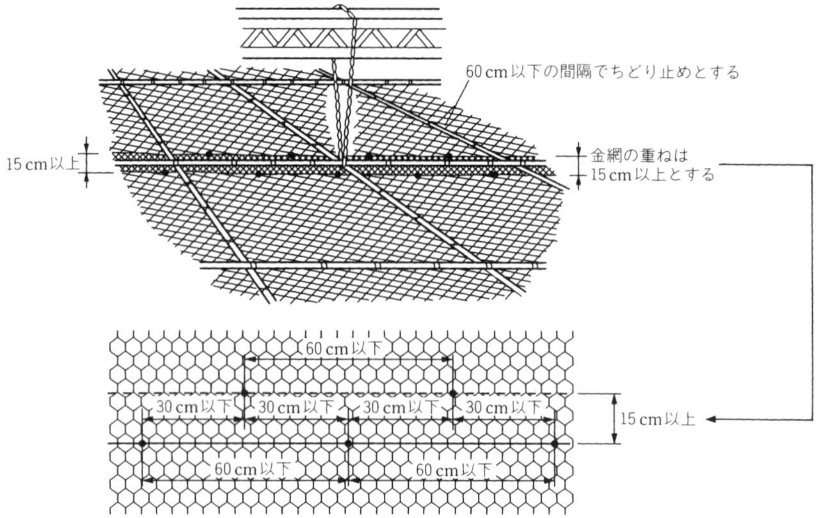

図4.37　垂直養生金網の取付け例

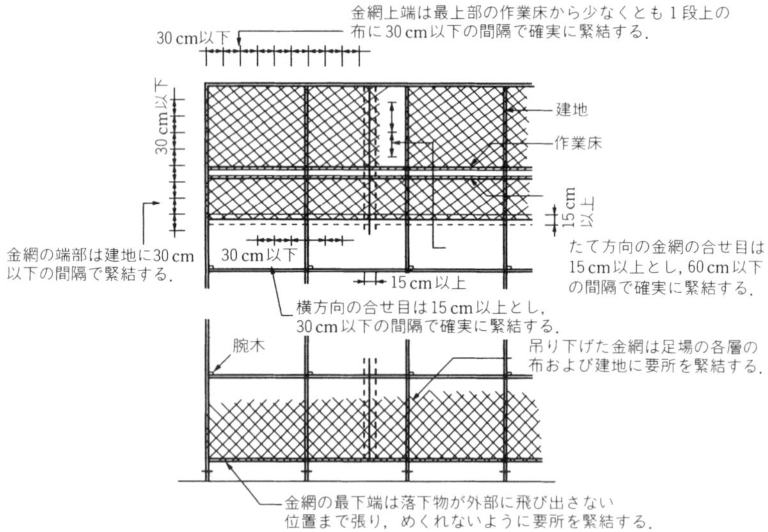

図4.38　水平養生金網の取付け例

養生金網と呼ばれており、外部足場等の外側面に張られる垂直養生金網と、吊棚足場等の下に水平に張られる水平養生金網があります。

しかし、最近では、工事用シートが垂直養生に利用されるようになったり、網目の小さい安全ネットが水平に張られることに伴い、その使用例は少なくなってきています。

⑥　垂直ネットフレーム

足場の外側面に取り付けられる網枠付金網です。(社) 仮設工業会でネットフレームの認定基準を定めています。⑤の養生金網と同様に最近使用される例が少なくなってきていますが、工事用シートより耐久性があるので昇降機の周辺等では、荷揚げ部材の飛出し防止等のために使われています。

なお、鋼管等の落下物の落下防止性能としては、シート等に比べて劣るので、使用にあたっては注意が必要です。

⑦　合成繊維製垂直養生網 (グリーンネット等)

ナイロン、ポリエステル等の合成繊維を素材としたもので、網目の大きさ13

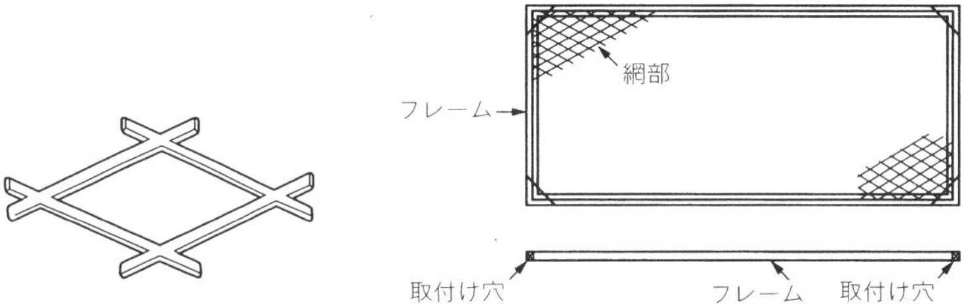

図4.39　ネットフレームの形状の例

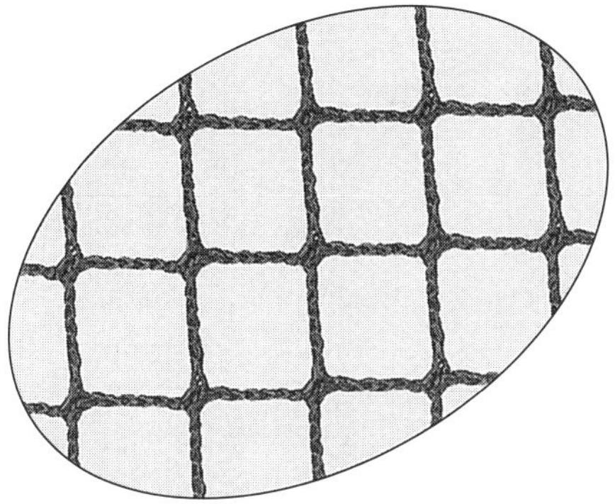

図4.40　グリーンネットの形状の例

～18㎜程度です。

これは、吊足場が設置された鉄骨等の外周等に取り付けられています。網目が大きいので、細かい落下物に対する防護性は完全ではありません。

また、素材が合成繊維であり、溶接作業による火花によって損傷しやすいので、留意する必要があります。

鉄骨等への取付けは、十分な強度のある金具、ロープ等により、隙間やたるみが生じないように緊結し、ネットどうしを継ぎ合わせるときは、隙間が生じないようにします。

網目のほころび、網地の破れたもの、著しい劣化等のあるものは使用してはなりません。

Q72

工事用シートにはどのような種類のものがあり、また使用にあたっての安全上の留意点はどのようなものですか

Answer

工事用シートには、帆布シートとメッシュシートがあります。

帆布シートは、通気性がないため、建設現場での使用状態によっては、強風時に強い風圧力が作用し、足場に大きな負担がかかり足場が倒壊する危険があります。

メッシュシートは、一般的には3㎜程度のものが多く、帆布シートに比べ、風圧力を減少させることができます。

工事用シートは、ある一定の落下物に対する防護性能があるものと、そうでないものがあります。使用にあたっては、落下物に対する防護性能の有無を確認することが必要です。

工事用シートの足場への取付けにあたっては、次の事項に留意します。

① 予想される最大風圧力と足場の耐力の関係を十分検討して、壁つなぎ間隔を小さくする等して、足場を補強すること。

② シートを取り付けるための水平支持材は、原則として垂直方向5.5m以下ごとに設けること。

③ 足場へは、シート周囲を35㎝以下の間隔で、かつ、隙間やたるみ等が生じないように緊結すること。なお、緊結部の取付けは、1か所あたり引張強度が980N（100kg）以上であるものを用いて行うこと。

④ シート同士を継ぎ合わせる場合は、隙間が生じないように確実に閉じ合

表4.23　メッシュシートの防護性能「（社）仮設工業会認定基準から」

網地の強さ		はとめ部の強さ		貫通性	防炎性
引張強さ（N）、{kgf}	引張強さ×伸び（kN・㎜）{kgf・㎜}	荷重 490N（50kgf）で異常の有無	荷重の最大値 N、{kg}	足場用鋼管（48.6φ×1.8m）が4mより落下させる	
1 470 {150} 以上	68.6 {7 000} 以上	なし	980 {100} 以上	貫通しない	合格

注）このほか（社）仮設工業会では、低層住宅用メッシュシートの防護性能認定基準も定めている。

表4.24　枠組足場へのシート取付けによる壁つなぎの間隔の例

区　　　分	垂直方向（層）（m）	水平方向（スパン）（m）w	限界風速（m／s）	
a．建枠、筋交い、布枠	3	4	30	
b．足場にネットフレーム取付け	3	3	19	（35）
c．足場にメッシュシート取付け			15	
d．足場に工事用シート取付け	2	2	18（50）	

注）1．壁つなぎの引張り、圧縮の許容耐力を１本あたり4.41kN（450kg）とした場合

2．建枠は、標準枠使用の場合

3．$w=5/8\times V_h^2\times C\times A$により計算、なお、風力係数$C$は、ａの場合0.2、ｂの場合0.7、ｃの場合1.0、ｄの場合1.7として計算した。

4．（　）内は、それぞれ工事用シート、メッシュシート、ネットフレームを外したときの限界風速、なお、このとき風力係数Cは、0.2として計算した。

5．この表の値は、あくまでも目安、一例である。実際の限界風速は足場設置地点周囲、足場地上高さ等の条件を考慮して定めること。

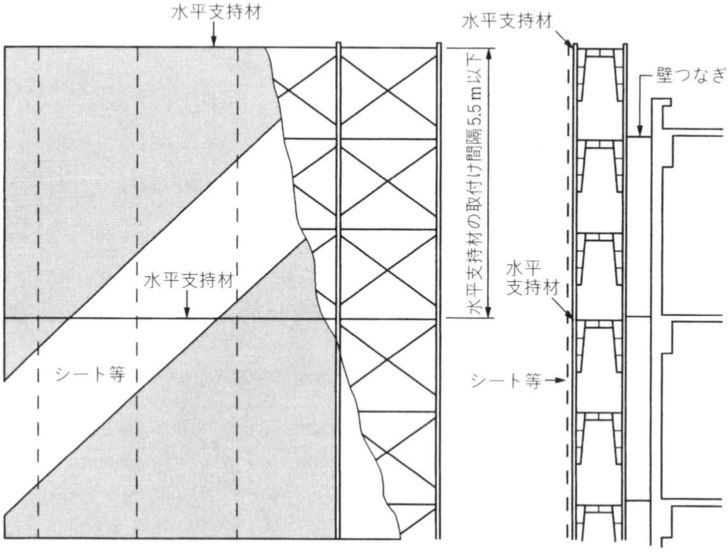

図4.41　鋼管足場への設置例

わせる。

⑤　帆布シートの場合は、強風が予想されるときは、必要に応じてシートを取りはずすこと。

⑥　破れ、織りむら、著しい劣化等の欠点のあるものは使用しないこと。

⑦　緊結部の取付け状態について、１か月以内ごとに点検すること。

⑧　大雪、大雨、強風等の後では、シート、水平支持材等の異常の有無について点検すること。

⑨　シートの近隣で溶接作業が行われた場合は、溶接火花又は溶接片による損傷の有無について点検する。損傷のあるときは、正常のものと取り替えること。

⑩　資材の搬出入等により、シートの一部を取り外した場合は、その必要がなくなったとき、原状に復しているかどうかを点検すること。

【参考文献】
・『足場の組立等工事の作業指針―作業主任者技能講習テキスト―』
・『地山の掘削、土止め支保工組立て等の作業指針―作業主任者技能講習テキスト―』
・『足場組立て等作業の安全―能力向上教育用テキスト―』
・『足場先行工法における足場組立て等の具体的な進め方』
建設業労働災害防止協会編，発行

Q73

枠組足場の組立てや解体時に行われる手すり先行工法とは、どのような工法ですか

Answer

手すり先行工法とは、足場の組立て等作業を行うにあたり、労働者が足場の作業床に乗る前に、当該作業床の端となる箇所に適切な手すりを先行して設置する工法です。また、逆に、最上層の作業床を取り外すときには、当該作業床の端の手すりを残しておく工法です。手すり先行工法により、労働者が足場の組立てや解体作業を必ず手すりが設置された状態で行うことになり、墜落等の災害の危険性の回避が可能となるといえるでしょう。

手すり先行工法に関しては、厚生労働省から、平成15年4月1日付けで、「手すり先行工法に関するガイドライン」が出されています。同ガイドラインでは、手すり先行工法の方式としては、次の3方式が挙げられています。

① 手すり先送り方式

② 手すり据置き方式

③ 手すり先行専用足場方式

以下に、これらの方式について簡単に説明します。

① 手すり先送り方式

足場の最上層に作業床を取り付ける前に、最上層より一層下の作業床上から、建枠の脚注等に沿って上下スライド等が可能な先送り手すり機材を当該作業床の端となる箇所に先行して設置する方式で、かつ、最上層の作業床を取りはずすときは、当該作業床の端の先送り手すり機材を残置して行う方式です。

先送り手すり機材は、一般に足場の最上層のみに設置されます（図4.42）。

② 手すり据置き方式

足場の最上層に作業床を取り付ける前に、最上層より一層下の作業床上から、据置手すり機材を当該作業床の端となる箇所に先行して設置する方式で、かつ、最上層の作業床を取りはずすときは、当該作業床の端の据置手すり機材を残置して行う方式です。

据置手すり機材は据置型で、一般に足場の全層の片側構面に設置します（図4.43）。

③ 手すり先行専用足場方式

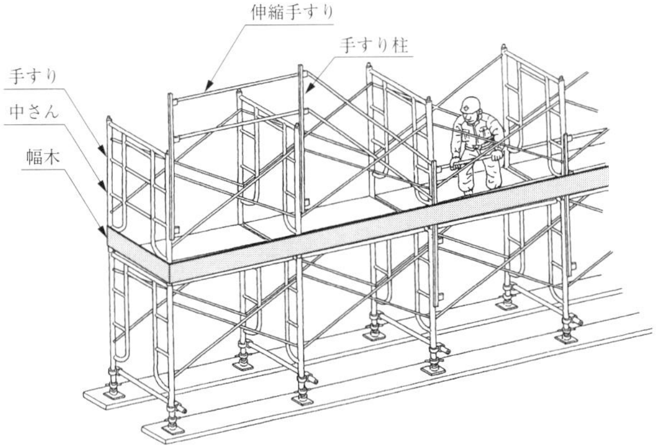

図4.42 手すり先送り方式の例
出典：『手すり先行工法に関するガイドラインとその解説』
建設業労働災害防止協会，2004年，p77

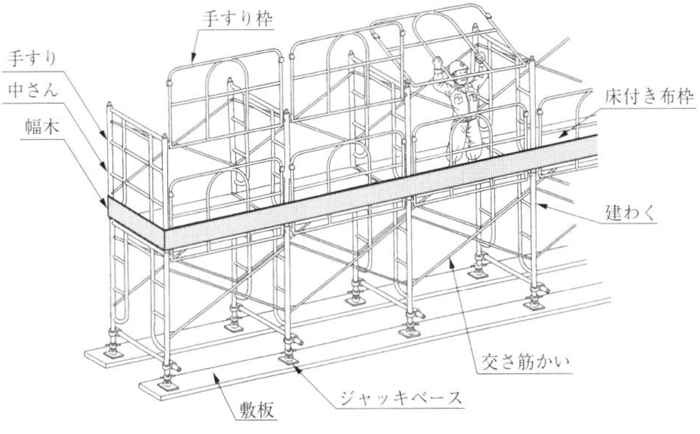

図4.43 手すり据置き方式の例
出典：『手すり先行工法に関するガイドラインとその解説』
建設業労働災害防止協会，2004年，p81

足場の最上層に作業床を取り付ける前に、当該作業床の端となる箇所に、最上層より一層下の作業床上から手すりの機能を有する部材を設置することができ、かつ、最上層の作業床を取りはずすときは、当該作業床の端に、手すりの機能を有する部材を残置して行うことができる手すり先行専用のシステム足場による方式です。

専用の建わくと手すり枠の組合せによるタイプや、手すりの建枠と一体になっているタイプがあります（**図4.44**）。

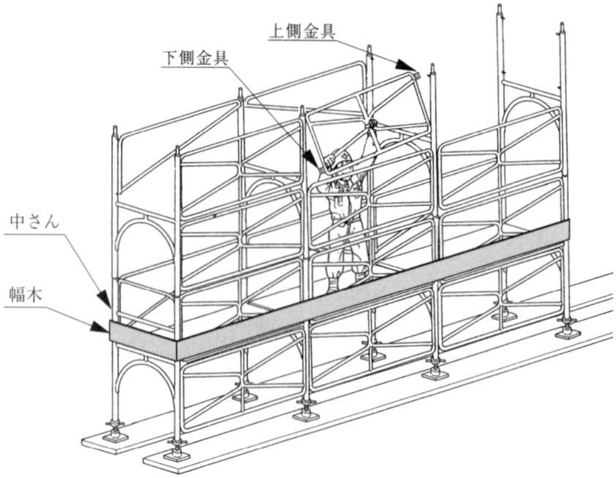

図4.44　手すり先行専用足場方式の例

出典：『手すり先行工法に関するガイドラインとその解説』
建設業労働災害防止協会，2004年，p85

4―3　建設機械（移動式クレーン、車両系建設機械等による災害の防止）

Q74

建設機械をめぐる最近の災害防止上の問題点や基本的対策のポイントは何ですか

Answer

建設機械は、工事現場でさまざまな形で使用されており、しかもいろいろな職種の作業者が混在する現場で使用されています。このため建設機械、とりわけドラグショベル等の掘削機系の車両系建設機械が多く使用されている現場での災害が多く発生しています。その発生パターンも次のようなものがあげられます。

① 建設機械のアーム部分やショベル部分が可動することで作業者に近接するために、これらの部分に巻き込まれたり、挟まれたりする災害

② 地盤がゆるい箇所や傾斜が急な箇所で作業が行われたときに、機体が転倒、転落し、作業者を巻き込んでしまう災害

③ バケットの爪の部分にワイヤロープをかけた荷の移動中に荷が落下する災害

これらの状況を踏まえて、建設機械災害の基本的な防止対策のポイントをまとめてみますと、次のようになります。

1．建設機械の機能上の安全の確保

車両系建設機械の構造要件として旧労働省では、労働大臣告示第150号により所定の構造規格を定めているので、これに従った最低限の機能上の安全性の確保が図られなければなりません。このことはメーカー段階はもとより、ディーラー、事業者のそれぞれの立場で安全上の要件を確保しなければなりません。また、機械の機能上の安全を確保するため、安衛則では、特定自主検査（1年以内ごとに1回の検査）や定期自主検査（1月以内ごとに1回の検査）の実施を事業者に義務付けています。

さらに、作業開始前の点検も必ず実施し、機械の整備状況を確認する必要があります。

２．作業計画の作成と現場における作業打合せの励行

工事現場では、同時にさまざまな作業が行われていることから、危険の所在がとかく分かりにくくなっています。

建設機械は、アームやショベルを動かしながら作業をする特性があり、その周辺で混在して他の作業が行われているときほど接触等の危険性が増すものです。したがって、作業開始前には必ず一定の作業計画を作成し、毎日１回は必ず作業打合せを行って、前日の進捗状況の確認と当日の施工手配、安全のポイント等を確認する必要があります。このときに危険予知活動やTBMを行って関係者の安全に対する危険認識を高め、積極的に安全確認行動が一人ひとりできるようにすることが大切です。

特に、作業者が車両系建設機械の可動範囲内に入らないようにすることが重要であり、そのためにも、作業中の周辺地域の関係者以外の立入禁止措置の徹底や、誘導者の配置によりオペレータと作業者との連絡・合図を徹底することが大切です。その際、合図は分かりやすく、徹底しやすい方法を採用することがポイントとなります。

また、車両系建設機械を使用する場合、その作業箇所の地盤が軟弱であったり、傾斜地での作業であったりすると機体が転倒したり、転落したりする災害が発生します。そこで入念な地盤調査はもとより、建設機械の使用に耐えうる地盤かどうか、転落の危険性があるのなら、どのように補強したり、どのような施工方法を行うとよいのか事前によく検討しておかなければなりません。地盤が軟弱で危険性が発見された場合には、地盤を改良したり鋼板等で敷設する等、建設機械の足回りを強化する必要があります。さらに路肩や傾斜地での作業では、土留め支保工を設けたり、土砂崩壊防止措置をしたり、建設機械の逸走防止措置をしなければなりません。

３．建設機械の本来の用途以外の使用禁止の励行

用途外使用は、特別の措置を講じている場合を除き、原則的には禁止されている行為です。安衛則第164条では、例えば車両系建設機械のバケット等にフックをしっかりと取り付け、専用の玉掛け用ワイヤロープを使用して、建設用の資材を運搬する場合においては、玉掛け作業有資格者のもとで安全に作業が行える場合にかぎられる趣旨の規定であることを、十分に理解しておかなけれ

ばなりません。

4．建設機械の適切な運転資格者による運転の励行

建設機械の操作は、安全性と正確さとが要求されることはいうまでもありません。車両系建設機械を運転し、操作する者は、安衛法に基づく一定の技能講習を修了した者や特別教育を修了した者でなければなりません。日ごろから運転の技能を磨き、安全な操作に習熟するとともに周辺の作業にも十分目を配り、誘導者や合図者と一体となって作業がスムーズに行われることが大切です。

Q75

移動式クレーンの作業時には、アウトリガーを介して地盤にどれくらいの荷重が作用しますか

Answer

移動式クレーンのうち、トラッククレーンやホイールクレーン等、作業時にアウトリガーを張り出して使用するタイプの機種は、設置した地盤に機体重量と吊荷重量を合計した荷重が作用します。そして、アウトリガーフロートに作用する荷重は吊荷重量や作業姿勢等の条件によって変化します。図4.45に示すアウトリガーフロートの支点荷重は「JIS D 6301自走式クレーンの構造性能基準」により計算式が次のように規定されています。

$$
\left.
\begin{aligned}
P_1 &= \frac{G_1}{2a}(c+f)+\frac{G_2}{ab}(c+g+e\cos\theta_s)\left(\frac{b}{2}+e\sin\theta_s\right)\\
P_2 &= \frac{G_1}{2a}(d-f)+\frac{G_2}{ab}(d-g-e\cos\theta_s)\left(\frac{b}{2}+e\sin\theta_s\right)\\
P_3 &= \frac{G_1}{2a}(d-f)+\frac{G_2}{ab}(d-g-e\cos\theta_s)\left(\frac{b}{2}-e\sin\theta_s\right)\\
P_4 &= \frac{G_1}{2a}(c+f)+\frac{G_2}{ab}(c+g+e\cos\theta_s)\left(\frac{b}{2}-e\sin\theta_s\right)
\end{aligned}
\right\} \cdots\cdots (1)
$$

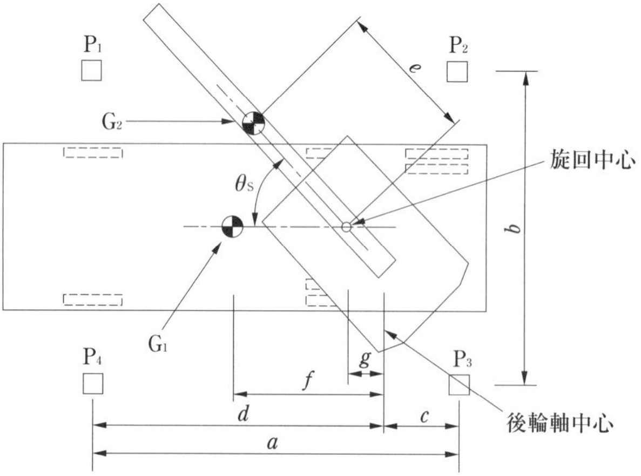

図4.45　アウトリガーフロートに作用する支点荷重

ここに、a、b：アウトリガーフロート間の距離

c：後輪軸中心から後アウトリガー中心までの水平距離

d：後輪軸中心から前アウトリガー中心までの水平距離

e：旋回中心から上部旋回体との吊り荷の重心位置までの水平距離

f：後輪軸中心から下部走行体重心位置までの水平距離

g：後輪軸中心から旋回中心位置までの水平距離

θ_s：上部旋回体の旋回角度

G_1：下部走行体の重量と重心の位置

G_2：上部旋回体の重量と定格荷重の和の重心の位置

式（1）に機体の主要諸元と旋回角度を代入することによって、各アウトリガーフロートに作用する荷重を計算することができます。

一般に、1本のアウトリガーに作用する最大荷重（P_{max}）は機体重量（W_1）と吊荷の重量（W_2）の和の70～80%といわれています。

$$P_{max}=0.7\sim0.8\times(W_1+W_2) \quad \cdots\cdots (2)$$

アウトリガーフロートを介して地盤に伝達される接地圧力（σ）は作用荷重（P）をフロートの面積（A）で除すことによって求められます。

$$\sigma=\frac{P}{A} \quad \cdots\cdots (3)$$

Q76

移動式クレーンの作業時において、地耐力に対する留意点はどのようなものですか

Answer

一般に、移動式クレーンは吊上げ荷重とほぼ同等の機体重量を有しています。吊荷作業時には、この機体重量と吊荷重量の合計が４本程度のアウトリガーに作用します。この荷重は最大で数十ｔにも達する場合があり、これを支える地耐力（地盤支持力）の検討を転倒防止の観点から行う必要があります。

地耐力に対する検討においては、まず使用する移動式クレーンの規模や種類に応じて、アウトリガーフロートを介して地盤へ作用する荷重を算定する必要があります。概算としては、１本のアウトリガーに作用する最大荷重（P_{max}）は機体重量（W_1）と吊荷の重量（W_2）の和の70～80％といわれています。

$$P_{max}=0.7\sim0.8\times(W_1+W_2) \quad \cdots\cdots (1)$$

地盤の支持力を推定する方法には、貫入試験による方法、支持力公式による方法、平板載荷試験による方法等があります。**表4.25**に一般的な土質性状とN値に対応する許容支持力を示しました。

支持力公式による検討を行う場合には、算出に必要な土質パラメータを調べる必要があります。粘性土層に対しては乱さない試料を採取し、一軸圧縮試験、若しくは三軸圧縮試験を行うかあるいは各種貫入試験により得られる値等から粘着力を推定することも可能です。これにより、支持力公式を用いて地盤支持力を求めることができます。

表4.25　一般的な土質性状とN値に対応する許容支持力（短期）

土質	性状	N値	短期許容支持力 q_a（kN/㎡）	備考（kN/㎡）
軟質土	柔らかい粘性質	$2<N\leqq6$	98～294	$q_a=5.0N$
	ゆるい砂質土	$4<N\leqq10$	78.4～98	$q_a=2.0N$
中硬質土	中位の硬さの粘性土	$6<N\leqq8$	294～392	$q_a=5.0N$
	中位に締まった砂質土	$10<N\leqq40$	196～784	$q_a=2.0N$
硬質土	硬い粘性土	$N>8$	392～588	$q_a=5.0N$
	締まった砂質土	$N>40$	784以下	$q_a=2.0N$
ローム（火山灰質粘性土）	軟質	$N<3$	147以下	$q_a=5.0N$
	硬質	$N\geqq3$	147	$q_a=5.0N$

$$q_a=\frac{2}{3}(\alpha cN_c+\beta\gamma_1 BN_\gamma+\frac{1}{2}\gamma_2 D_f N_q) \cdots\cdots\cdots\cdots (2)$$

ここで、q_a：短期許容支持力（kN/m²）

α：基礎底面形状による係数（＝1.0）

c：地盤の粘着力（kN/m²）

N_c：支持力係数（＝5.3）

第２項及び第３項は安全側に考えて無視します。

粘性土層に対しては次式で粘着力を推定できます。

標　準　貫　入　試　験　　　：$c=0.6N$ ……………………（３）

オランダ式二重管コーン貫入試験：$c=(0.1\sim0.05)\,q_c$ ………（４）

スウェーデン式サウンディング　：$c=0.022W_{sw}+0.037N_{sw}$ …（５）

もう一つの方法として、地盤表面より載荷板を介して荷重を直接載荷し、その作用荷重と沈下量の関係から地耐力を調べる方法があり、この試験は地耐力試験あるいは平板載荷試験と呼ばれています。平板載荷試験の荷重―沈下曲線より降伏支持力（q_y）あるいは極限支持力（q_1）を求め、２／３q_1、あるいはq_yのいずれかを許容支持力とします。ただし、平板載荷試験の載荷板は直径が30㎝であるため、表層付近の地盤支持力が求められる傾向にあり、１ｍ以深に軟弱層が分布する地盤では注意する必要があります。

Q77

ゴンドラの種類と使用上の留意点はどのようなものですか

Answer

ゴンドラには、使用目的、設置場所等に応じてさまざまな種類のものがあります。大きくは、ビルの屋上等に常設され、窓ガラスの清掃や外壁の補修等の作業に使用される常設型のものと、建造物の改築や塗装等の工事を行う期間のみ設置し、作業の終了とともに撤去する可搬型のものに分けられます。また、構造的には、台車型、懸垂型、デッキ型、チェア型に分類され、台車型はさらにアーム俯仰型、アーム固定型、アーム伸縮型に分類されます。このほか走行の型式や動力の種類によっても**表4.26**のように分類されます（**図4.46**）。

このほか、特殊なものとして、天井クレーンのガーダに取り付けるものやトラックに取り付けるもの等もあります。

表4.26　ゴンドラの分類

型式	用途	走行型式	動力
台車型 ─ アーム俯仰型 台車型 ─ アーム固定型 台車型 ─ アーム伸縮型	常設型	軌道式	電動式
懸垂型		無軌道式	
デッキ型	可搬型		空気式
チェア型		定置式	

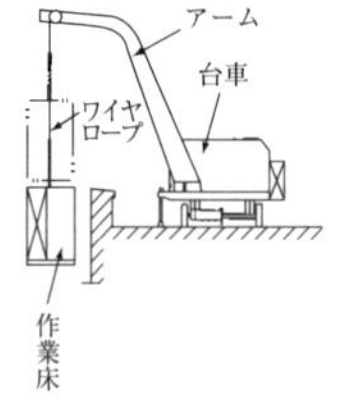

台車型（アーム固定型）

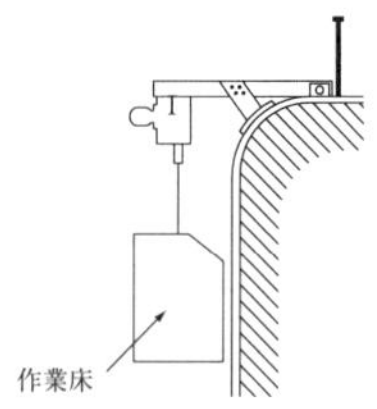

懸垂型

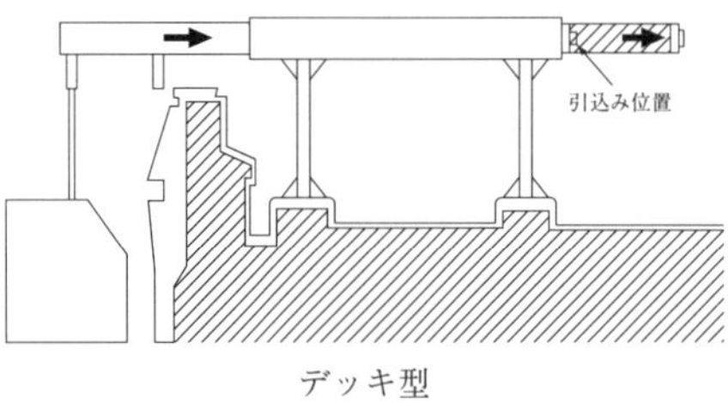

デッキ型

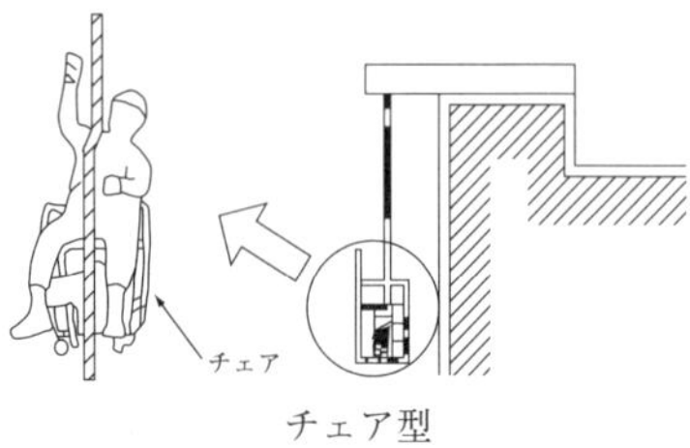

チェア型

図4.46　ゴンドラの型式別分類

ゴンドラは、安衛法において特定機械（特に危険な作業を必要とする機械等）にされており、あらかじめ都道府県労働局長の許可がなければ製造できないことになっています。また、ゴンドラ則・同構造規格の適用を受けています。

ゴンドラを使って作業する場合には以下の点に留意する必要があります。

① ゴンドラの使用箇所の下部は立入禁止とし、その旨表示すること。

② 強風や大雨等の悪天候で危険が予想される場合は使用しないこと。

③ ゴンドラの操作は、ゴンドラの操作の業務に関する特別教育を受けた者が行うこと。

④ ゴンドラに搭乗する者は、必ず安全帯を使用すること。

⑤ 作業床への乗降は必ず停止状態で行うこと。

⑥ ２人以上で作業するときは、操作について一定の合図を定めるとともに合図をする者を決め、合図によって操作すること。

⑦ ゴンドラには積載荷重を超える荷重をかけないこと。

⑧ ゴンドラの作業床上で脚立やはしごを使った作業をしないこと。

また、ゴンドラが十分にその機能を発揮し安全に作業を行うためには、定期的にゴンドラ各部の検査を行い、常時、整備を心がけるとともに、作業を開始する前に各部を点検し、異常を認めたときは直ちに補修することが肝要です。定期自主検査については、ゴンドラの定期自主検査指針が定められています。

なお、可搬型のゴンドラの場合は、通常、設置箇所が頻繁に変わるため、設置方法に特に留意するとともに、設置後の検査を入念に行う必要があります。可搬型ゴンドラの設置については、可搬型ゴンドラの設置の安全基準に関する技術上の指針が定められています。

4—4 その他

Q78

トンネル工事における火災防止対策はどのようなものがありますか

Answer

トンネル工事は最近、その規模も大きくなり、坑内で使用する機械が大型化し、作動油、潤滑油等の可燃物が使用され、ガス溶断等の火気の使用が行われるため、常に火災の危険性が存在しています。また、圧気シールドによる潜函工法等の場合には、作業現場の気圧が地表に比べて高いため、酸素の分圧が高く、火災の危険性が大きくなります。

1．災害事例

昭和54年3月、上越新幹線大清水トンネル建設工事現場において、トンネル貫通後の移動式ジャンボ掘削機の解体作業中、ガス溶断の火花が油のしみ込んだ鋸（のこ）くずの堆積層に燃え移り、坑内火災となりました。坑内に充満した火炎と黒煙により逃げ遅れて14名が死亡し、救助に向かった者のうち2名も被災して、計16名が死亡しました。

2．トンネル火災の特徴

① 坑口が少ないため、坑道の途中で火災が生じると奥の人は逃げ場を失うこと。

② 地表の火災と異なり坑内ではかぎられた空気量のため、有害な一酸化炭素が多量に発生し、煙で見通しが悪くなり避難が困難となること。

③ 有害ガスや煙のため消火活動が困難となること。

④ 火災により坑道内で落盤崩壊が起こりやすくなること。

3．トンネル内の可燃物

工事中のトンネル内には種々の可燃物が存在します。その主なものには、油のしみたぼろ布や鋸くず、シート、ビニール風管、断熱材等のプラスチック類、段ボール箱、矢板、矢木、足場板、まくら木等の木製品、燃料油、作動油、潤滑油等の油類、塗料、接着剤とそれらの溶剤等があります。

4．トンネル内の着火源

着火源として最も多いのは、溶接・溶断による火気です。特にガス溶断時の火の粉は、遠くにまで飛散し着火源になりやすいものです。このほか、マッチ、ライター、暖房具等の火気、ケーブルの絶縁劣化や短絡による加熱、投光器、白熱灯、内燃機関の排気管等の熱などがあります。

5．火災防止対策

火災の防止対策は、基本的には可燃物と火源を取り除けばよいわけですが、以下のような防火管理を行う必要があります。

① 坑内ではできるだけ燃えやすいものを使わないようにし、やむをえず使用する場合には、最小限の量に止め、余分なものを坑内に放置しないこと。
② 油圧機器の修理や解体の作業では、抜き取った作動油や油のついたぼろ布、鋸くず等は始末し、作業床等に漏れた油は中和剤で処理して除去すること。
③ 火気を使用するときは、あらかじめ許可を与え、有資格者が作業を行うこと。
④ 火気を使用する作業箇所の近くでは、可燃物を片づけ、移動できないものには、不燃性のシート等をかぶせて火気から防護すること。
⑤ 作業の内容によっては、監視員をつけて火気の使用法、周囲の状況等を監視させること。
⑥ 消火器、防火用水、防火砂を手近に配置しておくこと。
⑦ 火気使用の作業が終わったら、残り火のないことを確認すること。
⑧ 日ごろより防火のための教育訓練を実施すること。

6．火災発生時の消火、通報、避難

万一火災が発生したときには、直ちに大声で近くの者に知らせると同時に、火災が大きくなる前に消火することが重要です。初期消火に失敗すると以後の消火は非常に困難となります。火災を知らされた者は、作業責任者又は元方事業者の監督者に通報設備等を用いて急報します。

初期消火に失敗した場合には、煙と同時に有害な一酸化炭素が多量に発生し、きわめて危険な状態となるので緊急の避難が必要です。この場合、非常ベル又はサイレン等で避難警報を坑内全域に発します。

火災現場より坑口側で作業をしている場合は、避難途中で煙に巻かれないため、また、火災の拡大を抑えるため、換気を止めたほうがよい場合があります。隣工区と貫通した後の火災の場合は、風上の隣工区へ避難したほうが安全です。風下にいた場合でも、状況によっては、水をかぶって火災現場を通過し、風上に逃げるほうがよい場合もあります。坑口側で火災が発生し、坑内に閉じ込められた場合には、避難所があればその中で難を避け、ない場合には、エア管のバルブを開くか、管の継手をはずしてエアを吹かし、できるだけ煙を近づけないようにします。

Q79 トンネル工事におけるガス爆発防止対策はどのようなものがありますか

Answer

トンネル内のガス爆発事故のほとんどは、坑内に湧出又は突出する可燃性の天然ガス（主成分はメタン）によるものです。このほか、坑内に持ち込まれた溶接・切断用の可燃性ガス（アセチレンなど）の漏洩による場合や、地下の都市ガス配管からのガスの漏洩による場合などがあります。

1．災害事例

平成5年2月、東京都江東区において、シールド工法で地下約34mに水道トンネルを掘削工事中、トンネル先端部で突然ガス爆発が生じました。作業には計9名が従事し、油圧式の掘削機を操作していた5名のうち4名が死亡し、1名が重傷を負いました。爆発地点では事故後も天然ガスの湧出が続き、坑内の作業員の救出作業は難航しました。原因は、坑内に滞留していた天然ガスに、電気機器の火花が着火源となって爆発が生じたものと推定されました。

2．トンネル内の可燃性ガス

トンネルを掘削するときにトンネル内に湧出する可燃性ガスは、太古の昔に地中に埋もれた植物等が分解してできたガスで、メタンを主成分とし、天然ガスと呼ばれるものです。天然ガスは、油田、炭田、天然ガス地帯及び都市部の腐植土の多い地帯等で発生します（図4.47）。

メタンガスの性質は、空気より軽く（空気の約0.55倍）、無色、無臭で、空気と混合すると5～15%の濃度では、火源があると燃焼・爆発する性質があります。メタンガスそれ自体には毒性はありませんが、20%以上の濃度になると、酸素欠乏症の恐れがあります。

地山から発生するガスは、空気より軽いため、天盤部付近にたまりやすく、高いところほど高濃度になります。高い圧力で閉じ込められていたガスだまりに掘削部があたると、ガスが激しい勢いで吹き出したり、側壁や切羽面からじわじわ出たりします。発破や地震の後、低気圧のとき等にガスが多くなることがあります。また、地下水中にもガスは溶け込んでおり、トンネル内の湧水か

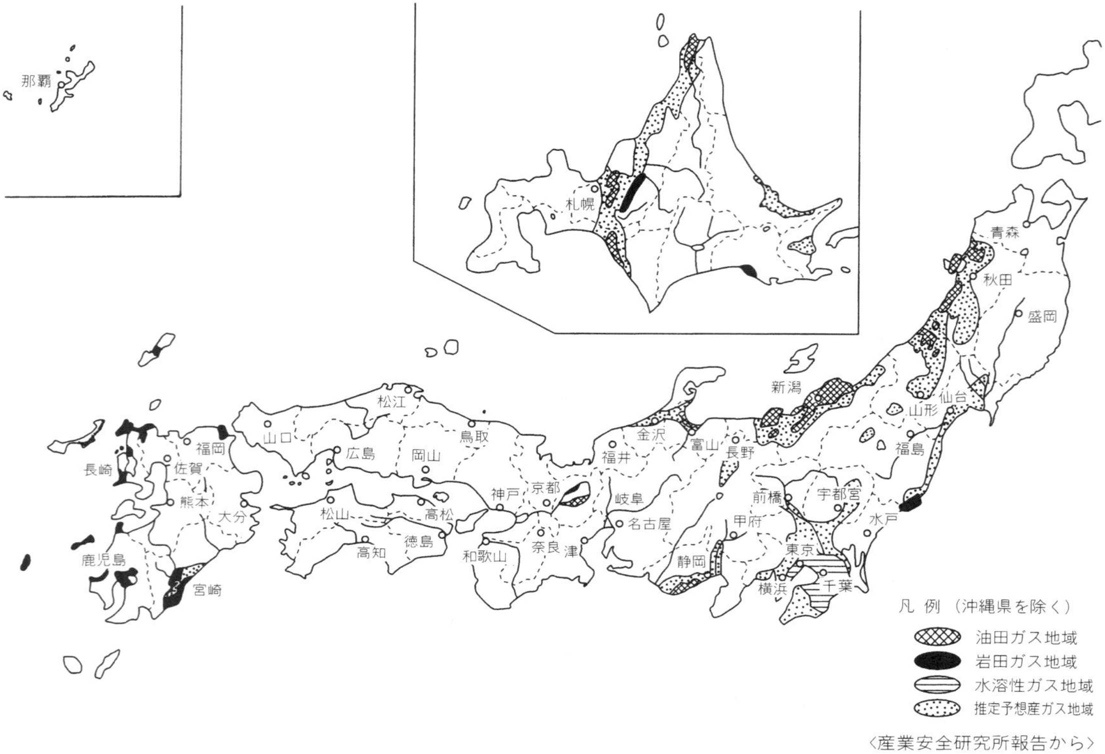

図4.47　国内の天然ガス分布地域

らも遊離して坑内に発散します。

このほか、トンネル内に持ち込まれた溶接・溶断用の可燃性ガスや、引火性液体から生じた蒸気もガス爆発の起因物質となることがあります。

3．トンネル内の着火源

ガス爆発は着火源がないと起こりませんが、火災の着火源に比べると小さなエネルギーのものでも着火源となります。ガス爆発の着火源には次のようなものがあります。

マッチ、ライター、ガス切断の炎、発破時の爆発等の裸火、電気溶接の火花、電気機器のスパーク、静電気スパーク等の電気スパーク、摩擦や衝撃等による機械的な火花などがあります。

4．ガス爆発防止対策

ガス爆発防止の基本は､ガスを発生させないことと着火源をなくすことです。万一ガスが発生した場合には､早期にガスを検知できる設備や通報体制を整え、警報を発し、人員の坑外への退避、火気や電気の使用禁止、ガスの希釈や換気等の措置を行う必要があります。

天然ガスの発生する恐れのある場所でのトンネル工事では、工事にかかる前に地表からのボーリングを実施してガスの状態をあらかじめ調査し、防爆対策を立ててから工事にかかる必要があります。また工事中においても、適時トンネル先端部における先進ボーリングによって、ガスの状態を調査することが大切です。

Q80

橋梁の架設工事を行うにあたって、配慮すべき荷重にはどのようなものがありますか

Answer

橋梁の架設時における事故には地震や洪水等の自然現象によるものと超過荷重や施工不良等の人為的な原因によるものがありますが、後者の多くは不適正な架設工事によるものとされています。架設工事に不適正が生じる背景には、架設中の構造物が不安定な状態にあることや施工方法によっては施工後とまったく異なった応力状況になることがあり、設計荷重や安全率の設定の難しさがあげられます。

架設工事に考慮すべき荷重については、コンクリート橋か、鋼橋かにより、また、架設工法により、さらに、橋梁の規模、環境条件、使用される架設機械等によっても作用する荷重が異なりますので、厳密には、工事に先立ってこれらの調査を行い、その結果に基づいて決定する必要があります。

「道路橋示方書Ｉ」では、「橋の施工時には、施工方法と施工中の構造とを考慮して、自重、施工機材、風、地震等の影響に対して必要な検討を行わなければならない」としています。また、架設設備に関しては「コンクリート道路橋施工便覧」に、鉛直方向荷重、水平方向荷重、衝撃、風荷重、地震荷重等を考慮した安全性の検討を定めています。さらに、場所打ちコンクリートの場合の型枠支保工については、安衛則に、自重、作業荷重、水平方向荷重による設計を義務付けています。

以下では、鋼構造架設計施工指針（土木学会）に定められている鋼橋の架設工事に考慮すべき荷重と荷重の組合せについて紹介します。

① 基本鉛直荷重（P_0）

架設中に構造物に確実に作用すると考えられる鉛直荷重で、本体構造物、仮設構造物や架設機材の重量及び積雪が予想される場合の雪の重量。

② 風荷重（W）

構造物に作用する水平荷重で、架設地点の設計風速による風圧力と、構造物の有効投影面積から計算する。また、風により振動するおそれがあるものについては別途対策を講じる。

③ 地震の影響（EQ）

基本鉛直荷重に架設時設計震度を乗じたもので、対象とする構造物の重心に水平に作用する集中荷重。

④ 雪荷重（SW）

積雪による荷重で、季節や地域により考慮する。

⑤ 温度変化の影響（T）

温度変化により構造物に生ずる変形・応力として考慮する。

⑥ 照査水平荷重（H_0）

水平荷重が予想されない架設条件のもとでも、安全性を確保するために考慮する水平荷重で、基本鉛直荷重に適切な係数を乗じたものとし、構造物の重心に水平に作用する集中荷重とする。

⑦ 衝撃荷重（I）

吊込み器具等（吊金具、吊材、巻上機）の設計にあたっては、吊込み部材重量に衝撃係数を乗じて得られる衝撃荷重を考慮する。

⑧ 摩擦力（F）

摩擦面に垂直方向に作用する荷重に摩擦係数を乗じたものとする。また、重要な構造要素の設計には摩擦力を期待してはならない。

⑨ 不均等荷重（U）

構造物や架設機材を3点以上で多点支持する場合は、各支持点の相対変位を不均等荷重として考慮する。

⑩ 予想される特殊な荷重（S）

⑪ 荷重の組合せ

設計に際しては、構造物の形式、架設工法、架設環境等の条件を十分に考慮して、上記の荷重のうち同時に作用する可能性のある荷重の組合せを考慮したうえ、そのうちの最も不利な場合について強度の検討を行う必要あるが、指針においては組合せの原則を以下のように定めている。

（1） $P_0+SW+H_0+T+F+U+S$

（2） $P_0+SW+H_0+T+I+F+U+S$

（3） $P_0+W+F+U+S$

（4） $P_0+EQ+F+U+S$

第 5 章

快適職場、労働衛生対策

Q81

快適な職場づくりへの取組みはどのような方法で進めることができるのですか

Answer

最近の技術革新、サービス経済化の進展等による労働環境、就業形態の変化、高年齢労働者や女性労働者の割合の増加等の職場を巡る労働環境の変化の中で、就業に伴う疲労やストレスが近年問題となってきており、職場におけるより一層の「快適さ」が求められてきています。

人が快適と感じるかどうかというものには個人差があります。例えば25℃を快適な温度だと思う人もいれば、20℃を快適な温度だと思う人もいるでしょう。このように作業環境における「快適さ」を考えるとき、暑さ、寒さというような状態の物理的な面のみで測ることは難しく、できるだけ多くの人に快適だと思える状態にすることを基本としながら、さらに、各人の個人差に配慮することが必要となります。

そこで、作業環境や施設設備についての現状を的確に把握し、職場の意見、要望等を聞いて、快適職場の目標を掲げ、その実態の優先順位に基づいて計画的に着実に職場の改善を進める必要があります。

職場における快適化とは、空気を清浄化する、適切な温度・湿度の管理を行う、力仕事を少なくして作業者の心身の負担を軽減する、疲れた時に身体を横にすることのできる休憩室等を設置する、昼休みにスポーツをしたいときに汗を流すシャワー室を設置する等をさします。

また、職場の快適性が高いと、職場のモラルの向上、労働災害の防止、健康障害の防止が期待でき、建設現場の活動にもよい影響を与えます。

このような状況を背景として、平成４年に安衛法が改正され、同法第71条の２の規定により快適職場づくりが事業者の努力義務とされました。また、同法第71条の３の規定により、「事業者が講ずべき快適な職場環境の形成のための措置に関する指針」（快適職場指針）が厚生労働大臣から公表されました。

この快適職場指針が目指すものは、「仕事による疲労やストレスを感じることの少ない、働きやすい職場づくり」です。快適職場指針では、「快適職場づくり」を事業場の自主的な安全衛生管理活動の一環として位置づけ、職場の「快適化」という目標を安全衛生委員会、安全衛生協議会等で十分に検討して具体化すべきことを定めています。具体的に快適職場の形成を目指すためには、計画や目標の設定、実行、評価、さらなる改善のサイクルを回して、作業環境や作業方法について職場の快適さの阻害要因を取り除くとともに、リフレッシュルームの設置等疲労の回復を図るための設備等の充実を図ることによって「職場の快適さ」を高めることが必要となります。

この場合、快適職場推進体制の整備、安全衛生委員会や安全衛生協議会における審議等により、関係請負人の現場労働者の意見も反映させ、より快適な職場づくりのための職場環境の見直し等を継続的、計画的に取り組むことが重要です。

当然のことではありますが、職場が安衛法関係法令に違反しているような不安全・不衛生な状態では、他の事柄がいかに快適となっていても、快適職場とはいえません。

また、事業者が快適な職場づくりを目指して快適職場推進計画を作成した場合には、都道府県労働局長に申請すると、同局長からその計画が認定される制度（安衛則第61条の３）がありましたが、平成22年度限りでこの制度は廃止されています。

Q82

建設工事現場において快適職場を実現するためにはどのようなことに留意すればよいのですか

Answer

建設業においては設備、機械、施設等のハード面の安全衛生対策の充実に伴い、徐々にではありますが、年間死傷者数も減少してきております。しかし、ハード面の安全衛生対策のみで労働災害の大幅な減少を期待することは困難といえます。そこで最近では、より高い安全衛生管理活動を目指そうとする建設現場が増加し、その一環として、職場の快適化を図ろうとする動きが見られるようになってきました。このような状況を背景に厚生労働省では平成7年9月26日に基安発第13号通達「建設業における快適な職場形成の推進について」を発出し、有期事業である建設工事現場においても快適職場推進計画の認定申請書等を整備しました。建設工事現場における快適職場推進計画の認定状況について見てみますと、全体の認定件数の4割以上を有期事業（建設工事現場）が占めてきました。このことからも、現在の建設工事現場における「職場の快適化」への関心の高さがうかがえます（**表5.1**）。なお、この認定制度は現在は廃止されています。

建設業は屋外の作業が主であることなど特殊なところがあり、他の産業とは「快適さ」の比較がしにくいという面があります。

では、実際に建設業において職場の快適化を図るとき、どのようなことに留意して進めればよいかというと、次の事項が特に重要となります。

① 建設工事は、そのほとんどが数次の請負関係により構成されていること。

② 単品受注生産のため作業態様が一定でないこと、また、このような建設工事現場で働く作業員は一つの工事現場のみで継続して作業することはむしろ少ないこと。

③ 屋外での作業が主であること。

建設工事現場における快適職場づくりは、これらの特徴をよく踏まえ、作業しやすく、働きやすい環境づくりに向け、創意工夫をしながら組織的に推進していく必要があります。また、建設工事現場によっては、近隣地域住民への配慮も快適な職場づくりの一環として重要な要因となります。

そこで厚生労働省通達で示されている「建設業における快適職場形成のため

の対象作業、対象事項等及び対策の例」を表5.2として示しました。今後の「職場の快適化」を図る際の参考となります。

表5.1　建設工事現場の快適化と法的根拠

（事業者・建設工事現場）	（厚生労働省・都道府県労働局）
快適現場の目標の設定 （自主的な活動）	職場環境の快適化 ・事業者の責任（安衛法第71条の２） ・快適職場指針の公表（安衛法第71条の３）

表5.2　建設業における快適職場形成のための対象作業、対象事項等及び対策の例

	快適職場指針の項目	対象作業・対象事項等	対　策　の　例
作業環境	(1)　空気環境 （粉じん、臭気、圧気）	①　トンネル作業における イ　コンクリート吹付け作業（NATM） ロ　削孔作業 ハ　砕石作業 ニ　建設機械等による作業（排気ガス） ②　はつり作業 ③　溶接作業 ④　解体作業 ⑤　砕石プラント、コンクリートプラント ⑥　塗装作業 ⑦　酸素濃度の低下、メタンガス等 ⑧　高圧室内作業（シールド、ケーソン等）	・たて坑の設置等による自然換気の改善 ・換気装置（風管等）の設置等 ・可搬型換気装置の設置等 ・内燃機関の改善、改良 ・散水等による粉じんの湿潤化 ・集じん機の設置等 ・空気清浄室の設置
	(2)　温熱条件 （温度、湿度）	①　冬季屋外作業（凍結） ②　夏季屋外作業（日射、輻射） ③　トンネル及び地下作業（湿度） ④　降雨、強風、日射等の悪天候時の作業 ⑤　屋外での日射、高温、寒冷室等の作業	・大きなテントの使用による全天候型作業場の確保 ・暑熱対策等のための屋根付きせり上げ工法の採用 ・日除け屋根の設置 ・適切な保温・保冷用品の着用 ・冷暖房設備の設置 ・建設機械の運転室の冷暖房化 ・降雨・日射対策のための遮蔽シートの設置 ・日射・強風対策のための壁の設置 ・作業の遠隔化
	(3)　視環境 （照度、グレア）	①　坑内作業場における照度 ②　建屋内作業場における照度 ③　夜間作業場における照度 ④　溶接・溶断作業場におけるグレア	・屋内、坑内等の作業場への照明設備の増設 ・溶接作業場等での遮蔽壁の設置 ・移動式局部照明の設置 ・建屋内作業場等での光反射紙の活用
	(4)　音環境 （騒音）	①　削岩機による掘削作業 ②　ブレーカーによる解体作業 ③　コンプレッサー等の騒音源に接近して行う作業 ④　チェーンソーによる作業 ⑤　コンクリートブレーカーによる作業 ⑥　削孔作業 ⑦　タンパーによる作業 ⑧　砕石プラントの運転 ⑨　コンクリートプラントの運転	・低騒音機械の使用 ・防音設備の設置 ・作業の遠隔化 ・機械の操作室の防音対策
	(5)　作業空間など	①　作業用通路 ②　材料置場 ③　作業床 ④　構造体の型枠、鉄筋組立足場での作業 ⑤　水中作業、海上作業、圧気作業等の特殊作業	・作業空間の確保 ・整理整頓の実施 ・標識の設置による作業空間、通路の確保 ・作業の遠隔化

	快適職場指針の項目	対象作業・対象事項等	対　策　の　例
作業方法	(1)　不良姿勢作業	①　狭隘箇所での溶接作業 ②　鉄筋組立作業 ③　型枠組立作業 ④　床ならし ⑤　左官作業	・設備の改善 ・作業台の設置 ・高所作業車の活用
	(2)　重筋作業	①　重量物の人力運搬作業 ②　セメント袋、コンクリートブロック、鉄筋運搬等の重量物取扱い作業 ③　人力掘削作業	・助力装置 ・作業床面、作業用通路の凹凸の解消
	(3)　高温作業等	①　高熱トンネル作業 ②　充電部直接接触作業（活線作業）及び近接作業 ③　溶接、溶断作業 ④　アスファルト舗装、熱処理等の作業	・作業の遠隔化 ・冷房設備の設置
	(4)　緊張作業	①　高所作業 ②　充電部直接接触作業（活線作業）及び近接作業 ③　運転監視 ④　クレーンの運転 ⑤　交通量の多いところでの交通誘導作業	・緊張を軽減する機械等の導入
	(5)　機械作業（操作・表示等）	①　建設機械の操作レバーの不統一 ②　安全装置、保護装置の新・旧機械の混在による不統一 ③　トンネル工事用削岩機による作業（狭い場所での作業における機械操作） ④　建設機械の周辺の作業	・同一機種・型の機械・装置の採用 ・機械への作業員接近時の緊急停止センサーの設置 ・フールプルーフ装置の設置
疲労回復措置			現場に次の措置を加える。なお、工期が短い建設工事現場等については、工事現場にリフレッシュカー等を設置するか、店社での従業員施設の充実等を図る
	(1)　休憩室等	①　休憩室等の確保	・作業場所に隣接する場所に休憩室の設置 ・臥床できる設備の設置 ・ゆとりあるスペースの確保 ・男女別の休憩室の設置
	(2)　シャワー室等	①　シャワー室等の設置	・十分な給湯能力のある洗身施設の設置 ・作業員の人数に見合った個数のロッカーなどの設置
	(3)　相談室等	①　相談室等の確保	・カウンセラーによる電話、FAXによる悩みごと相談体制の整備 ・資料等の作成、配布
	(4)　環境整備	①　環境整備	・観葉植物、庭園、花壇等緑化の配置 ・体操、ストレッチング等の可能な場所、施設の確保
その他の必要措置	(1)　洗面所、更衣室等の設置	①　洗面所、更衣室等の設置	・便所の水洗化 ・女性用便所の確保 ・洗面所、洗濯所の設置 ・清掃等の管理者の配置
	(2)　食堂等	①　食堂等の確保	・作業現場に隣接する場所に食事することのできるスペースの確保 ・冷暖房機や自動販売機の設置
	(3)　給湯設備、談話室等	①　給湯設備等の確保	・洗面所、洗濯場への給湯設備の設置 ・談話室の設置

注）本表は快適職場指針の項目ごとに、対象作業、対象事項等及び対策の例を整理して示したものであり、対象作業・対象事項等と対策の例は必ずしも対応していないものもあるので、事業者等が快適職場推進計画を策定するにあたっては、この例を参考にして個々の建設現場ごとに実態を把握し、快適職場形成に必要な対象作業・対象事項等及びその具体的対策を決定すること。

Q83

うっかりミスはなぜ起こり、どのようにすれば防げるのですか

Answer

スナックでアルバイトをしている女性の失敗談です。「交差点を渡るため信号が青に変わるのをぼんやりと待っていた。たまたま隣に立っていた人が煙草を口にくわえようとするのを見たとき、無意識的にライターで火を差し出してしまい大恥をかいた」。

このようなうっかりミス（ヒューマンエラー）は日常生活において誰もが引き起こしますが、その内容はほんの些細なものであることが多いのです。しかし、現場作業のように、周囲の状況がシビアな場面であれば、同種のエラーが悲惨な結果をもたらすこともあります。ここではうっかりミスが起こる心理的なメカニズムを簡単に解説し、その防止策の基本的な考え方について述べます。

1．うっかりミスのメカニズム

アメリカの認知心理学者であるノーマン（Norman, D.A.）は人間の行動を「意図の形成」と「その実行」との過程でとらえ、それぞれに対応づけてヒューマンエラーをミステイク（mistake）とスリップ（slip）の２つに分類しました。すなわちミステイクは意図の形成段階での失敗（「～しよう」という行為の目標を立てる段階でのエラー、例えば判断ミスなどが該当します）、スリップは実行の段階でのエラー（意図したことと実際の動作がくい違うエラー、例えばしそこないのようなうっかりミスが該当します）を意味しています。また同じくヒューマンエラー研究の第１人者であるイギリスのリーズン（Reason, J.）は、日常生活で生じるスリップ事例を多数収集し、スリップの大部分は慣れた動作において生じていることや、現象面から見ると、通常と少し違う動作をしなければならないときに、通常の慣れ親しんだ動作をとってしまうというエラー（これをキャプチャーエラー ― capture error ― といいます）が全体の約40％と最も多く発生していることなどを見出しました。

スリップの発生メカニズムに関してはノーマン、リーズンともにスキーマ（schema）の概念を用いて説明しています。スキーマとは過去の経験から獲得された知識の枠組みを意味し、慣れた動作、例えば物を握る、字を書くといった基本的な動作から、自動車運転のような高度な技能が必要とされる動作に

至るまで、人は特に細かな要素動作を意識することなくできるのは、その動作に該当するスキーマが形成されているからだと考えられています。すなわちスキーマとは、動作を繰り返すことによって得られる汎用的な運動ないし知識プログラムということができます。そして人間の行動とは、意図の形成によって活性化されたスキーマが、ある閾値（いきち）を超えることにより動作として実行に移される過程としてとらえることができます。そこで前述したキャプチャーエラーのメカニズムをスキーマの概念を用いて説明しましょう。例えばある人がいつものように「コーヒーを飲もう」と意図したならば、その人の持ついわば「コーヒースキーマ」ともいうべきスキーマが活性化されることにより、「お湯を沸かす」「カップを用意する」……など一連の要素動作は、特に意識されることなく次々と進行することができます。しかし、ときには「紅茶を飲もう」と意図したにもかかわらず、ふと気づくといつもの癖でコーヒーを入れてしまったというミス（キャプチャーエラー）を引き起こすことがあります。これは意図によってあるスキーマが活性化されると、何らかの意味でそのスキーマとつながりを持つ別のスキーマ（例えば、動作の部分を共有するようなスキーマ）にも活性化が波及する、すなわち類似のスキーマは互いにリンクする、というスキーマの特性に起因すると考えられます。そして活性化が波及したスキーマのほうが強く習慣化されているような場合、そのスキーマが実行に移され、あたかも意図した行為を奪い取るようにしてうっかりミスが生じるわけです。また冒頭にあげたミス事例のように、周囲の状況が、あるスキーマを活性化させる条件と合致してしまった場合、意図したわけではないのに自動的にスキーマが活性化してしまい、そのため「うっかり」としかいいようがないミスを引き起こしてしまいます。すなわち、通常の意図に対応して活性化するスキーマも、ときには外的条件によって活性化するという、スキーマにはある程度の自動性が認められるという特性にもうっかりミスの原因が存在します。

2．うっかりミスの防止策

スリップエラー（うっかりミス）はこのように、人間の意図（例えば「ミスをしないように気をつけよう」という注意）だけでは必ずしも制しきれない特性を持っています。したがって、スリップエラーによるトラブルを防止するためには、以下にあげるデザイン面からの人間工学的対策を講じることが重要です。

① エラーが生じる前にそれを防止する（例えば視覚的に見やすい、操作しやすいデザインにする等）。

② エラーが生じた後でそれを検出し、修正可能にする（例えば失敗すると機器が停止するインターロック機構の導入等）。

多くの人が日常生活の中で、自然に学習し定型的なものとなっている行動様式、操作方法をポピュレーション・ステレオタイプと呼びます。例えば図5.1に示されたノブと指針の動きの関係で、良い適合性を示すのは(a)と(b)であり、(c)と(d)はノブと逆の反応を強いられる関係となっています。また図5.2では、どちらのつまみが自然な対応づけであり、エラーが生じにくいかは一目瞭然でしょう。機器、装置の仕様はポピュレーション・ステレオタイプに合わせるべきです。通常とは仕様の異なる機器、装置を扱う場合、平静状態では仕様の違いに注意し、頭を切り替えて対応できますが、緊急事態やパニックの状況では、最も習慣強度の強い操作、行動方法のみが自動的に出現し、それ以外の行動方法は意識に登りません。その結果、誤操作が誘発されます。

また、ある場面で失敗するとそれ以降のステップが実行されないように行動を制約するという機構を強制選択機構といいます。銀行のATMでキャッシュ

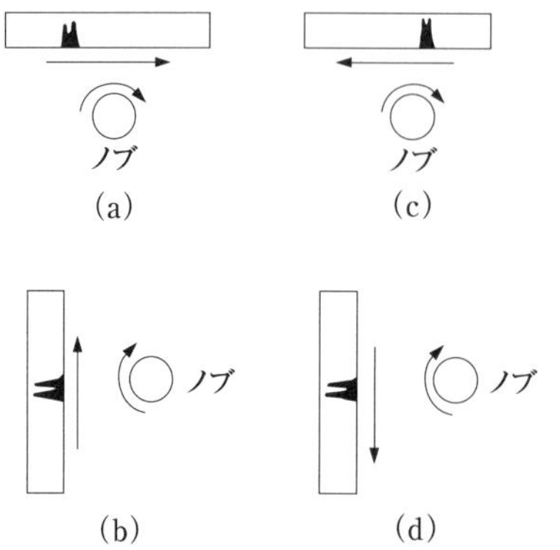

図5.1　ノブと指針の動きの関係

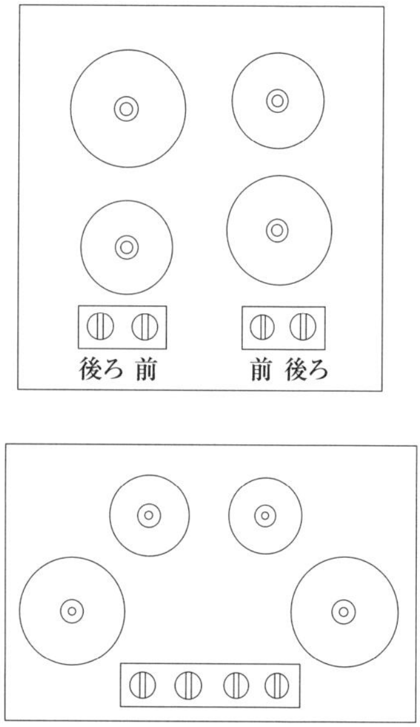

図5.2　コンロのつまみと配置の一例

カードを引き抜かないとお金が取り出せない機構や、配管の口金が正しく対応していないと接続できない機構等です（図5.3）。また1階まで下りのエスカレータで降りてさらに地階へ行く場合、遠回りせざるをえないように設計されている例も、緊急時に備えての一種の強制選択機構です。作業現場にもこのような原則が生かされている箇所、また生かされるべき箇所があるのではないでしょうか。

ただし、このような設計、設備、作業環境の改善等物理的対策がすべてのヒューマンエラーを網羅できるわけではなく、そこにはおのずと限界があります。そこで一方では安全教育や安全管理等人間行動の精度を高める努力も同時に実施されるべきであることはいうまでもありません。

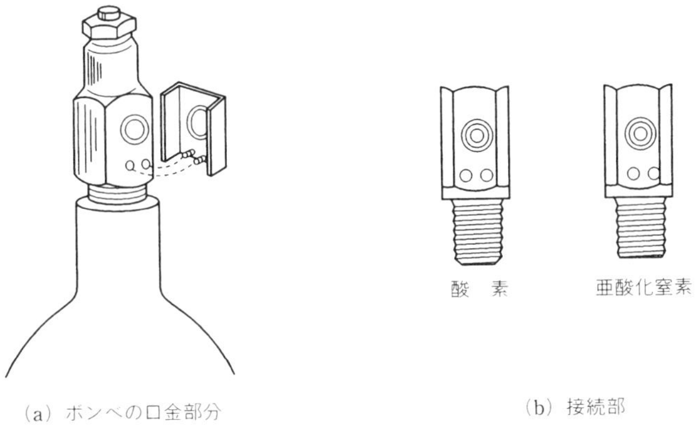

図5.3　麻酔用ガス容器の誤接続防止装置（左：ボンベの口金部分、右：接続部）

【参考文献】
・Norman, D.A. 著『The psychology of everyday things』1988年、野島久雄訳『誰のためのデザイン？』新曜社，1990年
・臼井伸之介著，産業安全技術総覧編集委員会編『ヒューマンエラーと労働災害』『産業安全技術総覧』丸善，1999年，p503～526
・臼井伸之介著『ヒューマンエラー』、蓮花一己・西川正之編『現代都市の行動学』福村出版，1995年，p130～140

Q84

ヒヤリハットを災害防止活動に生かすにはどのようにすればよいのですか

Answer

ヒヤリハット活動は、現在各種産業現場で安全活動の一環として広く行われています。ヒヤリハット活動の意義・効用は次のような点があげられます。

① 将来発生する重大災害を予測し得るような重要なファクターを発見する可能性があり、災害防止対策を探るうえで重要な情報源となりえます。

② 災害は稀現象であるが、ヒヤリハットは頻出するため多数のデータ収集が可能であり、その分析からより普遍化された危険情報を得ることができます。

③ ヒヤリハット事例を報告することにより、報告者自身の安全に対する意識の向上が期待できます。

このように、作業の安全にきわめて寄与すると考えられるヒヤリハット活動ですが、実施にあたっては次の点に留意する必要があります。

① 報告内容が労務管理や勤務評定に影響するおそれがあれば、情報は提供されません。したがって、報告内容の責任を追及する等、安全以外の目的には絶対使用しないことを明示します。

② 報告者や報告部署がわかると、報告することが自身や部署の恥につながると考えられやすく、報告が抑えられる可能性があります。報告者や報告部署がわからないように報告者の匿名性を確保します。

③ 報告しても、改善措置がとられなければ活動に意味がなく、また参加者の動機づけにも悪影響を及ぼします。報告に基づいて速やかに対策をとるか、何らかの形で安全施策に反映させます。

④ 危険情報を同種の作業を行う人に流すことは「知識の共有」という点で重要な意味を持ち、また報告の動機づけにもプラスに作用します。報告内容や分析結果を、報告者の所属するグループや報告者と同じ仕事をする人々に知らせます。

⑤ 報告先は理想的には会社の組織から独立した機関がベストですが、現実問題としてそれは困難な問題が伴うため、報告先としては指揮命令系統からはずれたスタッフ部門、又は第三者的機関が望ましいのです。

また、現場の安全担当者からは、現在直面しているヒヤリハット活動の問題点として、例えば事例が報告されない、内容に偏りがある、活動マンネリ化する、等があげられることが多いのです。そこでこれらの問題点を回避する２つの手法について以下に紹介します。

まず、作業員に経験したヒヤリハット体験を用紙に記述するように求めても、単にすべった、転んだといった単純な動作上の失敗が報告されることが多く、事故の延長線上にあると考えられるような有効な事例は報告されることが少ないのです。その理由として、このような動作エラーは現実に「はっ」とする感情を体感し印象に残りやすいため、用紙を前にしたときに再生しやすい性質を持つことが考えられます。そこで、有効な事例を収集するための手法として、調査側から作業員に何らかの働きかけを行う必要があります。すなわち、第１の手法としては、まず事故発生にかかわる問題点を設定し、例えば「作業の省略」に焦点を絞るなら、「作業の省略」という問題点を含むような具体的ヒヤリハット事例を作業員に提示し、複数の作業員間でその事例に含まれる問題点を討議させ、その後に類似のヒヤリハット体験について報告させる、という手続きがあげられます。また第２の手法としては、「作業の省略」がどのようなときに生じるか、例えば安全帯や検電等いくつかの具体的な安全手段に関して、省略される状況や背景要因をあらかじめ質問文として複数作成しておきます。そして作業員には該当すると思われるものに○印を求め、その回答後に自身の経験で「作業の省略」によって生じたと思われるヒヤリハット体験を報告してもらいます。これらの手法では、具体的なイラストを題材にしての討議、また多肢選択法による質問への回答を通すことにより、作業員がこれまでの作業経験から得ているであろう事故にかかわるさまざまな知識、経験を呼び起こすような手がかりを与え、それをきっかけに問題点を含む有効なヒヤリハットを無理なく再生してもらうという「呼び水的効果」を利用しています。この手続きの具体的内容、また結果の分析に関しては脚注の文献が参考になります。

【参考文献】
・臼井伸之介著，三浦利章・原田悦子編『労働災害のリスクと作業安全』『事故と安全の心理学』東京大学出版会，2007年，p47～69
・臼井伸之介著『産業安全とヒューマンファクター(1)～(6)』、『クレーン　Vol. 33　No. 8～Vol. 34　No. 1』1995～1996年
・安全スタッフ編集部編『災害の心理的要因に迫る HFT』安全スタッフ，1995年，p6～18

Q85

石綿が使用された建築物等の解体作業や改修工事を行う場合、どのような法規制があり、どのような対策をとればよいのですか

Answer

1．石綿（いしわた）（アスベスト）とは

石綿は「いしわた」、「せきめん」、「アスベスト」とも呼ばれ、岩石を形成する鉱物のうち、蛇紋石の群に属する繊維状のけい酸塩鉱物（クリソタイル）、及び角閃石の群に属する繊維状のけい酸塩鉱物（アモサイト、クロシドライト、トレモライト、アクチノライト、アンソフィライト）をいいます。

1970年代から1990年代にかけて大量にわが国に輸入され、その多くは建材として建築物に使用されました。この当時の石綿を含有した建材等に使用された建築物の老朽化が進んだことから、今後これらの建築物等の解体作業や改修工事が増加することが予想されます。

石綿は、優れた特性を持っている反面、いったん空気中に微細な石綿が放出されると消滅することなく、長期間空気中に浮遊します。そのため、浮遊している石綿を人が吸い込むと、石綿肺、肺ガン、中皮腫（ちゅうひしゅ）等の病気になる危険性が高まることが知られています。

昭和46年に特定化学物質等障害予防規則が制定され、石綿は特定化学物質の一つとして管理等の面で規制されておりました。

その後、石綿含有製品の製造、使用等の禁止、石綿取扱作業に従事する労働者に対する教育等、一定の規制が安衛法関係法令の改正によって定められました。

しかしながら、そのほとんどが製造業関係に重点が置かれ、建設業関係においてはどちらかというと無関心に近い状態にあったのが実態でした。

石綿についての関心が高まる中で、平成17年２月24日厚生労働省令第21号として「石綿障害予防規則」（**表5.3**）が制定・公布され、石綿又は石綿をその重量の１％を超えて含有する製剤その他のもの（石綿等）が適用されておりましたが、平成18年８月２日政令第257号により、同年９月１日から石綿及び石綿をその重量の0.1％を超えて含有するすべての石綿含有製品（石綿等）が禁止されました。さらにこの「石綿則」は、平成23年８月１日付けで「船舶の解体」

表5.3 石綿障害予防規則

石綿則 条文	対象作業 ／ 規制内容	石綿等が使用されている建築物又は工作物の解体等の作業							石綿等が使用されている鋼製の船舶の解体等の作業	解体等以外の石綿取扱い作業
		① 石綿等が吹き付けられた建築物等における当該吹き付けられた石綿等に係る作業				② 耐火被覆材等注1（粉じんを著しく飛散するおそれのあるもの）の除去の作業		③ ①、②以外の建材の除去の作業		
		耐火建築物又は準耐火建築物における除去の作業	その他の除去の作業	封じ込め・吊りボルトを取り付ける等石綿等の切断等を伴う囲い込みの作業注2	切断等を伴わない囲い込みの作業注2	切断等を伴う除去の作業	切断等を伴わない除去の作業			
3条	事前調査／結果の掲示	○	○	○	○	○	○	○	○	
4条	作業計画	○	○	○	○	○	○	○	○	
5条	作業の届出		○	○	○	○	○			
90条（安衛則）	計画の届出	○							◎注5	
6条	吹付け石綿除去等の作業場所の隔離等の措置	○	○	○		○			◎注5	
7条	保温材等除去時の作業者以外立入り禁止／表示				○		○		◎注5	
8条	請負人への石綿使用状況の通知	○	○	○	○	○	○	○	○	
9条	注文者の発注条件に対する配慮	○	○	○	○	○	○	○	○	
13条	湿潤化	○	○	○	○	○	○	○	○	○
14条	呼吸用保護具及び作業衣等の使用	○注3	○注3	○	○	○	○	○	○	○
15条	関係者以外の立入禁止／表示	○	○	○	○	○	○	○	○	○
19・20条	石綿作業主任者の選任／職務	○	○	○	○	○	○	○	○	○
27条	特別の教育の実施	○	○	○	○	○	○	○	○	
46条	保護具等の作業場外への持ち出し禁止	○	○	○	○	○	○	○	○	○

（注）1 ②の耐火被覆材等とは、石綿含有保温材、石綿含有耐火被覆材、石綿含有断熱材が含まれる。

2 石綿粉じんが発散し、労働者がばく露するおそれがあるとして石綿則第10条第1項に基づき行う吹付け石綿等の封じ込め、囲い込みの作業

3 呼吸用保護具については、電動ファン付き呼吸用保護具等に限る。

4 石綿則第10条第2項に規定されている、石綿粉じんが飛散し、労働者がばく露するおそれがある吹付け石綿等の近傍での臨時作業においては、呼吸用保護具および作業衣等の使用義務ならびに当該保護具等の作業場外への持ち出し禁止義務がある。

5 ◎は平成23年8月1日施行の改正により新たに規制された項目。

関係の規定が改正されました。

石綿等の製造と使用等が禁止された現在では、石綿等の取扱として直接関わりのあるのは建築物等の解体・改修等の建設関係の事業者、作業員が主であり、これらの人々が関係法令を遵守し、健康被害を防止していくことが求められます。

（参考）「石綿障害予防規則」制定：平成17年２月24日　厚生労働省令第21号、最新改正：平成23年７月１日厚生労働省令第83号

２．石綿が使用されている建築物の解体・改修等に係る主な対策

石綿障害予防規則、労働安全衛生規則等により規定されており、その主な内容は次のとおりです。

⑴　事前調査、掲示

建築物等の解体等の作業、石綿の封じ込め・囲い込みの作業を行うときは、あらかじめ、石綿の使用の有無を調査し、その結果を記録し、また、調査の結果の概要等について労働者が見やすい箇所に掲示すること。

⑵　作業計画の策定

石綿が使用されている建築物等の解体等、石綿の封じ込め・囲い込み作業を行うときは、あらかじめ、①作業の方法及び順序②石綿粉じんの発散を防止し、又は抑制する方法③労働者への石綿粉じんのばく露を防止する方法が示された作業計画を定め、これにより作業を行うこと。

⑶　届　　出

(i)　耐火建築物又は準耐火建築物における吹付け石綿の除去作業については、工事開始の14日前までに所轄労働基準監督署長に届け出ること。

(ii)　建築物等の解体等の作業のうち、次の作業については、工事開始前までに所轄労働基準監督署長に届け出ること。

①　石綿含有保温材、石綿含有耐火被覆材、石綿含有断熱材の解体等の作業

②　石綿の封じ込め・囲い込みの作業

③　(i)以外の吹付け石綿の除去作業

⑷　隔離・立入禁止等

(i)　建築物等の解体等の作業における、吹付け石綿の除去、石綿の封じ込め

又は吊りボルトを取り付ける等の囲い込みの作業、石綿等の切断等の作業を伴う石綿含有の保温材、耐火被覆材、断熱材の解体等の作業を行うときは、次の措置を講ずること。

① 当該作業場所をそれ以外の作業場所から隔離すること。

② 作業場所の排気に、集じん・排気装置を使用すること。

③ 作業場所を負圧に保つこと。

④ 作業場所の出入口に前室を設置すること。

(ii) 建築物等の解体等の作業における、石綿等の切断等の作業を伴わない石綿含有の保温材、耐火被覆材、断熱材の解体等の作業、(i)以外の石綿の囲い込み作業を行うときは、当該作業に従事する労働者以外の者が立ち入ることを禁止し、その旨を表示すること。

(iii) その他の石綿を使用した建築物等の解体等の作業においても、関係者以外の者が立ち入ることを禁止し、その旨を表示すること。

(5) 石綿等の使用の状況の通知

建築物、工作物又は船舶の解体、破砕等の作業又は石綿等の封じ込め又は囲い込みの作業を行う仕事の発注者は、当該仕事の請負人に対し、当該仕事に係る建築物、工作物又は船舶における石綿等の使用状況等を通知するよう努めること。

(6) 建築物の解体工事等の条件

建築物、工作物又は船舶の解体、破砕等の作業又は石綿等の封じ込め又は囲い込みの作業を行う仕事の注文者は、石綿等の使用の有無の調査、解体作業等の方法、費用又は工期等について、法令の規定の遵守を妨げるおそれのある条件を付さないように配慮すること。

(7) 湿 潤 化

石綿が使用されている建築物等の解体等の作業、石綿の封じ込め・囲い込みの作業を行うときは、それらを湿潤なものとすること。

(8) 保護具の着用

石綿が使用されている建築物等の解体等の作業、石綿の封じ込め・囲い込みの作業を行うときは、労働者に呼吸用保護具（防じんマスク、送気マスク等）、作業衣又は保護衣を使用させること。また、隔離した作業場所における吹き付けられた石綿等の除去の作業にあっては、呼吸用保護具は、電動ファン付き呼吸用保護具又はこれと同等以上の性能を有する送気マスク等に限ること。

⑼　付着物の除去

(i)　保護具等は、他の衣服から隔離して保管し、廃棄のために容器等に梱包したとき以外は、付着した物を除去した後でなければ作業場外に持ち出さないこと。

(ii)　足場、器具、工具等について、廃棄のために容器等に梱包したとき以外は、付着したものを除去した後でなければ作業場外に持ち出さないこと。

⑽　作業主任者の選任

石綿作業主任者技能講習を修了した者のうちから、石綿作業主任者を選任し、その者に作業に従事する労働者が石綿粉じんにより汚染され、又はこれを吸入しないように、作業の方法を決定し、労働者を指揮し、保護具の使用状況を監視させること。

⑾　特別の教育

石綿が使用されている建築物等の解体等の作業、石綿の封じ込め・囲い込みの作業に従事する労働者に特別の教育を行うこと。

①　石綿の有害性（30分）

②　石綿等の使用状況（１時間）

③　石綿等の粉じんの発散を抑制するための措置（１時間）

④　保護具の使用方法（１時間）

⑤　その他石綿等のばく露の防止に関し必要な事項（１時間）

⑿　健康診断・作業の記録

常時これらの作業に従事する労働者には、６か月ごとに１回、石綿に係る特殊健康診断を実施するとともに、１か月を超えない期間ごとに作業の記録を作成し、これらの記録を40年間保存すること。

Q86

夏期の屋外の現場で熱中症のおそれがありますが、どのようにすればよいのですか

Answer

毎年夏期における猛暑等により、建設業等の屋外作業で熱中症による死亡災害が多発しております。

熱中症の発生については、高温環境下での作業の危険性について認識のないまま作業が行われていることにその根本的な原因があり、具体的には適切な休憩時間がとられていない、水分、塩分等の補給が適時行われていない、作業者の健康状態が把握されていないこと等によるものが多いのです。

1．熱中症について

熱中症は、高温多湿な環境下において、体内の水分及び塩分（ナトリウム等）のバランスが崩れたり、体内の調整機能が破綻するなどして、発症する障害の総称であり、めまい・失神、筋肉痛・筋肉の硬直、大量の発汗、頭痛・気分の不快・吐き気・嘔吐・倦怠感・虚脱感、意識障害・痙攣・手足の運動障害、高体温等の症状が現れます。熱中症の症状等については表5.4、現場での応急処置については図5.4の通りです。

表5.4　熱中症の症状と分類

分類	症　　状	重症度
Ⅰ度	めまい・失神 （「立ちくらみ」という状態で、脳への血流が瞬間的に不十分になったことを示し、“熱失神”と呼ぶこともある。） 筋肉痛・筋肉の硬直 （筋肉の「こむら返り」のことで、その部分の痛みを伴う。発汗に伴う塩分（ナトリウム等）の欠乏により生じる。これを“熱痙攣”と呼ぶこともある。） 大量の発汗	小 ↓ 大
Ⅱ度	頭痛・気分の不快・吐き気・嘔吐・倦怠感・虚脱感 （体がぐったりする、力が入らないなどがあり、従来から“熱疲労”といわれていた状態である。）	
Ⅲ度	意識障害・痙攣・手足の運動障害 （呼びかけや刺激への反応がおかしい、体がガクガクと引きつけがある、真直ぐに走れない・歩けないなど。） 高体温 （体に触ると熱いという感触がある。従来から“熱射病”や“重度の日射病”と言われていたものがこれに相当する。）	

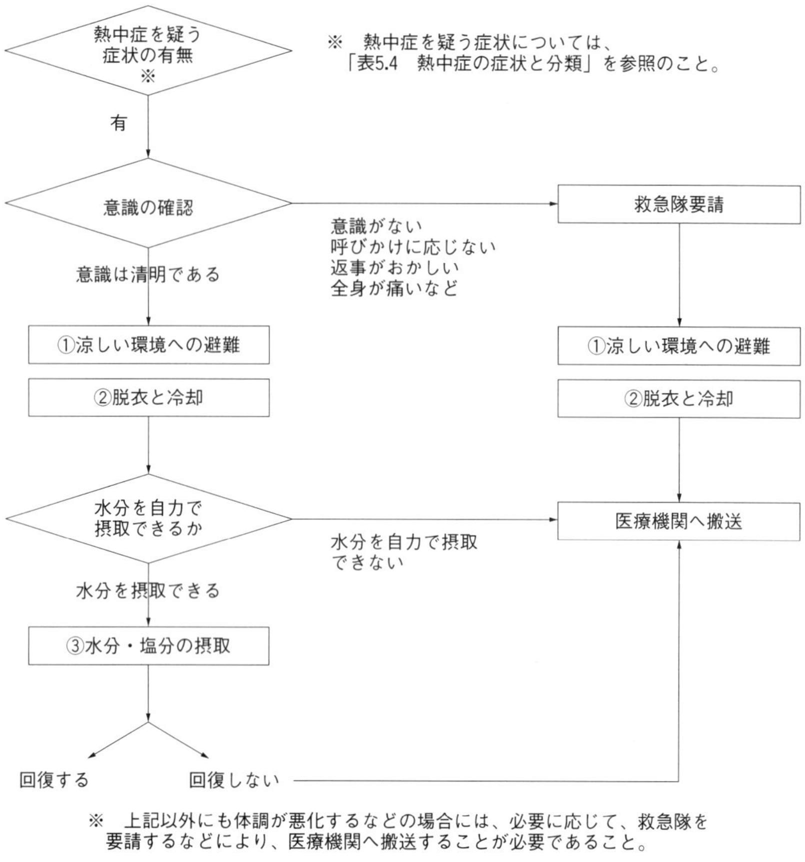

図5.4　熱中症の救急処置（現場での応急処置）

2．職場における熱中症の予防について

厚生労働省から平成21年６月19日付け基発第0619001号「職場における熱中症の予防について」が通達として示されています。この通達では、暑熱環境のリスクを評価する指標であるWBGT値（暑さ指数）の活用と、具体的な熱中症予防対策がその内容となっており、次のとおりです。

第１　WBGT値（暑さ指数）の活用

１　WBGT値等

WBGT（Wet-Bulb Globe Temperature：湿球黒球温度（単位：℃））

の値は、暑熱環境による熱ストレスの評価を行う暑さ指数（式［1］又は［2］により算出）であり、作業場所に、WBGT測定器を設置するなどにより、WBGT値を求めることが望ましいこと。特に、WBGT予報値、熱中症情報等により、事前にWBGT値が表1―1（省略）のWBGT基準値（以下単に「WBGT基準値」という。）を超えることが予想される場合は、WBGT値を作業中に測定するよう努めること。

ア　屋内の場合及び屋外で太陽照射のない場合

WBGT値＝0.7×自然湿球温度＋0.3×黒球温度　式［1］

イ　屋外で太陽照射のある場合

WBGT値＝0.7×自然湿球温度＋0.2×黒球温度＋0.1×乾球温度　式［2］

また、WBGT値の測定が行われていない場合においても、気温（乾球温度）及び相対湿度を熱ストレスの評価を行う際の参考にすること。

2　WBGT値に係る留意事項

表1―2（省略）に掲げる衣類を着用して作業を行う場合にあっては、式［1］又は［2］により算出されたWBGT値に、それぞれ表1―2（省略）に掲げる補正値を加える必要があること。

また、WBGT基準値は、既往症がない健康な成年男性を基準に、ばく露されてもほとんどの者が有害な影響を受けないレベルに相当するものとして設定されていることに留意すること。

3　WBGT基準値に基づく評価等

WBGT値が、WBGT基準値を超え、又は超えるおそれのある場合には、冷房等により当該作業場所のWBGT値の低減を図ること、身体作業強度（代謝率レベル）の低い作業に変更すること、WBGT基準値より低いWBGT値である作業場所での作業に変更することなどの熱中症予防対策を作業の状況等に応じて実施するよう努めること。それでもなお、WBGT基準値を超え、又は超えるおそれのある場合には、第2の熱中症予防対策の徹底を図り、熱中症の発生リスクの低減を図ること。ただし、WBGT基準値を超えない場合であっても、WBGT基準値が前提としている条件に当てはまらないとき又は補正値を考慮したWBGT基準値を算出することができないときは、実際の条件により、WBGT基準値を超え、又は超えるおそれのある場合と同様に、第2の熱中症予防対策の徹底を図らなければならない場合があることに留意すること。

上記のほか、熱中症を発症するリスクがあるときは、必要に応じて第2の熱中症予防対策を実施することが望ましいこと。

第2　熱中症予防対策

1　作業環境管理

(1)　WBGT値の低減等

次に掲げる措置を講ずることなどにより当該作業場所のWBGT値の低減に努めること。

ア　WBGT基準値を超え、又は超えるおそれのある作業場所（以下単に「高温多湿作業場所」という。）においては、発熱体と労働者の間に熱を遮ることのできる遮へい物等を設けること。

イ　屋外の高温多湿作業場所においては、直射日光並びに周囲の壁面及び地面からの照り返しを遮ることができる簡易な屋根等を設けること。

ウ　高温多湿作業場所に適度な通風又は冷房を行うための設備を設けること。また、屋内の高温多湿作業場所における当該設備は、除湿機能があることが望ましいこと。

なお、通風が悪い高温多湿作業場所での散水については、散水後の湿度の上昇に注意すること。

(2)　休憩場所の整備等

労働者の休憩場所の整備等について、次に掲げる措置を講ずるよう努めること。

ア　高温多湿作業場所の近隣に冷房を備えた休憩場所又は日陰等の涼しい休憩場所を設けること。

また、当該休憩場所は臥床することのできる広さを確保すること。

イ　高温多湿作業場所又はその近隣に氷、冷たいおしぼり、水風呂、シャワー等の身体を適度に冷やすことのできる物品及び設備を設けること。

ウ　水分及び塩分の補給を定期的かつ容易に行えることができるよう高温多湿作業場所に飲料水の備付け等を行うこと。

2　作業管理

(1)　作業時間の短縮等

作業の休止時間及び休憩時間を確保し、高温多湿作業場所の作業を連続して行う時間を短縮すること、身体作業強度（代謝率レベル）が高い作業を避けること、作業場所を変更することなどの熱中症予防対策を、作業の状況等に応じて実施するよう努めること。

⑵　熱への順化

高温多湿作業場所において労働者を作業に従事させる場合には、熱への順化（熱に慣れ当該環境に適応すること）の有無が、熱中症の発生リスクに大きく影響することを踏まえて、計画的に、熱への順化期間を設けることが望ましいこと。特に、梅雨から夏季になる時期において、気温等が急に上昇した高温多湿作業場所で作業を行う場合、新たに当該作業を行う場合、また、長期間、当該作業場所での作業から離れ、その後再び当該作業を行う場合等においては、通常、労働者は熱に順化していないことに留意が必要であること。

⑶　水分及び塩分の摂取

自覚症状以上に脱水状態が進行していることがあること等に留意の上、自覚症状の有無にかかわらず、水分及び塩分の作業前後の摂取及び作業中の定期的な摂取を指導するとともに、労働者の水分及び塩分の摂取を確認するための表の作成、作業中の巡視における確認などにより、定期的な水分及び塩分の摂取の徹底を図ること。特に、加齢や疾患によって脱水状態であっても自覚症状に乏しい場合があることに留意すること。

なお、塩分等の摂取が制限される疾患を有する労働者については、主治医、産業医等に相談させること。

⑷　服装等

熱を吸収し、又は保熱しやすい服装は避け、透湿性及び通気性の良い服装を着用させること。また、これらの機能を持つ身体を冷却する服の着用も望ましいこと。

なお、直射日光下では通気性の良い帽子等を着用させること。

⑸　作業中の巡視

定期的な水分及び塩分の摂取に係る確認を行うとともに、労働者の健康状態を確認し、熱中症を疑わせる兆候が表れた場合において速やかな作業の中断その他必要な措置を講ずること等を目的に、高温多湿作業場所の作業中は巡視を頻繁に行うこと。

3　健康管理

(1)　健康診断結果に基づく対応等

労働安全衛生規則（昭和47年労働省令第32号）第43条、第44条及び第45条に基づく健康診断の項目には、糖尿病、高血圧症、心疾患、腎不全等の熱中症の発症に影響を与えるおそれのある疾患と密接に関係した血糖検査、尿検査、血圧の測定、既往歴の調査等が含まれていること及び労働安全衛生法（昭和47年法律第57号）第66条の４及び第66条の５に基づき、異常所見があると診断された場合には医師等の意見を聴き、当該意見を勘案して、必要があると認めるときは、事業者は、就業場所の変更、作業の転換等の適切な措置を講ずることが義務付けられていることに留意の上、これらの徹底を図ること。

また、熱中症の発症に影響を与えるおそれのある疾患の治療中等の労働者については、事業者は、高温多湿作業場所における作業の可否、当該作業を行う場合の留意事項等について産業医、主治医等の意見を勘案して、必要に応じて、就業場所の変更、作業の転換等の適切な措置を講ずること。

(2)　日常の健康管理等

高温多湿作業場所で作業を行う労働者については、睡眠不足、体調不良、前日等の飲酒、朝食の未摂取等が熱中症の発症に影響を与えるおそれがあることに留意の上、日常の健康管理について指導を行うとともに、必要に応じ健康相談を行うこと。これを含め、労働安全衛生法第69条に基づき健康の保持増進のための措置に取り組むよう努めること。

さらに、熱中症の発症に影響を与えるおそれのある疾患の治療中等である場合は、熱中症を予防するための対応が必要であることを労働者に対して教示するとともに、労働者が主治医等から熱中症を予防するための対応が必要とされた場合又は労働者が熱中症を予防するための対応が必要となる可能性があると判断した場合は、事業者に申し出るよう指導すること。

(3)　労働者の健康状態の確認

作業開始前に労働者の健康状態を確認すること。

作業中は巡視を頻繁に行い、声をかけるなどして労働者の健康状態を確認すること。

また、複数の労働者による作業においては、労働者にお互いの健康状態について留意させること。

⑷ 身体の状況の確認

休憩場所等に体温計、体重計等を備え、必要に応じて、体温、体重その他の身体の状況を確認できるようにすることが望ましいこと。

4 労働衛生教育

労働者を高温多湿作業場所において作業に従事させる場合には、適切な作業管理、労働者自身による健康管理等が重要であることから、作業を管理する者及び労働者に対して、あらかじめ次の事項について労働衛生教育を行うこと。

⑴ 熱中症の症状

⑵ 熱中症の予防方法

⑶ 緊急時の救急処置

⑷ 熱中症の事例

なお、⑵の事項には、1から4までの熱中症予防対策が含まれること。

5 救急処置

⑴ 緊急連絡網の作成及び周知

労働者を高温多湿作業場所において作業に従事させる場合には、労働者の熱中症の発症に備え、あらかじめ、病院、診療所等の所在地及び連絡先を把握するとともに、緊急連絡網を作成し、関係者に周知すること。

⑵ 救急措置

熱中症を疑わせる症状が現われた場合は、救急処置として涼しい場所で身体を冷し、水分及び塩分の摂取等を行うこと。また、必要に応じ、救急隊を要請し、又は医師の診察を受けさせること。

Q87

重量物を取り扱うときの腰痛の予防はどのようにすればよいのですか

Answer

職場における腰痛予防対策については、厚生労働省の「重量物取り扱い作業における腰痛の予防について」の通達に基づく指導により、重量物取扱作業従事者の腰痛発生件数は着実に減少していますが、平成22年の業務上疾病件数8,111件のうち4,960件で約61％を占めております。

このため、広く職場における腰痛の予防を推進するための対策として、厚生労働省では平成6年9月6日付け基発第547号「職場における腰痛予防対策の推進について」により「職場における腰痛予防対策指針」を定めました。その要旨は次のとおりです。

1．はじめに

職場における腰痛は、特定の業種のみならず多くの業種及び作業において見られます。腰痛発生の要因は、

① 腰部に動的あるいは静的に過度に負担を加える動作要因

② 腰部への振動、寒冷、床、階段での転倒等に見られる環境要因

③ 年齢、性、体格、筋力等の違い、椎間板ヘルニヤ、骨粗しょう症等の既往症又は基礎疾患の有無及び精神的な緊張度等の個人的要因

があり、これらの要因が重なりあって発生するといわれています。

職場における腰痛を予防するためには、作業管理、作業環境管理、健康管理及び労働衛生教育を適切に行うことによって、腰痛の発生の要因の排除又は軽減に努めるとともに、作業者の健康の保持増進対策を進めることが必要です。

事業場においては、本指針に掲げられた腰痛の基本的な予防対策を踏まえ、事業場の実態に即した対策を講じる必要があります。

本指針では、腰痛の発生を減少させるため、腰痛の発生が比較的多い次の5つの作業についての作業態様別の基本的な対策を示しました。

① 重量物取扱い作業

② 重症心身障害児施設等における介護作業

③ 腰部に過度の負担のかかる立ち作業

④　腰部に過度の負担のかかる腰掛け作業・座作業

⑤　長時間の車両運転等の作業

2．作業管理

①　自動化、省力化

作業の全部又は一部を自動化又は機械化し、作業者の負担を軽減することが望ましいこと。困難な場合は、適切な補助機器等を導入すること。

②　作業姿勢、動作

(a)　腰部に負担のかかる中腰、ひねり、前屈、後屈ねん転等の不自然な姿勢をなるべくとらないようにすること。このため、正面を向いて作業が行えるよう作業台等の高さ、作業者と作業台等との対面角度の調節等を行うこと。

(b)　立位、椅座位等において、同一姿勢を長時間とらないようにすること。

(c)　腰部に負担のかかる動作を行うにあたっては、姿勢を整え、かつ急激な動作を避けること。

(d)　持ち上げる、引く、押す等の動作は、膝を軽く曲げ、呼吸を整え、下腹部に力を入れながら行うこと。

(e)　頸部又は腰部の不意なひねりを可能なかぎり避け、動作時には、視線も動作にあわせて移動させること。

③　作業標準等

(a)　作業標準の策定

腰痛予防のため、次の事項に留意して作業標準を策定すること。

・作業時間、作業量、作業方法、使用機器等を示すこと。

・不自然な姿勢を要する作業、反復作業等を行う場合には、他の作業と組み合わせる等により、不自然な作業等ができるだけ連続しないようにすること。

(b)　その他

・コンベア作業等作業速度が機械的に設定されている作業の場合は、作業者の身体的な特性と体力差を考慮して、適正な作業速度にすること。

・夜勤、交替制勤務及び不規則勤務にあっては、作業量が昼間時における同一作業量を下回るよう配慮すること。

④　休　憩

・横になって安静を保てるよう十分な広さを有する休憩設備を設けるよう努めること。
・休憩設備の室内温度を、筋緊張が緩和できるよう調節することが望ましいこと。

⑤ その他

・腰部に著しい負担のかかる作業を行わせる場合は、腰部保護ベルト、腹帯等適切な補装具の使用も考慮すること。
・作業時の靴は、足に適合したものを使用させること。

3．作業環境管理

① 温　度

作業場内の温度を適切に保つこと。低温環境下において作業させる場合は、保温のための衣服を着用させるとともに、適宜、暖がとれるよう暖房設備を設けることが望ましいこと。

② 照　明

作業場所、通路、階段、機械類等の形状が明瞭にわかるような適切な照度を保つこと。

③ 作業床面

できるだけ凹凸がなく、防滑性、弾力性、耐衝撃性及び耐へこみ性に優れたものとすることが望ましいこと。

④ 作業空間

動作に支障がないよう十分な広さを有する作業空間を確保すること。

⑤ 設備の配置等

作業を行う設備、作業台等については、作業に伴う動作、作業姿勢等を考慮して、形状、寸法、配置等に人間工学的な配慮をすること。

4．健 康 管 理

① 健康診断

重量物取扱作業等腰部に著しい負担がかかる作業に常時従事する作業者に対しては、当該作業に配置する際、その後6か月以内ごとに1回、定期に次のとおりの医師による腰痛の健康診断を実施すること。

(a) 配置前の健康診断：配置前の作業者の健康状態を把握し、その後の健康管理の基礎資料とするため。

・既往症（腰痛に関する病歴及びその経過）及び業務歴の調査

・自覚症状（腰痛、下肢痛、下肢筋力減退、知覚障害等）の有無の検査

・脊椎の検査・神経学的検査・脊柱機能検査・腰椎X線検査

(b)　定期健康診断：定期に行う腰痛の健康診断項目

・既往症及び業務歴の調査・自覚症状の有無の検査

(a)の健康診断の結果、医師が必要と認める者については、次の検査を追加することが望ましいこと。

・脊柱の検査・神経学的検査・腰椎のX線検査・運動機能テスト

(c)　事後措置：腰痛の健康診断の結果、労働者の健康を保持するため、作業方法等の改善、作業時間の短縮等必要な措置を講じること。

②　作業前体操、腰痛予防体操

(a)　始業時に準備体操として行うこと。

(b)　就業中に新たに腰部に過度の負担がかかる作業を行う場合は、作業開始前に下肢関節の屈伸等を中心に行うこと。

なお、作業終了時においても、必要に応じ、緊張した筋肉をほぐし、血行を良くするための整理体操として行うこと。

(c)　腰痛予防体操には、関節可動体操、軟部組織伸展体操、筋再建体操の3種があり、実施にあたっては、その目的にあったものを選択すること。

5．労働衛生教育等

①　労働衛生教育

重量物取扱い作業等腰部に著しい負担のかかる作業に常時従事する作業者については、作業に配置する際及び必要に応じ、腰痛予防のための労働衛生教育を実施すること。労働衛生教育の項目は、次のとおりとすること。

(a)　腰痛に関する知識

(b)　作業環境、作業方法等の改善

(c)　補装具の使用方法

(d)　作業前体操、腰痛予防体操

②　その他

腰痛を予防するためには、職場内における対策を進めるのみならず、作業者の日常生活における健康の保持増進を、産業医の指導のもとに指導を行うこと。

６．重量物取扱い作業

単に、重量制限のみを守るのでなく、取扱い回数等作業密度を考慮し、適切な作業時間、人員の配置等に留意しつつ、次の対策を講じること。

① 自動化、省力化

(a) 適切な自動装置、台車の使用等により人力の負担を軽減することを原則とすること。

(b) 人力による重量物取扱作業が残る場合は、作業速度、取扱い物の重量の調整をすること。

② 重量物の取扱い重量

(a) 満18歳以上の男性作業者が人力のみにより取り扱う重量は、55kg以下にすること。

(b) 男性作業者が、常時、人力のみにより取り扱う場合の重量は、その作業者の体重のおおむね40％以下となるように努めること。

(c) 前記(a)、(b)の重量を超える重量物を取り扱わせる場合は、２人以上で行わせること。

③ 荷姿の改善、重量の明示等

(a) 荷物は、かさばらないようにし、かつ、適切な材料で包装し、できるだけ確実に把握することのできる手段を講じて、取扱いを容易にすること。

(b) できるだけ取り扱う物の重量を明示すること。

(c) 著しく重心の偏っている荷物については、その旨を明示すること。

(d) 手かぎ、吸盤等の補助具の活用を図り、持ちやすくすること。

④ 作業姿勢、動作

重量物を取り扱うときは急激な身体の移動をなくし、かつ、身体の重心の移動を少なくすることを原則とすること。

(a) できるだけ身体を対象物に近づけ、重心を低くするような姿勢を取ること。

(b) はい付け又ははいくずし作業においては、できるだけ、はいを肩より上で取り扱わないこと。

(c) 床面等から荷物を持ち上げる場合には、片足を少し前に出し、膝を曲げ、腰を十分に降ろしてその荷物を抱え、膝を伸ばすことによって立ち上がるようにすること。

(d)　腰をかがめて行う作業を排除するため、適切な高さの作業台等を利用すること。

(e)　荷物を持ち上げるときは呼吸を整え、腹圧を加えて行うこと。

(f)　荷物を持った場合には、背を伸ばした状態で腰部のひねりが少なくなるようにすること。

⑤　取扱い時間

(a)　取り扱う物の重量、取り扱う頻度、運搬距離、運搬速度等作業の実態に応じ、小休止・休息をとる、他の軽作業と組み合わせる等により、重量物取扱い時間を軽減すること。

(b)　単位時間内における取扱い量を、過度の負担とならないよう適切に定めること。

⑥　その他

腹圧を上げるため必要に応じ、腰部保護ベルト、腹帯等の補装具を使用させること。

Q88

コンクリート養生で、練炭コンロを使用しますが、そのときにどのような点に気をつけなければならないですか

Answer

建設現場で、冬期におけるコンクリート打設後の養生として、練炭コンロを使用します。その際に一酸化炭素が発生し、通風不十分な場所では作業者が一酸化炭素ガスによって中毒となる例が多いのです。

コンクリートが固まるとき、冬期では水分が氷結するのを防止するため、コンクリート打設した場所の温度を氷結しない程度に暖めなければなりません。そのため、練炭をコンロで燃やすことによって温度を上げて、コンクリート打設時の水分が氷らないようにしています。

一酸化炭素中毒は、例年相当数の発生をみており、平成22年までの10年間で休業４日以上424件、うち死亡が39件となっています。

これについて、厚生労働省では平成10年６月１日付け、基発第329号により「建設業における一酸化炭素中毒予防のためのガイドラインの策定について」を示しています。

それによると、一酸化炭素中毒の予防については、安衛則の衛生基準等が規定されていますが、日々の作業上の状況が変化するなどの建設業の特徴を踏まえた対策として、このガイドラインが策定されました。その概要は次のとおりです。

１．趣　　旨

本ガイドラインは、建設業において自然換気が不十分な作業場所における、内燃機関を有する機械の使用又はコンクリート養生作業等の業務に従事する作業者の一酸化炭素中毒を予防するため、事業者及び元方事業者が安衛法関係法令に基づき講ずべき措置に加え、作業管理、作業環境管理等について留意すべき事項を示したものです。

２．労働衛生管理体制

①　作業責任者の選任等

一酸化炭素が発生することにより作業者の健康障害が発生するおそれのある

内燃機関を有する機械の使用作業及び練炭の使用にかかわる作業等（以下「CO作業」という）を行わせるにあたって、一酸化炭素中毒に関する知識を有する者の中から作業責任者を選任し、次の事項を行わせます。

(a)　次の事項を取り込んだ作業手順書を作成し、これに基づき業務に従事する作業者を指揮すること。

(1)　作業手順書の作成者　(2)　作業を行う日時　(3)　作業内容　(4)　作業場所　(5)　作業者の数　(6)　使用する一酸化炭素発生機材など　(7)　換気の方法及び使用する換気設備　(8)　使用する呼吸用保護具　(9)　一酸化炭素の濃度及び酸素濃度の測定機材の種類、測定方法及び測定時期　(10)　一酸化炭素のガス検知警報装置　(11)　練炭使用の場合その保管方法　(12)　内燃機関使用の場合その保守点検　(13)　作業の手順　(14)　緊急時の対応

(b)　関係箇所に作業関係者以外の者が立ち入ることを禁止し、その旨を見やすい箇所に表示すること。

(c)　作業者が呼吸用保護具を適切に使用しているか確認すること。

②　元方事業者による管理

元方事業者は関係請負人に対する労働衛生指導を適切に行うこと。

(a)　関係請負人から作成された作業手順書を提出させるとともに、次の事項を事前に通知させること。

(1)　労働衛生を担当する者の指名　(2)　作業責任者の指名及び作業現場の巡視計画　(3)　作業者の一酸化炭素中毒にかかわる労働衛生教育の受講の有無　(4)　作業工程ごとの作業開始及び終了予定日時

(b)　作業責任者が①の事項を適切に履行しているか確認するとともに、作業手順書の作成を指導する等、その履行を積極的に支援すること。

(c)　作業場所の巡視を行うこと。

(d)　作業手順書等により、作業の方法等が不適切であると判断した場合には、これを改善するよう指導すること。

(e)　関係請負人の間における連絡調整を行うこと。

(f)　一酸化炭素発生による中毒の恐れがある場合には立入禁止の措置を行うこと。

3．作業管理

自然換気が不十分なところにおいては、内燃機関を使用する機械及び練炭コンロ等を使用してはならないこと。

ただし、作業の性質上やむをえず使用する場合は、一酸化炭素中毒の予防のため、換気に加え次の事項を実施すること。

① 作業開始前の管理

(a) 一酸化炭素の発生の少ない機材を選択すること。

(b) 使用する機材や警報装置を点検すること。

(c) 呼吸用保護具が作業者の人数分以上あることを確認すること。

(d) 呼吸用保護具の破損がないか、また、呼吸用保護具が清潔に保持されているかを確認すること。

(e) 一酸化炭素の有害性を関係者に周知徹底すること。

(f) 関係箇所に作業者が立ち入る作業を再開する場合は、必ず一酸化炭素濃度等を測定し、一酸化炭素濃度の上昇等が確認された場合には、換気を行うこと。

② 作業中の管理

(a) 一酸化炭素中毒を予防するため換気を行うこと。

(b) 作業者が作業を行っている間、継続的に、一酸化炭素の気中濃度を測定すること。

(c) 作業者に適切な呼吸用保護具を必要に応じ使用させること。

(d) 作業手順書に従って作業を行わせること。

③ 作業終了後の管理

(a) 使用済みの防毒マスクの一酸化炭素吸収缶は、速やかに破棄しておくこと。

(b) 呼吸用保護具は、作業終了後清潔に保持しておくこと。

④ 異常時の措置

一酸化炭素濃度が上昇し、警報装置が作動している等作業者に一酸化炭素中毒を発生させるおそれがある場合には、次の措置を講ずること。

(a) 速やかに作業に従事する作業者及び作業場所付近の作業者を安全な場所へ退避させること。

(b) その作業場所に再び作業者を入らせる際は、十分換気し一酸化炭素濃度及び酸素濃度を確認したうえ、作業者に適切な呼吸用保護具を着用させること。

特に、防毒マスクによる場合には吸収缶を交換して使用すること。

(c)　その作業場所での作業再開は、一酸化炭素濃度等の異常等の原因を調査し、換気の方法、作業方法等で問題のあったことについて必要な改善を行い、安全を確認した後とすること。

4．作業環境管理

作業者が一酸化炭素にばく露されるおそれがある場合には、次に掲げる事項に適合する換気を必ず行うこと。

①　自然換気を行う場合は、十分に換気が行われたことを確認すること。

②　換気は均一に行われたことを確認すること。

③　CO 作業の開始前に換気の効果を一酸化炭素ガス濃度計で確認すること。

④　ファンは適切に管理し、吹出し口若しくは吸込み口の風量の実測により風量を使用前に確認すること。

⑤　換気により作業の実施に支障が生じる場合には、一酸化炭素発生機材の代替、作業方法の改善及び適切な呼吸用保護具の使用等を行うこと。

⑥　機械換気装置の性能を確保すること。

(a)　機械換気においては送排気式が望ましいが、送気式及び排気式の一方を使用する場合には、その作業状況に応じて有効な換気が確保できる方式を用いること。

(b)　機械換気をするときは､能力に余裕のあるファンを選択するとともに、圧力損失も考慮すること。

5．警報装置

①　機械及び設置場所の選定に際しては、ガスの検知目的、検知場所等の作業・環境条件等を考慮すること。

②　警報を発していることを作業中の作業者に速やかに知らせることができるものを選択すること。

③　複数の作業場所で作業が行われている場合には、それぞれの作業場所に設置すること。

④　検知場所の環境条件にあわせ、必要に応じて、フィルタ、防滴カバー等を装着すること。
⑤　使用前に作動確認をすること。
⑥　使用時の強い振動や衝撃等を避けること。
⑦　急激な環境条件の変動を避け、作業前にゼロ調整は必ず行うこと。
⑧　適切な保管をし、日常点検及び定期点検・整備を行うこと。

6．呼吸用保護具

①　適切な呼吸用保護具を使用すること。
②　作業環境中の一酸化炭素濃度及び酸素濃度等を考慮し、適切なものを使用すること。
③　呼吸用保護具の使用にあたっては、フィットテストの実施等適正な着用を行わせること。

7．健 康 管 理

①　雇い入れ時及び定期の健康診断を実施すること。
②　健康診断の結果に基づき、適切な健康診断実施後の措置を講じること。

8．労働衛生教育

作業者に対して、このガイドラインの内容を踏まえた教育を実施すること。
①　雇い入れ時等の教育
②　日常の教育
③　緊急時の訓練
作業場の一酸化炭素濃度が急激に上昇する等の緊急時に備え、避難や連絡体制等の訓練を行うこと。

Q89

トンネル建設工事での粉じんの予防対策はどうすればよいのですか

Answer

トンネル建設工事における掘削作業は、動力を用いて掘削する作業のため、粉じんの発生が多いのです。これらの作業は、「じん肺法」及び「粉じん障害防止規則」の中で粉じん作業として定められています。この規則は、作業者が鉱物性粉じんの吸入によりじん肺になることを防止するために設けられたものです。

じん肺は、古くから知られている代表的な職業性疾病です。じん肺及びじん肺合併症による業務上疾病者数は減少傾向にあるものの依然として多い状況です。粉じんによる障害を防止する対策としては、次の2点が重要です。

① 粉じんの発散と粉じんへのばく露を低減するための対策

② 粉じん作業従事作業者に対する健康管理

じん肺は、粉じんを長期間吸入したことによって起こったものです。粉じんへのばく露を少なくするために、次の基本対策を実施することが必要です。

① トンネルの作業環境中の粉じんを極力減少させるための発生源対策

② 粉じんを極力吸入しないための防じんマスクの着用や作業方法の改善

③ じん肺の早期発見と進展程度を把握し、進展防止に資するためのじん肺健康診断の実施

④ じん肺予防に必要な教育の実施

⑤ これらの対策を推進するための管理体制の整備

厚生労働省では、平成20年度から平成24年度までの5か年計画として「第7次粉じん障害防止総合対策」を策定し、次の要旨により粉じん障害防止対策の推進を図っています。(平成20年3月19日付け基発第0319006号通達)

この総合対策の効果的推進を図り、中長期的な観点に立脚した粉じん作業に関する適正な作業環境管理、作業管理及び健康管理を推進することによって、じん肺の発生及び進行を防止します。

じん肺新規有所見者の発生率が高いトンネル建設工事業における粉じん作業に対する対策の徹底を図ることとしています。

第７次粉じん障害防止総合対策

第１　目的

事業者は、粉じんにさらされる労働者の健康障害を防止するため、粉じん障害防止規則（昭和54年労働省令第18号。以下「粉じん則」という。）及びじん肺法（昭和35年法律第30号）の各規定に定める措置を講じなければならない。

本総合対策は、これら事業者が講じなければならない措置の実施を推進するため、じん肺新規有所見労働者の発生状況、６次にわたる粉じん障害防止対策の推進状況等を踏まえ、当該対策の重点事項及び労働基準行政が実施する事項を定めるとともに、事業者が講じなければならない措置のうち、重点事項に基づき今後５年間において事業者が特に実施すべき措置を、「粉じん障害を防止するため事業者が重点的に講ずべき措置」として示し、その周知及び当該措置の実施の徹底等を図ることにより、粉じん障害防止対策のより一層の推進を図ることを目的とする。

第２　総合対策の推進期間

平成20年度から平成24年度までの５か年とする。

第３　総合対策の重点事項

①　ずい道等建設工事における粉じん障害防止対策

②　アーク溶接作業に係る粉じん障害防止対策

③　金属等の研ま作業に係る粉じん障害防止対策

④　離職後の健康管理

第４　労働基準行政実施事項

１　都道府県労働局、労働基準監督署の実施事項

⑴　集団指導、個別指導及び監督指導等の実施（略）

⑵　計画の届出の徹底、適正な審査及び実地調査の実施

⑶　関係団体等に対する指導等の実施（略）

ア　労働災害防止団体、事業者団体等に対する指導・要請

イ　粉じん障害防止総合対策推進強化月間等を通じた啓発活動の実施

㈠　粉じん障害防止総合対策推進強化月間

㈡　粉じん対策の日

⑷　ずい道等建設工事の発注者に対する要請の実施

ずい道等建設工事における粉じん障害防止対策の実効を期すためには、工事発注者が粉じん障害防止対策の重要性を理解し、必要な措置を講ずることが重要である。

このため、国の出先機関及び地方公共団体等との間の発注機関連絡会議等を通じて、ガイドラインに基づく対策を実施するための措置について要請を行う。

⑸　中小規模事業場への支援（略）

２　本省の実施事項（略）

（別添）

粉じん障害を防止するため事業者が重点的に講ずべき措置

第１　趣旨

事業者は、粉じんにさらされる労働者の健康障害を防止するため、粉じん障害防止規則（昭和54年労働省令第18号。以下「粉じん則」という。）及びじん肺法（昭和35年法律第30号）の各規定に定める措置を講じなければならない。

本「粉じん障害を防止するため事業者が重点的に講ずべき措置」は、これら事業者が講じなければならない措置のうち今後５年間において事業者が特に実施すべき事項及び当該事項の実施を推進するために必要な措置をとりまとめたものである。

なお、ずい道等建設工事においては、当該建設工事における粉じん障害防止対策を強化するため、粉じん則等が改正され平成20年３月に施行されたこと、アーク溶接作業及び金属等の研ま作業につ

いては、じん肺新規有所見労働者の占める割合が高く、また、アーク溶接作業については、いまだ粉じんの有害性及びその対策の必要性の認識不足がみられること、離職時又は離職後にじん肺所見が認められる労働者の健康管理を引き続き推進する必要があること等から、第７次粉じん障害防止総合対策においては、「ずい道等建設工事」、「アーク溶接作業」、「金属等の研ま作業」及び「離職後の健康管理」を重点事項として、これら事項において事業者が重点的に講ずべき措置について記述している。

第２　具体的実施事項

１　ずい道等建設工事における粉じん障害防止対策

⑴　ずい道等建設工事における粉じん対策に関するガイドライン（平成20年３月に強化された粉じん則の改正内容を含む。）に基づく対策の徹底

平成12年12月26日付け基発第768号の２「ずい道等建設工事における粉じん対策の推進について」において示された「ずい道等建設工事における粉じん対策に関するガイドライン」（平成20年３月に施行された粉じん則等の改正内容を含んで、一部見直した。以下「ガイドライン」という。）に基づき、事業者は、次の措置を講じること。

①　次の②～⑦の措置を含む「粉じん対策に係る計画」の策定

②　粉じん発生源対策の実施

③　換気装置による換気の実施等

④　換気の実施等の効果を確認するための、ガイドラインで定めた方式による粉じん濃度測定の実施及びその結果に応じた換気装置の風量の増加その他必要な措置の実施

⑤　坑内の作業に従事する労働者に対する防じんマスク、電動ファン付き呼吸用保護具等有効な呼吸用保護具の常時使用

なお、次の作業においては、電動ファン付き呼吸用保護具に限ること。

・　動力を用いて鉱物等を掘削する場所における作業
・　動力を用いて鉱物等を積み込み、又は積み卸す場所における作業
・　コンクリート等を吹き付ける場所における作業

⑥　粉じん作業特別教育及び坑内の作業に従事する労働者に対する呼吸用保護具の適正な使用に関する教育の実施

⑦　発破の作業を行った場合において、発破による粉じんが適当に薄められた後でなければ発破をした箇所に労働者を近寄らせない措置

なお、事業者は、労働安全衛生法（昭和47年法律第57号）第88条に基づく「ずい道等の建設等の仕事」に係る計画の届出を厚生労働大臣又は労働基準監督署長に提出する場合には、上記①の「粉じん対策に係る計画」を添付すること。

⑵　健康管理対策の推進

ア　じん肺健康診断の実施の徹底

事業者は、じん肺法に基づき、じん肺健康診断を実施し、毎年じん肺健康管理実施状況報告を提出すること。また、事業者は、じん肺健康診断の結果に応じて、当該事業場における労働者の実情等を勘案しつつ、粉じんばく露の低減措置又は粉じん作業以外の作業への転換措置を行うこと。

なお、ずい道等建設工事については、短期就労を繰り返すずい道等建設労働者の就労形態に鑑み、特に、就業時じん肺健康診断の実施を徹底すること。

イ　じん肺有所見労働者に対する健康管理教育等の推進

事業者は、じん肺有所見労働者のじん肺の増悪の防止を図るため、産業医等による継続的な保健指導を実施するとともに、「じん肺有所見者に対する健康管理教育のためのガイドライン」に基づく健康管理教育を推進すること。

さらに、じん肺有所見労働者は、肺がんの発生リスクが高まり、喫煙が加わると更に発生

リスクが上昇すること、一方、禁煙により発生リスクの低下が期待できることから、事業者は、じん肺有所見労働者に対する肺がんに関する検査（胸部らせんＣＴ検査及び喀痰細胞診）の実施及びじん肺有所見労働者に対する積極的な禁煙の働きかけを行うこと。

⑶　元方事業者の講ずべき措置の実施の徹底等

元方事業者は、ガイドラインに基づき、粉じん対策に係る計画の調整、教育に対する指導及び援助、清掃作業日の統一、関係請負人に対する技術上の指導等を行うこと。

2　アーク溶接作業に係る粉じん障害防止対策（略）

3　金属等の研ま作業に係る粉じん障害防止対策（略）

4　その他の粉じん作業又は業種に係る粉じん障害防止対策（略）

5　離職後の健康管理

事業者は、ずい道等建設工事、アーク溶接作業又は金属等の研ま作業をはじめ、粉じん作業に従事し、じん肺管理区分が管理２又は管理３の離職予定者に対し、「離職するじん肺有所見者のためのガイドブック」（以下「ガイドブック」という。）を配付するとともに、ガイドブック等を活用し、離職予定者に健康管理手帳の交付申請の方法等について周知すること。

その際、特に、じん肺合併症予防の観点から、定期的な健康管理の中で禁煙指導に役立てるため、平成20年３月より労働安全衛生規則（昭和47年労働省令第32号）において、粉じん作業に係る健康管理手帳の様式に、喫煙歴の記入欄が追加されたことを踏まえ、積極的な禁煙の働きかけを行うこと。

また、事業者は、粉じん作業に従事させたことがある労働者が、離職により事業者の管理から離れるに当たり、雇用期間内に受けた最終のじん肺健康診断結果証明書の写し等、離職後の健康管理に必要な書類をとりまとめ、求めに応じて労働者に提供すること。

Q90

防水工事においていろいろな有機溶剤を使っていますが、どのようなことに気をつければよいのですか

Answer

防水工事において、有機溶剤を使用する場合は建物の屋上等での防水工事が多く、風通しのよい場所であり、有機溶剤による中毒は起こらないと考えられます。

しかし、通気不十分な場所での防水工事は有機溶剤の危険性と有害性から中毒が発生しています。有機溶剤中毒予防規則（有機則）により、すでに中毒予防の規制があり、その内容が示されています。

しかしながら、有機溶剤中毒による災害発生件数は、近年、増減を繰り返している状況にあり、被災者に占める死亡者の割合も他の労働災害に比べて高くなっています。さらに、業種別に見ると、特に建設業の占める割合が高く、例年全産業の約３分の１近くを占めています。このため、厚生労働省では、平成９年３月25日付け基発第197号通達により「建設業における有機溶剤中毒予防のためのガイドラインの策定について」が示されています。

その概要は次のとおりです。

１．趣　　旨

本ガイドラインは、建設業において有機溶剤又は有機溶剤含有物（以下「有機溶剤等」という）を用いて行う塗装、防水等の業務に従事する作業者の有機溶剤中毒を予防するため、作業管理、作業環境管理、健康管理等について事業者及び元方事業者が留意すべき事項を示したものです。

２．労働衛生管理体制

①　作業主任者の選任等

使用する有機溶剤の種類に応じて、有機溶剤業務には有機溶剤作業主任者を、有機溶剤業務以外では有機溶剤作業主任者技能講習を修了した物の中から有機溶剤作業主任者に準ずる者を選任し、次の事項を行わせます。

(a)　作業手順書を作成し、業務に従事する作業者を指導すること。

作業手順書には、作業日時、作業内容、作業場所、作業者数、使用す

る有機溶剤等、換気方法及び換気設備、使用する保護具等警報装置の設置場所及び設定方法、保管及び廃棄処理方法、作業の工程について記載したものを使用すること。

(b) 作業中に、作業者が保護具を適切に使用しているか監視すること。

(c) 作業管理、使用する有機溶剤等の危険有害性の確認と周知徹底、呼吸用保護具の使用、作業環境管理、警報装置の使用等に掲げる事項について実施状況を確認し、必要に応じて改善すること。

② 元方事業者による管理

工事の一部を請負人に請け負わせている場合、元方事業者は関係請負人に対する労働衛生指導を適切に行うため、次の事項を行います。

(a) 関係請負人に作業手順書を提出させ、次のことを通知させること。

(1) 労働衛生を担当する者の氏名及び作業現場の巡視状況

(2) 有機溶剤作業主任者又は有機溶剤作業主任者に準ずる者の指名

(3) 労働衛生に係る資格の取得状況

(4) 有機溶剤に係る労働衛生教育の受講の有無

(5) 作業日ごとの作業の開始及び終了予定時刻

(b) 作業主任者等が作業手順書に掲げる事項を適切に履行しているか確認するとともに作業手順書の作成を指導する等、積極的にその履行を支援すること。

(c) 作業場所の巡視を行うこと。

(d) 作業手順書等により、作業の方法等が不適切であると判断した場合は、これを改善するよう指導すること。

3．作業管理

① 作業開始前における管理

なるべく危険有害性の少ない有機溶剤等を選択すること。使用する工具の破損及び機械設備の故障がないか確認すること。作業条件に応じて適切な保護具を選択すること。保護具は人数分そろっているか、破損がないか、清潔に保持されているかを確認すること。

② 作業中の管理

作業者に適切な保護具を使用させること。作業者が有機溶剤に直接ばく露されないようにすること。作業手順書に従って作業させること。

③　作業終了後における管理

残存する有機溶剤等の容器及び空容器はその都度持ち帰ること。有機溶剤等の容器及び空容器を密閉したうえで専用の保管場所に保管すること。保護具は清潔にしておくこと。

4．使用する有機溶剤等の危険有害性の確認と周知徹底

①　使用する有機溶剤等に付されている化学物質等安全データシート（以下「MSDS」という）等により、その危険有害性を確認すること。

②　MSDSが付されていない場合には、提供する事業者にこれを求めること。

③　化学物質の危険有害性について、作業者に周知徹底すること。

④　有機溶剤等に係る事故発生時の措置を定め、作業者に周知徹底すること。

⑤　化学物質の人体に及ぼす作用、取扱い上の注意事項等を見やすい場所に掲示すること。

5．呼吸用保護具の使用

①　作業前の管理

(a)　酸素濃度が不明な作業場においては、送気マスク等を備えること。

(b)　作業中に有機溶剤の蒸気と塗料の粒子等の粉じんが混在する作業では、防じんマスクの検定に合格している吸収缶を装着した有機ガス用防毒マスクを使用させること。

②　作業中の管理

(a)　防毒マスク及び防毒マスク用吸収缶に添付されている使用時間記録カードに、使用した時間を記録すること。

(b)　記録時間（破過時間）を超えて防毒マスクを使用させないこと。

6．作業環境管理

①　作業の条件に応じて、適切な換気設備等を設置すること。

②　照明設備及び換気設備が防爆構造を有していることを確認し、1か月を超えない期間ごとに点検をすること。

③　換気設備が、作業を行う場所の換気に十分な能力を有していることの確認をすること。

④　全体換気装置を使用する場合について、次の事項に留意すること。

(a)　有機溶剤の蒸気の発散源から離れすぎていないこと。

(b)　排気量に見合った呼気量が確保されていること。

(c)　作業している作業者の位置に新鮮な空気が供給されていること。

(d)　汚染された空気が直接外気に向かって排出されていること。

(e)　外部に出た汚染された空気が作業場に再び入っていないこと。

(f)　風管が曲がる等により排気の流れが妨げられていないこと。

(g)　全体換気の妨げとなる障害物が全体換気装置と発散源との間に置かれていないこと。

7．警報装置の使用等

地下室、浴室等の狭隘な場所において作業を行う場合、次の事項に留意すること。

①　作業を行っている間、継続的に有機溶剤の気中濃度を測定すること

②　警報装置の性能

(a)　使用する有機溶剤のばく露限界濃度以下まで濃度を検知できるもの

(b)　警報を作業中の作業者に速やかに知らせることができるもの

(c)　防爆性能を有するもの

③　警報装置の設置場所

(a)　同一作業内であっても、複数の場所で作業が行われる場合は、その場所ごとに設置すること。

(b)　有機溶剤の気中濃度が最も高くなると考えられる場所に設置すること。

④　警報装置の使用方法

(a)　化学物質の種類に応じて適切に警報を発するよう、警報を設定すること。

(b)　防毒マスク使用の場合は、警報を発する濃度をそのマスクの使用範囲内に設定すること。

(c)　作業中は、常時稼動させておくこと。

⑤　著しい濃度の上昇が認められた場合の措置

(a)　速やかに作業者及び作業場付近の作業者を作業場所から退避させること。

⒝　作業場所に初めて入る際は十分換気し、適切な呼吸用保護具を着用すること。

⒞　作業を再開する前の措置

換気の方法及び作業方法の改善を行い、気中濃度が十分下がっていることを確認しておくこと。

8．健康管理

①　雇い入れ時の健康診断、定期健康診断及び有機溶剤に係る健康診断を実施すること。

②　健康診断の結果に基づき、就業場所の変更、作業の転換、労働時間の短縮等の措置を講ずること。

9．労働衛生教育

労働衛生教育は、ガイドラインの内容を踏まえて実施すること。

①　雇い入れ時等の教育

新たに有機溶剤を用いる業務に従事する作業者に対する教育

②　日常の教育

機会あるたびに教育を行うこと。

Q91

下水道管建設工事で酸素欠乏の危険性を伴うときがありますが、どのような防止対策をとったらよいのですか

Answer

下水道管建設工事における酸素欠乏の危険性は、地層からの酸素のない空気が流出した場合が多いのですが、改修工事では、硫化水素の発生も考えられます。

空気の組成は、およそ酸素21％、窒素78％、その他のガス１％の混合状態であり、酸素が18％未満となったり、硫化水素が10ppm を超えたりして、酸素欠乏症あるいは硫化水素中毒が発生するおそれのある場所として法令で定められた場所は「酸素欠乏危険場所」といわれています。

また、酸素欠乏危険場所における作業のうち、酸素欠乏症及び硫化水素中毒にかかるおそれのある場所での作業を「第二種酸素欠乏危険作業」といい、それ以外の作業を「第一種酸素欠乏危険作業」といいます。

① 酸素欠乏症

空気中の酸素濃度が18％未満の状態に低下することを酸素欠乏といい、酸素欠乏状態の空気を吸入することで酸素欠乏症にかかります。酸素欠乏症にかかると目まいや意識喪失、さらには死に至る場合があります。

② 硫化水素中毒

硫化水素は自然界のさまざまな状況で発生しています。汚泥等の攪拌や化学反応等によって急激に高濃度の硫化水素ガスが空気中に発散されることもあります。硫化水素ガスは臭覚の麻痺や眼の損傷、呼吸障害、肺水腫を引き起こし、死に至る場合があります。

酸素欠乏の状態又は空気中の硫化水素の濃度が10ppm を超える状態を「酸素欠乏等」といいます。

酸素欠乏症・硫化水素中毒（以下「酸素欠乏症等」という）は、致死率が高く非常に危険なものですが、作業環境測定、換気、送気マスク等の呼吸用保護具の使用等の措置を適正に実施すれば発生を防ぐことができます。

これらの酸素欠乏症等の防止対策については、酸素欠乏症等防止規則（酸欠則）に定められており、その概要は次に示すとおりです。

1．一般的防止措置

①　酸素欠乏危険場所の事前確認

タンク、マンホール、ピット、槽、井戸、たて坑等の内部が酸素欠乏危険場所に該当するか、作業中に酸素欠乏空気及び硫化水素の発生・漏洩・流入等のおそれはないか、事前に確認すること。

②　立入禁止

酸素欠乏危険場所又はこれに隣接する場所で作業を行うときは、作業に従事する作業者以外の作業者の立ち入ることを禁止し、その旨を見やすい箇所に掲示すること。

③　作業主任者

第一種酸素欠乏危険作業にあっては酸素欠乏危険作業主任者技能講習又は酸素欠乏・硫化水素危険作業主任者技能講習修了者、第二種酸素欠乏危険作業にあっては酸素欠乏・硫化水素危険作業主任者技能講習修了者のうちから酸素欠乏危険作業主任者を選任すること。作業主任者の職務は次のとおりです。

(a)　作業に従事する作業員が酸素欠乏等の空気を吸入しないよう、作業方法を決定し、作業者を指揮すること。

(b)　その日の作業を開始する前、作業をするすべての作業者が作業場所を離れた後再び作業を開始する前、作業者の身体、換気装置等の異常があったときに、作業を行う場所の空気中の酸素・硫化水素の濃度を測定すること。

(c)　測定器具、換気装置、空気呼吸器等その他作業者が酸素欠乏症等にかかることを防止するための器具又は設備を点検すること。

(d)　空気呼吸器等の使用状況を監視すること。

④　特別教育

酸素欠乏危険場所において作業者を作業に就かせるときは、その作業者に特別教育（酸素欠乏・硫化水素の発生の原因、酸素欠乏症等の症状、空気呼吸器等の使用の方法、事故の場合の退避及び救急蘇生の方法等）を実施すること。

⑤　作業環境測定等

(a)　酸素欠乏危険場所において作業をする場合、その日の作業を開始する前に作業場における空気中の酸素の濃度・硫化水素濃度を測定すること。

(b) 測定を行ったときは、その測定記録（測定日時、測定方法、測定箇所、測定条件、測定結果、測定者の氏名及び防止措置の概要）を３年間保存すること。

(c) 測定器具としては、酸素濃度測定器（酸素検知管、ポーラログラフ式酸素計、カルバニ電池式酸素計）・硫化水素濃度測定器（硫化水素検知管）等を備え、容易に利用できるような措置を講じておくこと。

⑥ 換　気

(a) 酸素欠乏危険場所で作業者を作業に従事させるときは、作業場所の空気中の酸素の濃度を18％以上（硫化水素の発生する場所では、空気中の酸素の濃度を18％以上、かつ、硫化水素の濃度を10ppm以下）に保つように換気すること。

(b) 換気するときは、純酸素を使用しないこと。

⑦ 保護具の使用及び点検等

(a) 爆発や酸化等を防止するため換気できない場合、又は作業の性質上換気することが著しく困難な場合においては、同時に就業する作業者の人数と同数以上の空気呼吸器等（空気呼吸器、酸素呼吸器、送気マスク）を備え、作業者に使用させること。

(b) その日の作業を開始する前に保護具や設備等を点検し、異状を認めたときは直ちに補修し、又は取り替えること。

⑧ 安全帯等

(a) 酸素欠乏危険場所において作業者を作業に従事させる場合で、酸素欠乏症等にかかって転落の危険のあるときは、作業者に安全帯その他命綱を使用させること。

(b) 安全帯等を安全に取り付けるための設備を設けること。

(c) その日の作業を開始する前に、点検し、異状を認めたときは取り替えること。

⑨ 人員の点検

酸素欠乏場所において作業者を作業に従事させるときは、作業を行う場所に入場させ、又は退場させるとき、人数を点検すること。

⑩ 監視人等

酸素欠乏危険作業に作業者を従事させるときは、常時作業の状況を監視し、異常があったときは直ちに酸素欠乏作業主任者及びその他関係者に通報する者を置く等、異常を早期に把握するための措置を講じること。

⑪ 退 避

作業を行う場所において酸素欠乏等のおそれが生じたときは、直ちに作業を中止し、作業者をその場所から退避させること。

⑫ 二次災害の防止

酸素欠乏災害が発生した際、救助者は必ず空気呼吸器等（空気呼吸器、酸素呼吸器、送気マスク）を使用すること。

また、救助活動は単独行動をとらず、救助者と同じ装備をした監視者を配置すること。

2．特殊な作業における防止措置

① 消火設備等に係る措置

通気不十分な場所に備える消火器､又は炭酸ガスを使用するものについては、誤って接触したことにより、容易に転倒したり、ハンドルが容易に作動しないこと。

② 溶接等に係る措置

通気不十分な場所において、アルゴン、炭酸ガス又はヘリウムを使用して行う溶接の作業に作業者を従事させるときは、空気中の酸素の濃度を18%以上に保つように換気すること。作業者には空気呼吸器等を使用させること。

③ 圧気工法に係る措置

圧気工法による作業に隣接して作業場所が行われるときは、適時、酸素の濃度を測定すること。酸素欠乏の空気が漏出しているときは、その旨を関係者に通知し、酸素欠乏症の発生を防止するための方法を教示し、その場所への立入りを禁止する等の措置をすること。

3．事故等の報告

作業者が酸素欠乏症等にかかったとき、又は測定の結果酸素欠乏の空気が漏出しているとき、遅滞なくその旨を作業を行う場所を管轄する労働基準監督署長に報告すること。

第 6 章

労働災害統計、災害報告等

Q92

わが国の建設業における労働災害の現状はどのようになっていますか

Answer

わが国の建設業における労働災害の発生件数は、長期的に見れば減少傾向にあります。労働災害のうち、負傷により４日以上休業した災害及び死亡災害（休業４日以上の死傷災害）は、昭和53年以降一貫して対前年比減となっており、平成22年においては、対前年比約0.3％減の21 398人となりました。また、労働災害のうち死亡災害については、昭和36年の2 652人をピークにその後長期的に減少を続け、昭和61年には、927人まで減少しました。その後増減を繰り返していましたが、平成８年以降再び減少し、平成22年には365人と前年の371人に比べ約1.6％減少となりました。

図6.1、図6.2に労働災害の推移を示します。

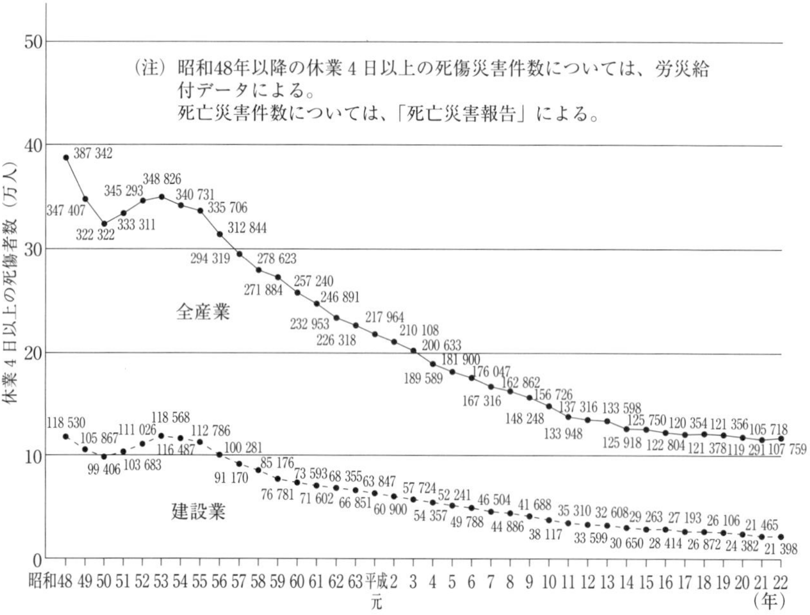

図6.1　死傷者数の推移　（昭和48年～平成22年）

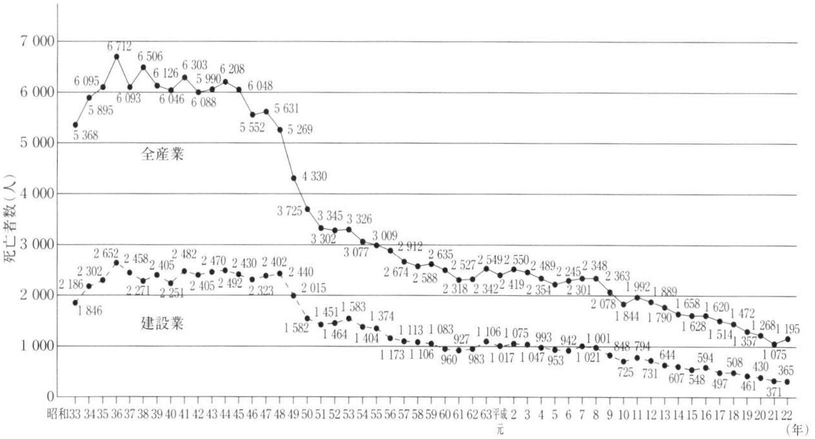

図6.2　死亡者数の推移　（昭和33年～平成22年）

Q93

建設業では、労働災害の発生状況からみて、どのような問題がありますか

Answer

建設業における労働災害の発生状況から見て、問題があると思われる事項をあげてみますと、まず第一に、わが国の建設業における労働災害の全体に占める割合が非常に高いことがあげられます。特に死亡災害については、平成22年の建設業における死亡災害は365人で、産業全体の30.5％を占めています。休業４日以上の死傷災害が産業全体に占める割合も19.9％であり、建設業の就業者数が産業全体の約８％（総務省労働力調査）ですので、建設業における労働災害の発生率は、他産業に比較してかなり高くなっています（図6.3、図6.4）。

なお、災害の発生率を年千人率（労働者1 000人あたりの１年間における死傷者数）で見ても平成21年において、建設業は4.9で、全産業平均の2.0に比較して約2.45倍となっています。

次に、平成22年の建設業における死亡災害について、災害の種類別にその件数を見てみますと、高所で作業中に地上等に落下する墜落災害が全体の44.1％であり、次いで交通事故（道路上）、はさまれ・巻き込まれ等による災害が多くなっています（図6.5）。

次に建設業における死亡災害について、土木工事、建築工事及び電気通信工

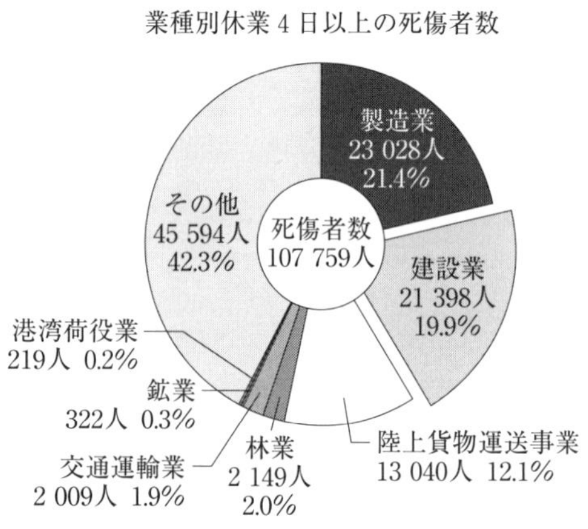

図6.3 業種別死傷災害発生状況（平成22年）

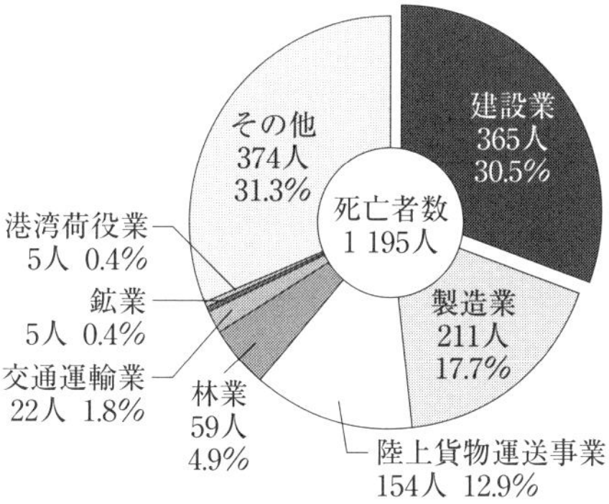

図6.4　業種別死亡災害発生状況（平成22年）

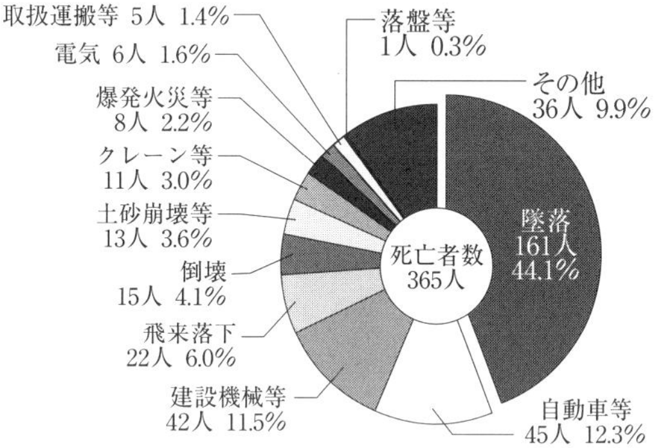

出典：厚生労働省安全課調べ

図6.5　建設業における種類別死亡災害（平成22年）

事、機械据付け工事等の設備工事別に見てみると、平成22年においては、全死亡災害365人のうち、140人（38.4%）が土木、156人（42.7%）が建築、69人（18.9%）が設備のそれぞれの工事で発生しています。工事の種類別には、土木工事では道路工事（30人）、その他土木工事（35人）、上下水道工事（18人）において多く発生しています。これらの工事は、トンネル工事、ダム工事等と比較して中小規模の工事が多く、設備面、管理面での安全対策が十分でないケースもあり、災害の発生率も高くなっています。また、建築工事のうち、その他の建築工事（既存の建築物の補修、改修、解体等中小零細企業が行うものが多い）における死亡災害（65人）が全体に占める割合は、17.8%で非常に高く、これら中小零細工事における労働災害防止対策の徹底が大きな課題となっています。

Q94

わが国の建設業における施工技術は、国際的にみても非常に高い水準にあると思われますが、労働災害の面ではどのようになっていますか

Answer

労働災害の発生率等について国際比較を行うにあたっては、各国により労働災害の定義や情報の収集方法が異なり、また、死亡災害についてみましても、交通災害や自営業者（一人親方）の災害が含まれるのか否か、災害発生から死亡に至るまでの時間をどうとるか、職業病による死亡は含まれるのか否か等が各国でまちまちであるため、これを正確に比較することは非常に困難な面があります。

しかしながら、死亡災害について、就業者数あたりの発生件数を比較することにより、各国の建設業における安全水準を推定するうえでおおよその目安になるものと思われます。

表6.1は、国際会議において各国から提出された資料等をもとに作成したもので、平成17年の各国の労働災害による死亡者数及び就業者数10万人あたりの年間の死亡者数を示したものです。

各国の就業者数10万人あたりの労働災害による死亡者数を比較してみますと、日本は欧米各国の平均（9.1）よりやや低い（8.8）状況にあります。

一方、わが国の建設投資額は、平成22年度は約47.5兆円であり、このような建設産業の規模の大きさを考慮して、建設投資額あたりの労働災害による死亡者数を比較してみますと、わが国はイギリス、ドイツに次ぐ低い数値を示しています。

このような状況から見て、わが国の建設業における安全水準は、欧米諸国に比較して劣るものではなく、実際に施工中の工事においても、特に大規模工事では安全対策が行き届いている現場が多いように思われます。

表6.1 欧米各国と日本における労働災害の発生状況

区分／国名（調査年）	全産業		建設業		建設業の災害が全体に占める割合（%）		建設業就業者数（人）	就業者10万人あたりの死亡者数（建設業）
	死亡	死傷	死亡	死傷	死亡	死傷		
アメリカ（2005）	5 734	(1999) 2 581 954	1 192	(1999) 241 391	20.8	9.3	12 007 000	9.9
イギリス（2005）	164	151 092	46	11 546	28.0	7.6	2 201 700	2.1
ドイツ（2005）	863	1 029 520	138	139 833	16.0	13.6	2 400 000	5.8
フランス（2003）	626	692 630	181	119 981	28.9	17.3	1 306 410	13.9
スペイン（2004）	1 020	871 724	262	224 083	25.7	25.7	2 013 700	13.0
日本（2005）	1 514	120 354	497	25 742	32.8	21.4	5 680 000	8.8

注）① 国際会議において、各国から提出された資料等による。
② 10万人率は、就業者数10万人あたりの年間の死亡者数

表6.2 欧米各国と日本における建設投資比較

区分／欧米（調査年）	建設投資額（兆円）	建設業者数（万社）	建設業就業者数	建設投資額1兆円あたりの死亡者数(建設業)
アメリカ	(2000年)86.3(182)	(1997年)63.2(123)	(2005年)1201(241)	13.8
イギリス	(2000年)10.3(22)	(2000年)16.3(32)	(2005年) 220(44)	4.5
ドイツ	(2000年)21.9(46)	(1998年) 9.2(18)	(2005年) 240(48)	6.3
フランス	(2003年) 8.5(18)	(2004年)28.0(55)	(2003年) 130(26)	21.3
スペイン	(2004年) 9.7(20)	(2004年)39.1(76)	(2004年) 201(40)	27.0
日本	(2010年)47.5(100)	(2010年)51.3(100)	(2010年) 498(100)	7.7

1．建設投資額には維持補修を含まない、また、数値の円換等は1US＄＝107円、1ユーロ＝167円（平成20年7月現在の平均レート）として計算した。
2．（ ）内書きは日本を100としたときの指数をあらわしている。
3．筆者らが、建設業データブック（編集、建設産業政策研究会、大成出版社）、「建設業許可業者数調査」（国土交通省）、「労働力調査」（総務省）、各国の調査データ等により作成した。

Q95 建設機械による労働災害の現状はどのようになっていますか

Answer

平成20年中に発生した建設業の休業４日以上の死傷災害を分析した厚生労働省の労働災害原因統計分析調査結果によると、休業４日以上の死傷災害24 382件中、建設機械・クレーン等関係では2 141人が被災しています（図6.7）、また、平成22年の建設機械・クレーン等による死亡災害は53人であり（図6.6）、建設業全体に占める割合は14.5%となっています。

さて、平成22年の建設機械・クレーン等関係の死亡災害をもう少し詳しく見てみると、図6.7、表6.3のとおりであり、「パワーショベル等」の掘削機械によるものが圧倒的に多いことがわかります。

特に土木工事では、ショベル系の災害、車両系建設機械に類する機械、重ダンプによる災害、ローラ系の災害等がめだっています。その中で特に多いドラグショベル系の災害では、機械に挟まれたり、ひかれる災害、機体が転落、転倒する災害、運搬中の荷と激突する災害等が見られます。また、ローラ系の災害では、機械に挟まれたり、機体が転倒する災害が中心となっています。

そこで、建設工事で使用される建設機械、クレーン等の法規制一覧表を表6.4に示しました。

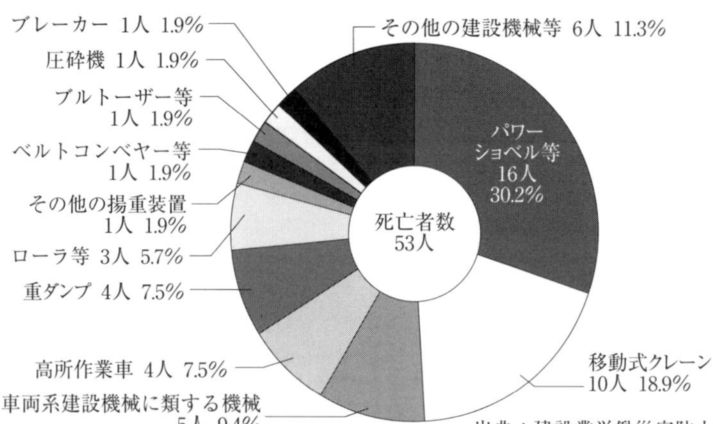

出典：建設業労働災害防止協会

図6.6 平成22年建設機械・クレーン等による死亡災害発生状況

トラクタ系機械	15	トラクタ	3
		ブルドーザ	9
		スクレーパ	3
ショベル系掘削機	690	パワーショベル	60
		ドラグショベル（バックホウ）	609
		クラムシェル	3
		その他	18
積込み機械	21	トラクタショベル	9
		その他	12
基礎工事用機械	54	杭打ち及び杭抜き機	21
		振動式杭打ち及び杭抜き機	3
		地盤改良用機械	9
		アースオーガ	15
		その他	6
せん孔機械及びトンネル掘進機	60	ボーリングマシン	30
		削岩機	12
		トンネル掘進機	9
		ドリルジャンボ	3
		その他	6
モータグレーダ及び路盤用機械	6	モータグレーダ	3
		路面切削機	3
締固め機械	105	ロードローラー	12
		タイヤローラー	21
		その他のローラー	15
		振動コンパクタ	6
		ランマ、タンパ	42
		振動ローラー	6
		その他	3
コンクリート機械	103	ミキサ	28
		吹付け機	3
		コンクリートポンプ	12
		コンクリートポンプ車	54
		その他	6
舗装機械	12	アスファルト舗装機械	9
		その他	3
解体用機械	117	ブレーカ	78
		圧砕機	9
		その他	30
作業船	6	クレーン船	3
		その他	3
他に属さない建設機械	96	高所作業車	72
		高所作業台	3
		その他	21
物揚げ装置	856	クレーン	114
		移動式クレーン	580
		工事用エレベーター	6
		建設用リフト	9
		ホイスト、チェーンブロック、ウインチ、滑車装置	105
		ジャッキ式つり上げ機械	3
		その他	39

図6.7　建設機械・クレーン等関係起因物別死傷者数（平成20年2 141人）

表6.3　死亡災害の種類別・工事の種類別発生状況（平成22年）

工事の種類／災害の種類	土木工事													建築工事					設備工事				分類不能	合計
	水力ダム	トンネル	地下鉄	鉄道	橋梁	道路	河川	砂防	土地整理	上下水道	港湾	その他	小計	ビル	木造	建築設備	その他	小計	電気通信	機械	その他	小計		
ベルトコンベア等																				1		1		1
ブルドーザー等												1	1											1
パワーショベル等							2		1	4		5	12	1			2	3			1	1		16
ローラー等						2						1	3											3
圧砕機														1				1						1
ブレーカ						1							1											1
その他の車両系建設機械		1				1	1					1	4	1				1						5
高所作業車																	1	1	3			3		4
重ダンプ						2	1						3		1			1						4
その他の建設機械						1				2			3	1			1	2			1	1		6
合　計		1				7	4		1	6		8	27	4	1		4	9	3	1	2	6		42
クレーン等						2	1	1	1			3	8	2				2			1	1		11

表6.4　建設工事で使用される建設機械・クレーン等の規制一覧表（主なもの）

規制内容 ＼ 関係法令 ＼ 対象機械		⑥整地・運搬・積込用機械	⑤掘削用機械	④基礎工事用機械	③締固め用機械	②（コンクリートポンプ車）コンクリート打設用機械	①解体用機械（ブレーカ）	不整地運搬車	高所作業車（作業床の高さ2m以上）	ボーリングマシーン	クレーン		床上操作式クレーン		移動式クレーン			エレベーター		建設用リフト（250kg以上）ガードレール高さ		巻上機（水平移動できないもの）（巻上げのみで）	ゴンドラ	フォークリフト		ショベルローダ	
											5t以上	0.5t以上5t未満	5t以上	0.5t以上5t未満	5t以上	1t以上5t未満	0.1t以上0.5t未満	1t以上	0.25t以上1t未満	18m以上	10m以上			1t以上	1t未満	1t以上	1t未満
機械等貸与者等の措置 法33条（注1）	安衛令 第10条	○	○	○	○	○	○	○	○						○	○	○										
構造規格 法42条（注2）	安衛令 第13条	○	○	○	○	○	○	○	○		○	○	○	○	○	○	○	○	○	○	○		○	○	○		
定期自主検査 法45条1項（注3）	安衛令 第15条 第1項	○	○	○	○	○	○	○	○		○	○	○	○	○	○	○	○	○	○	○	○ 軌条式のみ	○	○	○	○	○
特定自主検査 法45条2項（注4）	安衛令 第15条 第2項	○	○	○	○	○	○	○ 2年ごと	○															○	○		
就業制限 法61条1項（注5）	安衛令 第20条	○ 3t以上	○ 3t以上	○ 3t以上			○ 3t以上	○ 1t以上	○ 10m以上		○		○		○	○								○		○	
特別教育 法59条3項（注6）	安衛則 第36条	○ 3t未満	○ 3t未満	○ ①3t未満 ②作業装置	○	○	○ 3t未満	○ 1t未満	○ 10m未満	○		○		○			○			○	○	○	○		○		○
設置届 法88条の1	クレーン則 ゴンドラ則										○	○ 3t以上	○	○ 3t以上				○		○			○				
設置報告 法100条の1	クレーン則											○ 3t未満		○ 3t未満	○	○ 3t以上			○								
関連就業制限（玉掛技能講習） 法61条1項	安衛令 第20条										○	○ 1t以上	○	○ 1t以上	○	○	△ 特別教育										

（注1）リース業者等は、貸与する時はあらかじめ点検整備を行うこと。
（注2）厚生労働大臣が定める規格を具備しなければ譲渡、貸与又は設置してはならないこと。
（注3）1ケ月及び1年（不整地運搬車については2年）以内ごとに定期に主要構造や機能についてを検査をし、その記録を保存すること。
（注4）1年（不整地運搬車については2年）以内ごとに特定自主検査（検査業者又は自業内検査者）を実施して機械本体に検査標章を貼付し、その検査証明書を保存すること。
（注5）免許又は技能講習を修了した者でなければその運転の業務に就けないこと。なお、安衛法60条の2の規定により指針に基づく安全衛生教育の実施（5年ごと）に努めなければならないこととなっていること。
（注6）当該機械の運転の業務に労働者を就かせるときは、安全又は衛生の特別教育を行うこと。
出典：『建設業安全衛生早わかり（平成23年度版）』建設業労働災害防止協会，p160～161（編集発行）

Q96 建設工事における土砂崩壊災害の現状はどのようになっていますか

Answer

土砂崩壊による労働災害は、毎年数多く発生し、それらの中には、一時に3人以上の労働者が死傷する災害が多く含まれています。

土砂崩壊災害は大別して次のように分類することができます。

① 溝掘削における掘削面崩壊

② 切取り工事等における斜面崩壊

③ 開削工事における崩壊事故

④ トンネル工事における落盤、肌落ち

表6.5に建設業における労働災害による死亡者数のの推移を示しています。上段は、建設業全体の死亡者数を示し、下段は土砂崩壊等（落盤も含む）による死亡者数を表しています。最近5年間の土砂崩壊等による死亡災害は年々減少する傾向にあります。

表6.6は、工事の種類と土砂崩壊等の災害のクロス表です。土砂崩壊等の災害の83.6%は土木工事で発生しています。土木工事の土砂崩壊等による死亡災害を種類別に見ると、上下水道工事、道路工事、その他の土木工事が目立って多く、続いて、土地整理土木工事、河川土木工事、砂防工事、トンネル工事の順です。特に多いのは上下水道工事、道路工事、その他の土木工事に代表される比較的小規模工事における土砂崩壊災害で、その多くは土留め支保工の未設

表6.5 土砂崩壊等による死亡災害

	平成15年	平成16年	平成17年	平成18年	平成19年	平成20年	平成21年	平成22年
建設業の死亡者数	548	594	497	508	461	430	371	365
土砂崩壊等によるもの（%）	32 (5.8)	29 (4.9)	14 (2.8)	20 (3.9)	19 (4.1)	21 (4.9)	11 (3.0)	13 (3.5)

表6.6 建設業における土砂崩壊等による死亡者数（平成10年から平成22年までの合計）

工事の種類	土木工事													建築工事					設備工事				分類不能	合計
	ダム	トンネル	地下鉄	鉄道	橋梁	道路	河川	砂防	土地整理	上下水道	港湾	その他	小計	ビル	木造	建築設備	その他	小計	電気通信	機械	その他	小計		
死亡者数	2	19	0	1	6	57	22	20	26	99	1	47	300	25	2	3	3	42	6	1	10	17	0	359

置又は不備に起因するものです。道路工事では切取り斜面の崩壊が主なものです。

掘削工事は見方を変えれば、そもそも安定だった地盤を不安定化する作業といえます。そのために土留め等の処置により安定な状態を保つことが行われるのですが、不安定化の度合いを見誤るとトラブルや事故につながりかねません。通常の地盤調査では地盤を完全に掌握することは困難であるうえに、市街地では人工的に乱された地盤も多く、複雑な地盤構成を正確に定量化するのは難しいことです。また、地盤は工事が進行する過程でさまざまな応力負荷を受け、力学的特性が変化することが知られ、金属材料等と違ってあらかじめその物性や挙動を把握することはなかなか難しいことです。

しかしながら、近年の土質工学及び関連分野の進展によって、地盤内のかなりの挙動が把握・予測できるようになってきており、不確定要素が多い工事や大規模な掘削工事では計測に基づく解析による施工管理も行われるようになり、一定の成果が得られてきています。

土砂崩壊等による災害は小規模の掘削工事で数多く発生しています。これは、小規模な掘削工事の危険性を十分に認識していないことがその主な理由と考えられます。どのような崩壊が起こり、どのように被災する危険があるかを理解して、事前に十分な対策を行う必要があります。

Q97

最近、移動式クレーンが転倒する災害が多いようですが、その原因はどのようなものですか

Answer

近年発生した移動式クレーンの転倒災害174件について機種別に調査したところ、占有割合が最も多い機種は積載型トラッククレーンであり、全体の約半数を占めています。この積載型トラッククレーンの吊上げ能力は５ｔ未満のものが多く、幅広い業務で使用されており、そのため、労働災害発生件数も多くなっているものと思われます。トラッククレーンとホイールクレーンによる災害は全体の約17％程度で、クローラクレーンは約10％程度の占有割合です（図6.8）。

図6.9では移動式クレーンの転倒時の操作状況と災害の占有割合を示しています。転倒時の操作状況は「ジブの旋回時」が最も多く約半数を占めています。次いで「その他」、「吊荷の吊上げ、吊下げ時」となっています。また、その他の内訳として、「ジブを延ばしているとき」、「ジブの傾斜角を減少させているとき」等でした。このような結果から、調査対象の約８割で転倒モーメントが増大しているときに転倒災害が発生していることがわかりました。

図6.10では移動式クレーンの転倒が発生した地盤の種類を示しています。「作業現場内地盤」での転倒が約４割と最も多く、次いで「舗装道路」、「未舗装道路」の順となっています。「作業現場内地盤」と「未舗装道路」をあわせた、いわゆる地盤上での転倒災害が約半数を占める結果となっています。こ

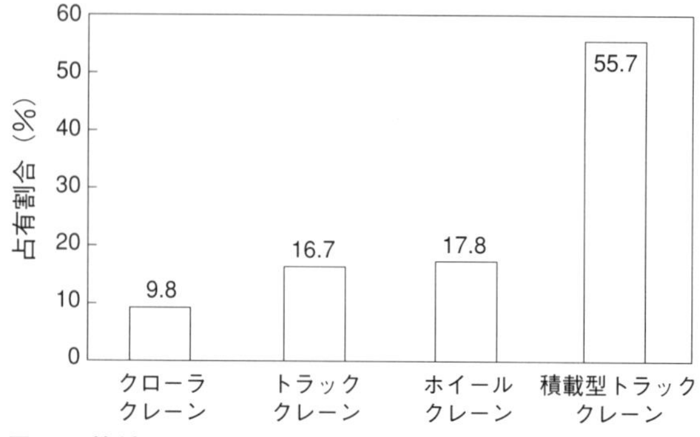

図6.8　機種別の災害発生割合

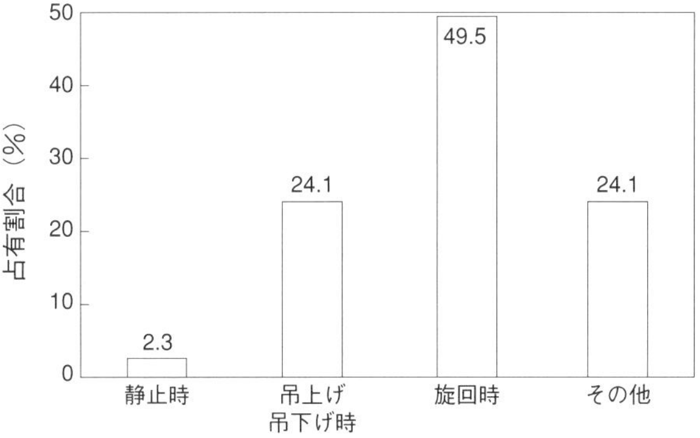

図6.9　転倒時の操作状況に対する災害発生割合

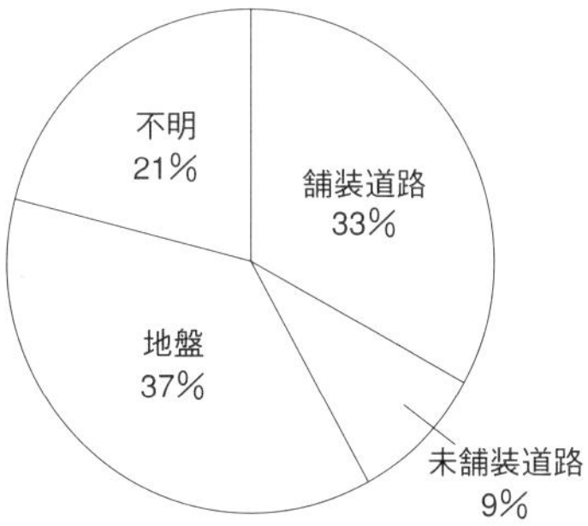

図6.10　転倒が発生した地盤の種類

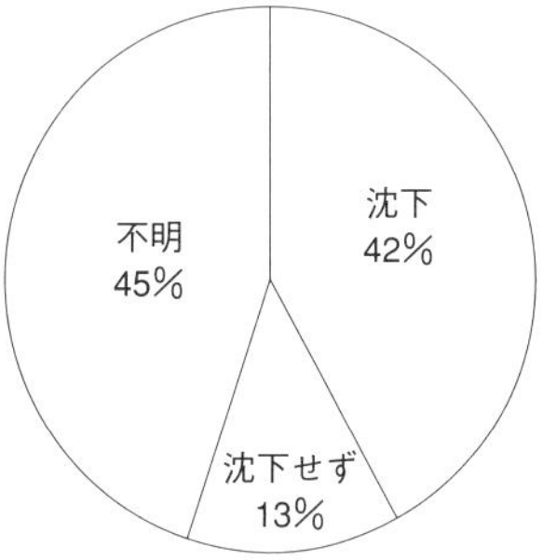

図6.11　アウトリガーフロートの沈下状況

のような結果から、アウトリガーフロート部の地盤へのめり込み、あるいは破壊を原因とする転倒が多く発生していることがわかります。

図6.11ではアウトリガーフロートの沈下状況を示しています。アウトリガーフロートの沈下は約42％に見られ、沈下が見られなかった13％に比べて約３倍であることがわかります。このことからも、地盤へのめり込みが転倒に大きな影響を及ぼしていることがわかります。

図6.12は転倒時における吊荷重量の条件による災害の占有割合を示します。図の横軸は、転倒時に吊荷の重量を作業時の定格荷重で除した値です。この図から比が1.0以下の場合（定格荷重以下の荷を吊っていたとき）であっても、全体の２割近くが転倒しています。また、定格荷重は、静的につりあう安定限界荷重に安全率1.27以上の値で除したものです。このため、少なくとも比の値が1.27以下の場合では、静的な状態では転倒しないことになりますが、これら

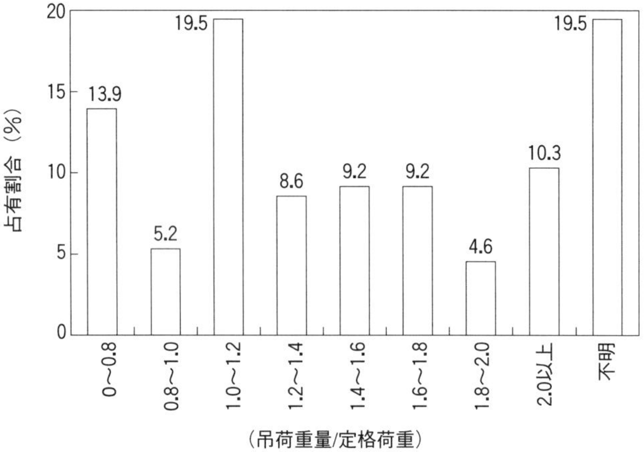

図6.12　吊荷重量に対する災害発生割合

の場合においては地盤破壊を伴ったケースも多いと報告されており、荷重のつりあいのみによる検討ではなく、地耐力に対する検討も重要であることがわかります。

Q98

除染特別地域等における生活基盤の復旧・復興の作業に従事する労働者の放射線障害防止対策としてはどのように対応すればよいのですか。

Answer

平成23年３月11日に発生した東北地方太平洋沖地震に伴う東京電力福島第一原子力発電所の事故により放出された放射性物質による汚染が多方面に深刻な事態を引き起こしていますが、除染特別地域等(註)において作業する労働者の事故により放出された放射性物質に係る放射線障害防止については、①「土壌等の除染等の業務」②「特定汚染土壌等取扱業務」③「廃棄物収集等業務」（以上３つの業務を以下「除染等業務」という。）④「特定線量下業務」に従事する労働者の放射線障害防止についてこれを適切に実施するため、「東日本大震災により生じた放射性物質により汚染された土壌等を除染するための業務等に係る電離放射線障害防止規則」（平成23年厚生労働省令第152号。以下「除染電離則」という。）が定められています。

①「土壌等の除染等の業務」とは、事故由来放射性物質により汚染された土壌、草木、工作物等について講ずる当該汚染に係る土壌、落葉及び落枝、水路等に堆積した汚泥等（以下「汚染土壌等」という。）の除去、当該汚染の拡散の防止その他の措置を講ずる業務であり、②「特定汚染土壌等取扱業務」とは、汚染土壌等であって、当該土壌に含まれる事故由来放射性物質のうちセシウム134及びセシウム137の放射能濃度の値が１万 Bq/kg を超えるものを取り扱う業務（土壌等の除染等の業務及び廃棄物収集等業務を除く。）であり、③「廃棄物収集等業務」とは、除去土壌又は事故由来放射性物質により汚染された廃棄物（当該廃棄物に含まれる事故由来放射性物質のうちセシウム134及びセシウム137の放射能濃度の値が１万 Bq/kg を超えるものに限る。）の収集、運搬又は保管に係る業務であり、④「特定線量下業務」とは、事故由来放射性物質により平均空間線量率が2.5μSv/h を超える場所で行う除染等業務以外の業務です。土工（準備工、掘削・運搬、盛土・締め固め、整地・整形、法面保護）及び基礎工、仮設工、道路工事、上下水道工事、用水・排水工事、ほ場整備工事における土工関連の作業等は②「特定汚染土壌等取扱業務」に含まれると考えられます。

そして、除染電離則に規定された事項のほか、事業者が実施する事項及び従来の労働安全衛生関係法令において規定されている事項のうち、重要なものを一体的に示すものとして「除染等業務に従事する労働者の放射線障害防止のためのガイドライン」（平成23年12月22日付け基発1222第６号。）と「特定線量下業務に従事する労働者の放射線障害防止のためのガイドライン」（平成24年６月15日付け基発0615第６号。）が策定されています。

このうち建設業の作業については、「除染等業務に従事する労働者の放射線障害防止のためのガイドライン」が最も関係があると考えられますので、ここではこのガイドラインの主な内容について説明します。

（註）除染特別地域等　平成23年３月11日に発生した東北地方太平洋沖地震に伴う原子力発電所の事故により放出された放射性物質による環境の汚染への対処に関する特別措置法（平成23年法律第110号。以下「汚染対処特措法」という。）第25条第１項に規定する除染特別地域又は同法第32条第１項に規定する汚染状況重点調査地域のことをいいます。

1　適用等

⑴　除染等業務とは、⒜土壌等の除染等の業務、⒝除去土壌又は汚染廃棄物（セシウムの放射能濃度が10,000Bq/kg を超えるもの）の収集、運搬又は保管の業務⒞特定汚染土壌等（汚染土壌等であって、セシウム放射能濃度が10,000Bq/kg を超えるもの）を取り扱う業務（⒜及び⒝を除く）（以下「特定汚染土壌等取扱業務」という。」をいう。

⑵　除染等事業者とは、汚染対処特措法により指定された、除染特別地域及び汚染状況重点調査地域内において除染等業務を行う事業の事業者をいう。

⑶　満18歳に満たない者は、除染等業務に就業させてはならない。

2　基本原則

⑴　除染等事業者は、労働者が電離放射線を受けることをできるだけ少なくするように努める。

⑵　特定汚染土壌等取扱業務を実施する際には、特定汚染土壌等取扱業務に従事する労働者（以下「特定汚染土壌等取扱業務従事者」という。）の被ばく低減を優先し、あらかじめ、作業場所における除染等の措置が実施さ

れるように努める。

ア　正当化原則に照らし、特定汚染土壌等取扱業務を行う事業者は、作業場所周辺の除染等の措置を実施し、可能な限り線量低減を図った上で、原則として、被ばく線量管理を行う必要がない空間線量率（2.5μSv/h以下）のもとで作業に就かせることが求められる。

イ　ただし、特定汚染土壌等取扱業務のうち、除染等の措置を実施するために最低限必要な水道や道路の復旧等は、あらかじめ除染等の措置を実施できない場合があり、また、覆土、舗装、農地における反転耕等については、除染等の措置を同時に実施しているとみなしても差し支えない。

3　被ばく線量管理の対象及び被ばく測定線量管理の方法について

⑴　除染等事業者は、除染等業務従事者の線量を次により測定する。

ア　作業場所が2.5μSv/h超の区域

外部被ばく：個人線量計による測定

内部被ばく：作業内容及び取り扱う土壌等の放射性物質の濃度等に応じて測定

	高濃度汚染土壌等（50万Bq/kg超）	高濃度汚染土壌等以外
高濃度粉じん作業（10mg/m³超）	3月に1回内部被ばく測定	スクリーニング検査
上記以外の作業	スクリーニング検査	スクリーニング検査（突発的に高い粉じんにばく露された場合に限る。）

イ　作業場所が2.5μSv/h以下の区域（特定汚染土壌等取扱業務従事者の場合は、インフラ復旧作業等、事業の性質上2.5μSv/hを超える場所での作業が見込まれる作業に限る。）

外部被ばく：個人線量計による測定が望ましいが、代表者測定等でも差し支えない

⑵　除染等事業者以外の事業者は、作業場所が2.5μSv/h以下の場所であって、かつ、年間数十回（日）（年間1mSvを十分に下回る。）の範囲内で除染等業務に労働者を就かせる。

⑶　労働者の被ばく線量限度は、5年間で100mSv、かつ、1年間で50mSvとする。（医学的に妊娠可能な女性は、3月間で5mSv、また、妊娠中の

女性は、内部被ばくによる実効線量が1mSv、腹部表面に受ける等価線量が2mSvを上限とする。)

除染等事業者は、原子力発電所等で放射線業務に従事した労働者を除染等業務又は特定線量下業務に就かせるときは、当該労働者が放射線業務又は特定線量下業務で受けた実効線量と除染等業務で受けた実効線量の合計が上記の限度を超えないようにする。特定汚染土壌等取扱業務については、平成24年1月1日から同年6月30日までに受けた線量を把握している場合は、平成24年7月1日以降の被ばく線量に合算して管理する。

(4) 線量の測定結果は、記録し、30年間保存（5年間保存した後、または当該除染等業務従事者が離職した後は、指定機関に引き渡し可）するほか、労働者に通知する。

(5) 除染等事業者は、除染等業務従事者が離職するとき又は事業を廃止しようとするときには、(4)の記録の写しを除染等業務従事者に交付する。

(6) 除染等事業者は、有期契約労働者又は派遣労働者を使用する場合には、放射線管理を適切に行うため、以下の事項に留意する。

ア 3月未満の期間を定めた労働契約又は派遣契約による労働者を使用する場合には、被ばく線量の算定は、1月ごとに行い、記録する。

イ 契約期間の満了時には、当該契約期間中に受けた実効線量を合計して被ばく線量を算定して記録し、その記録の写しを当該除染等業務従事者に交付する。

4 被ばく低減のための措置

(1) 除染等業務を行うときは、あらかじめ（特定汚染土壌等取扱業務を同一の場所で継続して行う場合は、作業を行っている間2週間につき1度)、当該作業場所について事前調査を行う。

(2) 除染等業務（特定汚染土壌等取扱業務については、平均空間線量率が2.5μSv/hを超える場所で行うものに限る。）を行うときは、あらかじめ、作業計画を策定する。

(3) 除染等業務（特定汚染土壌等取扱業務については、平均空間線量率が2.5μSv/hを超える場所で行うものに限る。）を行うときは、必要な能力を有すると認める者から当該作業を指揮する者を定め、作業計画に基づき作業を指揮させる。

(4) 作業場所が2.5μSv/h 超の区域で土壌等の除染等の業務又は特定汚染土壌等取扱業務を行うときは、あらかじめ、「作業届」を所轄の労働基準監督署長に提出する。

(5) ①放射性物質を誤って吸入摂取し、又は経口摂取した場合、②放射性物質により汚染された後、洗身等によっても汚染を40Bq/cm^2以下にする事ができない場合等は、速やかに医師の診察又は処置を受けさせる。

5 汚染拡大防止、内部被ばく防止のための措置

(1) 除染等事業者は、汚染拡大防止のため、高濃度汚染土壌等の取扱い作業又は高濃度の粉じんが発生するおそれのある作業（特定汚染土壌等取扱業務を除く。）を行うときは、土壌等を湿潤化する等粉じんの発生を抑制する措置を講ずる。また、除去された土壌等（特定汚染土壌等取扱業務により発生したものを含む。）を作業場所外に収集・運搬等する場合には専用の容器を用い、保管する場合には飛散・流出しないよう必要な措置等を講ずる。

(2) 除染等事業者は、作業者による汚染拡大防止のため、作業場所の近隣に汚染検査所を設け、労働者の退去時に汚染の状態を検査する。この時、身体汚染が認められた場合には洗身等を行い、また装具に汚染が認められた場合には取り外す。また、持ち出し物品の汚染が認められた場合には、原則として持ち出し不可とする。

(3) 除染等事業者は、身体・内部汚染の防止のため、以下の区分に応じて、有効な呼吸用保護具及び有効な保護衣類等を労働者に使用させる。

（防じんマスク）

	高濃度汚染土壌等（50万 Bq/kg 超）	高濃度汚染土壌等以外
高濃度粉じん作業（10mg/m^3超）	捕集効率95％以上	捕集効率80％以上
上記以外の作業	捕集効率80％以上	捕集効率80％以上※

※鉱物性粉じんが発生しない作業の場合は、不織布マスク（サージカルマスク等）で可。

（保護衣類等）

	高濃度汚染土壌等（50万 Bq/kg 超）	高濃度汚染土壌等以外
高濃度粉じん作業（10mg/m^3超）	長袖の衣類の上に全身化学防護服、ゴム手袋、ゴム長靴	長袖の衣類、綿手袋、ゴム長靴
上記以外の作業	長袖の衣類、ゴム手袋、ゴム長靴	長袖の衣類、綿手袋、ゴム長靴

⑷　汚染された土壌等を吸入摂取、経口摂取するおそれのある作業場所で、労働者が喫煙・飲食することを禁止する。

6　労働者教育

⑴　除染等事業者は、作業指揮者に対して教育を行う。

⑵　除染等事業者は、労働者に対して、次の区分ごとに特別の教育を行う。

ア　学科教育

①　電離放射線の生体に与える影響及び被ばく線量の管理の方法に関する知識

②　除染等作業の方法に関する知識

③　除染等業務に使用する機械等の構造及び取扱いの方法に関する知識（特定汚染土壌等取扱業務については、機械等の概要に関する知識に限る。）

④　関係法令

イ　実技教育

除染等作業の方法及び機械等の取扱い（特定汚染土壌等取扱業務については、作業の方法に限る。）

⑶　除染等業務の発注者は、教育を受けた作業指揮者と労働者を、作業開始までに業務の遂行上必要な人数が確保できる体制が整っていることを確認した上で発注することが望ましい。

7　健康管理のための措置

⑴　除染等事業者は、除染等業務に常時従事する労働者に対し、雇入れ時、当該業務に配置換え時、及びその後６月に１回、定期に、特殊健康診断及び一般健康診断（作業場所の平均空間線量率が2.5μSv/h以下の場所における特定汚染土壌等取扱業務の場合は、一般健康診断を年１回）を実施する。（医師が必要と認めない場合又は年間被ばく線量５mSvを超えない場合には、被ばく歴の調査以外の項目の省略可。）

なお、６月未満の期間の定めのある労働契約又は派遣契約を締結した労働者に対しても、被ばく歴の有無、健康状態の把握の必要があることから、雇入時健康診断を実施する。

⑵　除染等事業者は、健康診断の結果に基づき個人票を作成し30年間保存

（５年間保存した後、または当該除染等業務従事者が離職した後は、指定機関に引き渡し可。）する。

8　安全衛生管理体制

⑴　除染等業務を行う元方事業者は、除染等業務に係る安全衛生管理が適切に行われるよう、除染等業務の実施を統括管理する者から、安全衛生統括者を選任し、以下を実施させる。

ア　関係請負人に対し、安全衛生管理の職務を行う者を選任させ、連絡調整等を行わせる。

イ　全ての関係請負人を含めた安全衛生協議組織を１月以内ごとに１回、定期に開催する。

ウ　関係請負人が作成する作業計画の作成等に関する指導又は援助を行う。

⑵　元方事業者は、放射線管理者を選任し、安全衛生統括者の指揮のもと、関係請負人の労働者の被ばく管理も含めた一元管理を実施する。

⑶　除染等事業者は、事業場の規模に応じ、衛生管理者又は安全衛生推進者を選任し、被ばく線量の測定及び結果の記録等の業務、汚染検査等の業務、身体・内部汚染の防止、労働者に対する教育、健康管理のための措置に関する技術的事項を管理させる。なお、労働者数が、10人未満の事業場にあっても、安全衛生推進者の選任が望ましい。

除染等事業者は、事業場の規模に関わらず、放射線管理担当者を選任し、被ばく線量の測定及び結果の記録等の業務、汚染検査等の業務、身体・内部汚染の防止に関する業務を行わせる。

⑷　除染等事業者は、東京電力福島第一原子力発電所における緊急作業に従事した労働者を除染等業務に就かせる場合は、次に掲げる事項を実施する。

ア　電離放射線障害防止規則（以下「電離則」という。）第59条の２に基づく報告を厚生労働大臣（厚生労働省労働衛生課あて）に行う。

①　７の⑵の個人票の写しを、健康診断実施後、遅滞なく提出する。

②　３月ごとの月の末日に、「指定緊急作業従事者等に係る線量等管理実施状況報告書」（電離則様式第３号）を提出する。

イ　「東京電力福島第一原子力発電所における緊急作業従事者等の健康の保持増進のための指針」（平成23年東京電力福島第一原子力発電所にお

ける緊急作業従事者等の健康の保持増進のための指針公示第５号）に基づき、保健指導等を実施するとともに、緊急作業従事期間中に50mSvを超える被ばくをした者に対して、必要な検査等を実施する。

Q99

地震・津波により被害を受けた建築物等の解体工事において、実施すべき対策にはどのようなものがありますか

Answer

東日本大震災等の地震・津波で被害を受けた建築物等は、通常の建築物等とは異なり、崩壊・倒壊の危険性が高く、解体工事の実施に当たっては、事前の調査や計画的な作業が必要となります。

厚生労働省では、「東日本大震災による災害復旧工事における労働災害防止対策の徹底について（その４）」として、平成23年８月31日付けで厚生労働省労働基準局安全衛生部安全課長・労働衛生課長・化学物質対策課長の連名で関係団体等の長にあてた「地震・津波により被害を受けた建築物等の解体工事関連」通達を公開しております。その中から重要な事項を抜すいして紹介いたします。

１．工事の計画段階で留意すべき事項

(1)　「作業計画」について

地震や津波により被害を受けた建築物等の解体工事には、

①　低層部分に津波被害を受けている

②　半壊した建築物等が相互にもたれかかっている

③　一定のエリア内で同時並行して作業が行われる

④　周囲の地盤が緩んでいる

など、通常の工事とは異なる危険が潜んでいます。

工事の実施に当たっては、「建築物等の損傷の程度」、「周囲の状況」等を事前に十分、調査した上で作業計画を作成し、これに基づく作業を徹底しましょう。

作業計画に含めるべき事項

作成した作業計画は関係労働者に周知しましょう！

・　作業の方法及び順序
・　建築物等の倒壊や解体した部材の落下を防止するための方法
・　労働者の墜落を防止するための設備の設置方法　等

(2)　「作業主任者」について

建築物等の種類・構造に応じ、必要な資格を有する者の中から「作業主任者」を選任し、職務を適切に行わせましょう。

「作業主任者」を選任しなければならない作業以外の作業であっても、「作業指揮者」を指名し、作業方法及び順序について労働者への周知を行う必要があることに留意しましょう。

解体時に作業主任者の選任が必要なものは？

- 高さ５m以上の金属製の部材で構成される建築物の骨組み
- 高さ５m以上のコンクリート造の工作物

2．工事の施工段階で留意すべき事項

(1)　解体工事において想定される災害と作業時の留意事項

崩壊・倒壊による労働災害の防止

ビルの外壁や柱等の引倒し等の作業を行う場合には、一定の合図を定め、作業に従事する労働者以外の労働者を確実に避難させた上で実施しましょう。

ポイント

外壁、柱、はり等の強度が不十分な場合、解体作業による衝撃や余震によって崩壊・倒壊するおそれがあります。

１の「作業計画」の作成段階から、「補強用の支柱の設置」等の安全対策を検討し、作業時にはその徹底を図りましょう。

墜落・転落による労働災害の防止

建築物等の屋根上など、高さ２m以上の箇所で作業を行う場合には、足場等により「作業床」を設置しましょう。

「作業床」の設置が困難な場合には、「安全帯の使用」等労働者の墜落による危険を防止するための措置を確実に実施しましょう。

ポイント

「作業床」の端部や、「開口部」から墜落することがないよう、「囲い」や「覆い」、「手すり」等の墜落防止設備を設けましょう。

物体の飛来・落下による労働災害の防止

作業時に発生した「はつりガラ」や「鉄筋」、「切断物」等の落下による危険を防止するため、「防網の設置」、「立入区域の設定」等の措置を講じましょう。

ポイント 物体の飛来・落下自体を防ぐことが重要ですが、労働者には保護帽などの保護具の着用を徹底させましょう。

機械・器具の使用に伴う労働災害の防止

解体作業に「コンクリートカッタ」や「ハンドブレーカ」、「携帯用丸のこ盤」などの危険な機械・器具を使用する場合には、安全装置等の適切な状態に維持するとともに、必要な保護具の着用等を徹底しましょう。

(2) 車両系建設機械を使用して解体作業を行う場合の留意事項

車両系建設機械を用いた作業計画の作成

車両系建設機械を用いて解体作業を行う場合には、あらかじめ作業場所の地形や地質を調査した上でこれを踏まえた作業計画を策定し、これに基づき作業を行いましょう。

ポイント 車両系建設機械の作業計画は、1で示した解体工事全体の作業計画との関係に十分留意したものとしましょう。

車両系建設機械の転倒等の防止

津波により地盤が緩んでいる箇所等で作業を行う場合には、「敷鉄板」の敷設などの転倒防止措置を徹底しましょう。

車両系建設機械との接触防止

車両系建設機械と労働者が接触するおそれのある箇所には、「立入禁止措置」を講ずるなど、車両系建設機械と労働者の接触防止措置を徹底しましょう。

ポイント 立入禁止措置を講ずることが困難な場合は、監視人を配置し、車両系建設機械を誘導させることにより、接触防止を図りましょう。

車両系建設機械の主たる用途以外の使用禁止

解体した建築廃材や鉄骨部材等のつり上げ作業を行う場合には、バケットの爪を用いてつり上げる等の危険な作業は禁止されています。

ポイント 荷のつり上げ作業においては、「移動式クレーン」や「クレーン機能付きドラグショベル」を使用しましょう。

車両系建設機械の運転に必要な資格等

車両系建設機械の運転業務は、「技能講習修了者」等必要な資格を有する者に行わせましょう。

※「ニブラ」、「グラップル」などの解体用の建設機械についても、車両系建設機械に準じ上記の措置を講じましょう。

3．建築物等に石綿が使用されている場合における留意事項

○石綿ばく露の防止対策について

建築物等は建築時期によっては建材や耐火被覆材等に石綿が含有されているものがあります。

解体に当たっては、設計図書や目視により事前調査を行い、その結果を記録するとともに、見やすい位置に掲示しましょう。

調査の結果、石綿が使用されていることが明らかとなった場合には、法令に基づき、以下のような措置が必要となります。

作業計画の作成

作業計画を定め、これに基づき作業を行いましょう。

作業主任者の選任等

石綿作業主任者を選任し、労働者の指揮を執らせるとともに、保護具の使用状況を監視させましょう。

> **ポイント** 作業に当たる労働者に対しては、石綿の危険性、保護具の着用等に関する教育を実施しましょう。

隔離等

吹き付けられた石綿を除去する作業等においては、隔離等を行い、周囲に石綿が飛散することを極力抑えましょう。

> **ポイント** 石綿が含まれる建材を除去する際は、事前に散水等で湿潤化することで、粉じんを発散させないようにしましょう。

保護具の適切な使用

作業内容に応じた適切な保護具を使用し、粉じんを吸い込まないようにしましょう。

> **ポイント** 吸収用保護具は、同時に就業する労働者の数と同数以上の数を揃えましょう。

「石綿」は、「アスベスト」とも呼ばれ、熱や摩擦に非常に強いことから、建築材料にも多量に使用されてきました。

「石綿」は、様々な健康障害を発生させるおそれがある物質ですので、解体工事の際に「石綿」を取り扱う場合には、上記の措置を徹底しましょう。

4．その他の留意事項

混在作業による労働災害の防止

商店街や住宅密集地などでは、複数の事業者が混在して作業を行うことが想定されます。

近接・密集して作業を行う作業者同士で、作業間の連絡調整を徹底するとともに、作業開始前のミーティング等を綿密に実施しましょう。

ポイント 建築物等の所有者等が作業に立ち会う場合には、立会者の危険を防止するため、危険範囲への立入禁止措置等を徹底しましょう。

その他

○　散水やシートによる囲い込み等により、解体時に発生する粉じんの飛散防止を徹底しましょう。

○　作業に当たっては、保護手袋やゴーグル、防じんマスク等必要な保護具の着用を徹底しましょう。

○　新規参入者教育、新規入場者教育等安全衛生教育の実施を徹底しましょう。

Q100

工事現場で、下請負人の労働者として、直傭でない派遣労働者が入場し、作業中に被災した場合にはどのような問題がありますか

Answer

1．工事現場に下請負人の労働者として、直傭でない派遣労働者が入場し、作業中に被災した場合

本来、労働者派遣が禁止されている建設業務ですが、ややもすると、工事現場に下請負人の労働者という形で派遣された労働者が完全な元請の指示の下で、実質的に派遣労働者として取り扱われるケースは少なくありません。

また、不幸にして、作業中に墜落等により死亡したり、負傷を負ったりした場合、どのような問題が発生するのか検討する必要があります。

ここでの問題点を列挙すると次のようになります。

① 工事発注元にあたる派遣先企業（元請）が下請負人に派遣されて使用している労働者の作業に関して、直接指揮命令をする権限を行使している場合は、明らかに元請の元方事業者による労働者派遣法第4条第1項第2号の違反となります。注)

② また、元請の元方事業者が、安衛法第29条・第30条・第31条の4等に照らして法令違反となる事実があった場合には、それらに関する安衛法の法令違反が生じることになります。

例えば、高所での解体作業中の派遣されている労働者が、元請の元方事業者から、墜落防止措置がなく、立入禁止措置のない作業場所で作業を指示されて作業を行っているときに墜落した場合、明らかに元方事業者の安全管理措置義務違反の疑い（この場合例えば墜落防止措置としての安衛則第519条違反）が生じることになります。

注）労働者派遣事業の適正な運営の確保及び派遣労働者の就業条件の整備等に関する法律

第4条　何人も、次の各号のいずれかに該当する業務について、労働者派遣事業を行ってはならない。

一　（略）

二　建設業務（土木、建築その他工作物の建設、改造、保存、修理、変更、破壊若しくは解体の作業又はこれらの作業の準備の作業に係る業務をいう。）

三　（略）

2（以下略）

2.「労働者死傷病報告」の様式

労働者派遣法が改正され、平成16年3月1日から製造業務への労働者派遣が認められております。

この場合、派遣労働者が派遣中に労働災害等により死亡又は休業したときは、派遣先及び派遣元の事業者が派遣先の事業場の名称等を記入のうえ、所轄労働基準監督署長に「労働死傷病報告」を提出する必要があります。

労働者死傷病報告

様式第23号（第97条関係）

8 1 0 0 1

労働保険番号（建設業の工事に従事する下請人の労働者が被災した場合、元請人の労働保険番号を記入すること。）					事業の種類
府県	所掌	管轄	基幹番号	枝番号	被一括事業場番号

事業場の名称（建設業にあつては工事名を併記のこと）

カナ

漢字

工事名

事業場の所在地 電話（　　）	構内下請事業の場合は親事業場の名称、建設業の場合は元方事業場の名称	派遣労働者が被災した場合は、派遣先の事業場の名称	提出事業者の区分 派遣先　派遣元

郵便番号	労働者数	発生日時（時間は24時間表記とすること）
—	人	7：平成→　元号　年　月　日　時　分

被災労働者の氏名（姓と名の間は1文字空けること）	生年月日	性別
カナ	1：明治 3：大正 5：昭和 7：平成 →　元号　年　月　日（　）歳	男　女
漢字	職種	経験期間　いずれかに○　年　月

休業見込期間又は死亡日時（死亡の場合は死亡欄に○）		傷病名	傷病部位	被災地の場所
休業見込　いずれかに○　月　週　日	死亡　死亡日時			

災害発生状況及び原因 ①どのような場所で②どのような作業をしているときに③どのような物又は環境に④どのような不安全な又は有害な状態があつて⑤どのような災害が発生したかを詳細に記入すること	略図（発生時の状況を図示すること。）
報告書作成者職氏名	職員記入欄 起因物　店社コード　業種分類 事故の型　発注者種類　事業場等区分　業務上疾病（1：該当　2：非該当）　自由設定項目 (1) (2) (3)

年　　月　　日

事業者職氏名

労働基準監督署長殿　　　㊞

受付印

様式第23号（第97条関係）（裏面）

備　考

1　□□□で表示された枠（以下「記入枠」という。）に記入する文字は、光学的文字・イメージ読取装置（OCIR）で直接読み取りを行うので、汚したり、穴をあけたり、必要以上に折り曲げたりしないこと。

2　記入すべき事項のない欄、記入枠及び職員記入欄は、空欄のままとすること。

3　記入枠の部分は、必ず黒のボールペンを使用し、枠からはみ出さないように大きめの漢字、カタカナ及びアラビア数字で明りように記入すること。

なお、濁点及び半濁点は同一の記入枠に「ガ」「パ」と記入すること。

4　「性別」、「経験期間」、「休業見込」及び「死亡」の欄は、該当する項目に○印を付すこと。

5　「事業場の名称」の欄の漢字及び「工事名」の欄で記入枠に書ききれない場合は、下段に続けて記入すること。

6　派遣労働者が被災した場合、派遣先及び派遣元の事業者は、「提出事業者の区分」の欄の該当する項目に○印を付した上、それぞれ所轄労働基準監督署に提出すること。

7　「経験期間」の欄は、当該職種について1年以上経験がある場合にはその経験年数を記入し、1年未満の場合にはその月数を記入し、それぞれ当該欄に○印を付すこと。

8　氏名を記載し、押印することに代えて、署名することができる。

様式第24号（第97条関係）

労　働　者　死　傷　病　報　告

平成○年○月から○年○月まで

事　業　の　種　類	事業場の名称（建設業にあっては工事名を併記のこと）	事　業　場　の　所　在　地	電　話	労働者数
機　械　製　造　業	㈱荒川機械製作所	東京都荒川区荒川１―29	(3892) 3425	130

被災労働者の氏名	性　別	年　齢	職　　種	派遣労働者の場合は欄に○	発生月日	傷病名及び傷病の部位	休業日数	災害発生状況（派遣労働者が被災した場合は、派遣先の事業場名を併記のこと。）
市　川　久　雄	㊚・女	20歳	機　械　工		１月２日	頭部打撲、右側頭	３日	ポンプ軸組立調整中スパナーが抜け頭部に当ったもの。
榎　本　　一	㊚・女	30歳	営　業　係		３月11日	切創、左大腿	３日	事務室において、歩行中、本箱の角に左大腿部を衝突したもの。
	男・女	歳			月　日		日	
	男・女	歳			月　日		日	
	男・女	歳			月　日		日	
	男・女	歳			月　日		日	
	男・女	歳			月　日		日	
	男・女	歳			月　日		日	
報告書作成者職氏名　労務課長　高石　満								

平成○年○月○日

㈱荒川機械製作所

足　立　労働基準監督署長殿

事業者職氏名　代表取締役　浜谷　敬介　㊞

備考　1　派遣労働者が被災した場合、派遣先及び派遣元の事業者は、それぞれ所轄労働基準監督署に提出すること。

2　氏名を記載し、押印することに代えて、署名することができる。

参考資料

参考資料1.

労働安全衛生法の法体系

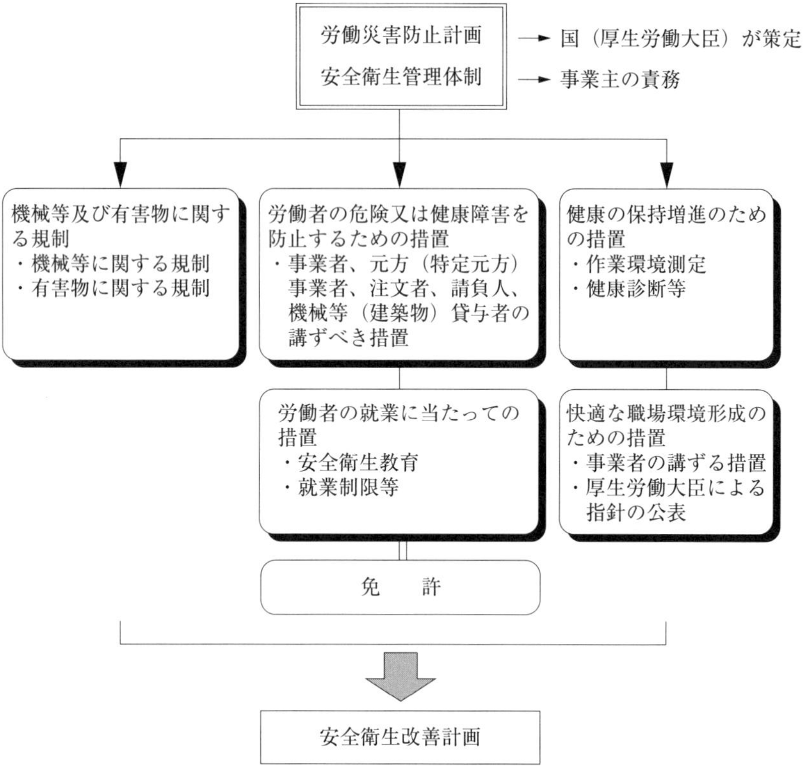

［労働安全衛生法に関連する省令等］

・労働安全衛生規則
・労働安全衛生法及びこれに基づく命令に係る登録及び指定に関する規則
・ボイラー及び圧力容器安全規則
・クレーン等安全規則
・ゴンドラ安全規則
・機械等検定規則

（健康保持・職場環境関連）

・作業環境測定法
・じん肺法

［労働安全衛生法に基づく省令］

◆事務所衛生基準関係
・事務所衛生基準規則

◆有害業務に係るもの
・有機溶剤中毒予防規則
・鉛中毒予防規則
・四アルキル鉛中毒予防規則
・特定化学物質障害予防規則
・高気圧作業安全衛生規則
・酸素欠乏症等防止規則
・粉じん障害防止規則
・電離放射線障害防止規則
・東日本大震災により生じた放射性物質により汚染された土壌等を除染するための業務等に係る電離放射線障害防止規則
・石綿障害予防規則

労働安全衛生法の構成

（平成24.7.1現在）

- **労働安全衛生法**
  - 第1章 総則
    - 目的、定義、事業者等・労働者の責務（第1条～第5条）
  - 第2章 労働災害防止計画
    - 労働災害防止計画の策定（第6条～第9条）
  - 第3章 安全衛生管理体制
    - 総括安全衛生管理者、安全管理者・衛生管理者、安全衛生推進者等、産業医、作業主任者（第10条～第14条）
    - 統括安全衛生責任者・元方安全衛生管理者・店社安全衛生管理者・安全衛生責任者（第15条～第16条）
    - 安全衛生委員会（第17条～第19条）
    - 安全管理者等に対する教育等（第19条の2）
  - 第4章 労働者の危険又は健康障害を防止するための措置
    - 事業者の講ずべき措置等
      - 機械等・爆発性の物等、電気等による危険の防止（第20条）
      - 作業方法等から生ずる危険の防止（第21条）
      - 危険な場所での作業に係る災害の防止（第21条）
      - 健康障害の防止（第22条）
      - 作業環境の保全等（第23条）
      - 作業行動による労働災害の防止（第24条）
      - 非常時の作業中止退避等（第25条）
      - 爆発火災等の発生に伴う救護措置（第25条の2）
    - 労働者の遵守義務（第26条）
    - 具体的事項の省令への委任（第27条）
    - 技術上の指針等の公表等（第28条）
    - 事業者の行うべき調査等（第28条の2）
    - 元方事業者の講ずべき措置等（第29条、第29条の2、第30条の2）
    - 特定元方事業者等の講ずべき措置（第30条、第30条の3）
    - 注文者の講ずべき措置（第31条、第31条の3）
    - 違法な指示の禁止（第31条の4）
    - 請負人の講ずべき措置等（第32条）
    - 機械等貸与等の講ずべき措置等（第33条）
    - 建築物貸与者の講ずべき措置（第34条）
    - 重量表示（第35条）
  - 第5章 機械等並びに危険物及び有害物に関する規制
    - 製造の許可、検査、検査証の交付等、使用等の制限
    - 検査証の有効期間等、譲渡・設置等の制限（第37条～第43条の2）
    - 個別検定・型式検定（第44条～第44条の4）
    - 定期自主検査等（第45条）
    - 登録製造時等検査機関等（第46条～第54条の6）
    - 製造等の禁止、許可、表示、文書の交付等、化学物質の有害性の調査（第55条～第57条の5）
  - 第6章 労働者の就業に当たっての措置
    - 安全衛生教育、職長等の教育（第59条～第60条の2）
    - 就業制限（第61条）
    - 中高年齢者等への配慮（第62条）
  - 第7章 健康の保持増進のための措置
    - 作業環境測定、結果の評価等（第65条～第65条の4）
    - 健康診断・健康管理手帳・病者の就業禁止・健康教育等（第66条～第71条）
  - 第7章の2 快適な職場環境の形成のための措置
    - 事業者の講ずる措置等（第71条の2～第71条の4）
  - 第8章 免許等
    - 免許、試験、指定試験機関等（第72条～第75条の12）
    - 技能講習、登録教習機関（第76条、第77条）
  - 第9章 安全衛生改善計画等
    - 安全衛生改善計画の作成指示・遵守（第78条、第79条）
    - 労働安全・衛生コンサルタントによる安全衛生診断（第80条～第87条）
  - 第10章 監督等
    - 計画の届出等・厚生労働大臣、都道府県労働局長の審査等（第88条～第89条の2）
    - 労働基準監督署長、労働基準監督官の権限、職務等（第90条～第97条）
    - 使用停止命令等、災害急迫時の作業停止命令等、講習の指示、報告等（第98条～第100条）
  - 第11章 雑則
    - 法令の周知、書類の保存等（第101条～第113条）
    - 鉱山に関する特例、適用除外（第114条、第115条）
  - 第12章 罰則
    - （第115条の2～第123条）

参考資料2．

建設業労働安全衛生マネジメントシステムガイドライン

建設業労働災害防止協会

このガイドラインは、厚生労働大臣が公表した「労働安全衛生マネジメントシステムに関する指針」に基づき、建設業の固有の特性を踏まえ、必要な安全衛生管理の仕組みを示したものであり、建設事業を行う事業者が、自らの意思において、自主的に取り組むものである。

1．目　　的

このガイドラインは、建設事業を行う事業者が、労働者の協力の下に、店社と作業所が一体となって、「計画—実施—評価—改善」という一連の過程を定めて継続的に行う自主的な安全衛生活動を促進することにより、建設事業場における労働災害の防止を図るとともに、労働者の健康の増進及び快適な職場環境の形成の促進を図り、もって建設事業場における安全衛生水準の向上に資することを目的とする。

2．趣　　旨

このガイドラインは、建設事業場の安全衛生管理に関する仕組みを確立するための基本的事項を定めたものであり、労働安全衛生法の規定に基づき機械、設備、化学物質等による危険又は健康障害を防止するため建設事業を行う事業者が講ずべき具体的な措置を定めるものではない。

3．定　　義

このガイドラインに用いる用語の意義は、次に定めるところによる。

3.1　建設業労働安全衛生マネジメントシステム

建設業労働安全衛生マネジメントシステム（以下「システム」という。）とは、建設事業場において、次に掲げる事項を体系的かつ継続的に実施する安全衛生管理に係る一連の自主的活動に関する仕組みであって、施工管理等の建設事業の実施に係る管理と一体となって運用されるものをいう。

1）安全衛生に関する方針（以下「安全衛生方針」又は「工事安全衛生方針」という。）の表明
2）危険性又は有害性等の調査及びその結果に基づき講ずる措置
3）安全衛生に関する目標（以下「安全衛生目標」又は「工事安全衛生目標」という。）の設定
4）安全衛生に関する計画（以下「安全衛生計画」又は「工事安全衛生計画」という。）の作成、実施、評価及び改善

3.2　建設事業場

建設事業場とは、建設事業の仕事の請負契約を締結している店社とその店社において締結した請負契約に係る仕事を行う作業所を統合した組織をいう。

3.3　建設事業者

建設事業者とは、建設事業場で建設事業の仕事を行う者をいう。

3.4　店社

店社とは、作業所の指導、支援及び管理業務を行う本社、支店等の組織をいう。

3.5　作業所

作業所とは、工事の施工を行う組織をいう。

3.6　システム監査

システム監査とは、システムに従って行う措置が適切に実施されているかどうかについて、安全衛生計画の期間を考慮して定期的に建設事業者が行う調査及び評価をいう。

4．適　　用

システムに従って行う措置は、建設事業の仕事の請負契約を締結している店社及びその店社において締結した請負契約に係る仕事を行う作業所を併せて一の単位として実施することを基本とする。

5．システムを確立するために必要な基本的事項

建設事業場におけるシステムを確立し、適切かつ継続的に実施するため、建設事業者及び作業所長は、以下の基本的事項を実施するものとする。

5.1　店社において必要な基本的事項

5.1.1　安全衛生方針の表明

1）建設事業者は、建設事業場における安全衛生方針を表明し、労働者及び関係請負人その他の関係者に周知させるものとする。

2）安全衛生方針は、建設事業場における安全衛生水準の向上を図るための安全衛生に関する基本的考え方を示すものであり、次の事項を含むものとする。

⑴　労働災害の防止を図ること。

⑵　労働者の協力の下に、安全衛生活動を実施すること。

⑶　労働安全衛生関係法令、建設事業場において定めた安全衛生に関する規程（以下「建設事業場安全衛生規程」という。）等を遵守すること。

⑷　システムに従って行う措置を適切に実施すること。

5.1.2　労働者の意見の反映

建設事業者は、安全衛生目標の設定並びに安全衛生計画の作成、実施、評価及び改善に当たり、安全衛生委員会等（安全衛生委員会、安全委員会又は衛生委員会をいう。以下同じ。）の活用等労働者の意見を反映する手順を定めるとともに、この手順に基づき、労働者の意見を反映するものとする。

5.1.3　システム体制の整備

建設事業者は、建設事業場におけるシステムに従って行う措置を適切に実施する体制を整備するため、次の事項を行うものとする。

⑴　建設事業場においてその事業を統括管理する者を、システム管理の最高責任者として指名し、役割、責任及び権限を定めること。

⑵　システム各級管理者（店社においては、安全衛生管理部門、工事管理部門等における部長・課長・係長等の管理者、また、作業所におい

ては、作業所長、工事主任等の管理者であって、システムを担当するものをいう。以下同じ。）を指名し、役割、責任及び権限を定めること。

⑶　システム管理の最高責任者、システム各級管理者の役割、責任及び権限を、労働者及び関係請負人その他の関係者に周知させること。

⑷　システムに係る人材及び予算を確保するように努めること。

⑸　システムに従って行う措置の実施に当たり、安全衛生委員会等を活用すること。

5.1.4　システム教育の実施

建設事業者は、労働者に対してシステムに関する教育を実施する手順を定めるとともに、この手順に基づき、システムに関する教育を実施するものとする。

5.1.5　関係請負人の安全衛生管理能力等の評価

1)　建設事業者は、安全衛生に関して優良な関係請負人の選定及び育成のため、関係請負人の安全衛生管理能力等を評価する手順を定めるとともに、この手順に基づき、関係請負人の安全衛生管理能力等を評価するものとする。

2)　建設事業者は、1)において評価した結果を、次の施工する工事における関係請負人の選定及び育成に反映するものとする。

5.1.6　明文化

1)　建設事業者は、次の事項を文書により定めるものとする。

⑴　安全衛生方針

⑵　システム管理の最高責任者及びシステム各級管理者の役割、責任及び権限

⑶　安全衛生目標

⑷　安全衛生計画

⑸　次に掲げる店社において必要な基本的事項に関する手順

①　労働者の意見の反映

②　システム教育

③　関係請負人の安全衛生管理能力等の評価
④　文書の管理
⑤　危険性又は有害性等の調査及び実施事項の決定
⑥　安全衛生計画の実施等
⑦　日常的な点検、改善等
⑧　労働災害発生原因の調査等
⑨　システム監査

(6)　次に掲げる作業所において必要な基本的事項に関する手順

①　労働者等の意見の反映
②　関係請負人の安全衛生管理能力等の評価
③　文書の管理
④　記録
⑤　危険性又は有害性等の調査及び実施事項の決定
⑥　工事安全衛生計画の実施等
⑦　日常的な点検、改善等
⑧　労働災害発生原因の調査等

2)　建設事業者は、1)の文書を管理する手順を定めるとともに、この手順に基づき、これらの文書を管理するものとする。

5.1.7　記録

建設事業者は、安全衛生計画の実施状況、システム監査の結果等システムに従って行う措置の実施に関し必要な事項を記録し、これらの記録を保管するものとする。

5.1.8　危険性又は有害性等の調査及び実施事項の決定

1)　建設事業者は、労働安全衛生法第28条の２第２項に基づく、「危険性又は有害性等の調査等に関する指針」に従って工事に伴う危険性又は有害性等を調査する手順を定めるとともに、この手順に基づき、危険性又は有害性を調査するものとする。

2)　建設事業者は、1)の調査の結果に基づき労働者の危険又は健康障害を防止するため必要な措置を決定する手順を定めるとともに、この手順に基づき、実施する措置を決定するものとする。

3） 建設事業者は、労働安全衛生関係法令、建設事業場安全衛生規程等に基づき実施すべき事項を決定する手順を定めるとともに、この手順に基づき、実施する措置を決定するものとする。

5.1.9　安全衛生目標の設定

建設事業者は、安全衛生方針に基づき、次に掲げる事項を踏まえ、安全衛生目標を設定し、この目標において一定期間に達成すべき到達点を明らかにするとともに、この目標を労働者及び関係請負人その他の関係者に周知するものとする。

⑴ 危険性又は有害性等の調査結果

⑵ 過去の安全衛生目標の達成状況、労働災害の発生状況

5.1.10　安全衛生計画の作成

1） 建設事業者は、安全衛生目標を達成するため、建設事業場における危険性又は有害性等の調査の結果等に基づき、一定の期間を限り、安全衛生計画を作成するとともに、この計画を労働者及び関係請負人その他の関係者に周知するものとする。

2） 安全衛生計画は、安全衛生目標を達成するため、具体的な実施事項、日程等について定めるものであり、次の事項を含むものとする。

⑴ 5.1.8　2)、3)の規定により決定された措置の内容及び実施時期に関する事項

⑵ 安全衛生に関する行事、安全施工サイクル活動等の日常的な安全衛生活動の実施に関する事項

⑶ 安全衛生教育の内容及び実施時期に関する事項

⑷ 関係請負人に対する措置の内容及び実施時期に関する事項

⑸ 作業所の指導及び支援に関する事項

⑹ 安全衛生計画の期間に関する事項

⑺ 安全衛生計画の見直しに関する事項

5.1.11　安全衛生計画の実施等

1） 建設事業者は、安全衛生計画を適切かつ継続的に実施する手順を定めるとともに、この手順に基づき、安全衛生計画を適切かつ継続的に

実施するものとする。

2) 建設事業者は、安全衛生計画を適切かつ継続的に実施するために必要な事項について労働者及び関係請負人その他の関係者に周知させる手順を定めるとともに、この手順に基づき、安全衛生計画を適切かつ継続的に実施するために必要な事項をこれらの者に周知させるものとする。

5.1.12 緊急事態への対応

建設事業者は、あらかじめ、工事において労働災害発生の急迫した危険がある状態（以下「緊急事態」という。）が発生した場合に労働災害を防止するための措置を定めるとともに、これに基づき適切に対応するものとする。

5.1.13 日常的な点検、改善等

1) 建設事業者は、安全衛生計画の実施状況等の日常的な点検及び改善を実施する手順を定めるとともに、この手順に基づき、安全衛生計画の実施状況等の日常的な点検及び改善を実施するものとする。

2) 建設事業者は、次回の安全衛生計画を作成するに当たり、1)の日常的な点検及び改善の結果を反映するものとする。

5.1.14 労働災害発生原因の調査等

1) 建設事業者は、労働災害、事故等が発生した場合におけるこれらの原因の調査並びに問題点の把握及び改善を実施する手順を定めるとともに、労働災害、事故等が発生した場合には、この手順に基づき、これらの原因の調査並びに問題点の把握及び改善を実施するものとする。

2) 建設事業者は、次回の安全衛生計画を作成するに当たり、1)の労働災害、事故等の原因の調査並びに問題点の把握及び改善の結果を反映するものとする。

5.1.15 システム監査

1) 建設事業者は、定期的なシステム監査の計画を作成し、5.1.1から5.

1.14まで及び5.2.1から5.2.13までに規定する事項についてシステム監査を適切に実施する手順を定めるとともに、この手順に基づき、システム監査を適切に実施するものとする。

2) 建設事業者は、1)のシステム監査の結果、必要があると認めるときは、システムに従って行う措置の実施について改善を行うものとする。

5.1.16　システムの見直し

建設事業者は、5.1.15　1)のシステム監査の結果を踏まえ、定期的に、システムの妥当性及び有効性を確保するため、安全衛生方針の見直し、このガイドラインに基づき定められた手順の見直し等システムの全般的な見直しを行うものとする。

5.2　作業所において必要な基本的事項

5.2.1　工事安全衛生方針の表明

1) 作業所長は、工事安全衛生方針を表明し、施工する工事に関係する労働者及び関係請負人その他の関係者に周知させるものとする。

2) 工事安全衛生方針は、作業所における安全衛生を確保するための施工する工事の安全衛生に関する基本的考え方を示すものであり、施工する工事の特性、建設事業者が定めた安全衛生方針、安全衛生目標、安全衛生計画等に基づくものとする。

5.2.2　労働者等の意見の反映

作業所長は、工事安全衛生目標の設定並びに工事安全衛生計画の作成、実施、評価及び改善に当たり、5.1.6　1)(6)で定める手順に基づき、施工する工事に関係する労働者の意見を反映するとともに、関係請負人の意見を反映するよう努めるものとする。

5.2.3　システム体制の周知等

1) 作業所長は、システム各級管理者の役割、責任及び権限を、労働者及び関係請負人その他の関係者に周知させるものとする。

2) 作業所長は、システムに関する体制図等によりシステム各級管理者の指名を明確にさせるものとする。

5.2.4　関係請負人の安全衛生管理能力等の評価

作業所長は､安全衛生に関して優良な関係請負人の選定及び育成のため、5.1.6　1)⑹で定める手順に基づき、関係請負人の安全衛生管理能力等の評価を実施し、この結果を建設事業者に報告するものとする。

5.2.5　明文化

1)　作業所長は、5.1.6　1)⑹で定める手順に基づき、次の事項を文書により定めるとともに、これらの文書を管理するものとする。
   ⑴　工事安全衛生方針
   ⑵　工事安全衛生目標
   ⑶　工事安全衛生計画

2)　作業所長は、5.1.6　1)⑹で定める手順に基づき、1)の文書を建設事業者に報告するものとする。

5.2.6　記録

1)　作業所長は、5.1.6　1)⑹で定める手順に基づき、工事安全衛生計画の実施状況、日常的な点検、改善の状況等システムに従って行う措置の実施に関し必要な事項を記録するとともに、これらの記録を保管するものとする。

2)　作業所長は、5.1.6.　1)⑹で定める手順に基づき、1)の記録を建設事業者に報告するものとする。

5.2.7　危険性又は有害性等の調査及び実施事項の決定

1)　作業所長は、労働安全衛生法第28条の２第２項に基づく「危険性又は有害性等の調査等に関する指針」に従って5.1.6　1)⑹定める手順に基づき、施工する工事において予想させる危険性又は有害性等を調査するものとする。

2)　作業所長は、5.1.6　1)⑹で定める手順に基づき、1)の調査の結果から労働者の危険又は健康障害を防止するために実施する措置を決定するものとする。

3)　作業所長は、5.1.6　1)⑹で定める手順に基づき、労働安全衛生関係法令、建設事業場安全衛生規程等から実施する措置を決定するものとする。

5.2.8　工事安全衛生目標の設定

作業所長は、工事安全衛生方針に基づき、次に掲げる事項を踏まえ、工事安全衛生目標を設定し、この目標において施工する工事期間又は一定期間において、達成すべき到達点を明らかにするとともに、この目標を施工する工事に関係する労働者及び関係請負人その他の関係者に周知するものとする。

⑴　危険性又は有害性等の調査結果

⑵　過去の工事安全衛生目標の達成状況、労働災害の発生状況

5.2.9　工事安全衛生計画の作成

1)　作業所長は、工事安全衛生目標を達成するため、施工する工事において予想される危険性又は有害性等の調査の結果等に基づき、施工する工事期間又は一定期間における工事安全衛生計画を作成するとともに、この計画を施工する工事に関係する労働者及び関係請負人その他の関係者に周知するものとする。

2)　工事安全衛生計画は、工事安全衛生目標を達成するため、次の事項を含むものとする。

⑴　5.2.7　2)、3)の規定により決定された措置の内容及び実施時期に関する事項

⑵　安全衛生に関する行事、安全施工サイクル活動等の日常的な安全衛生活動の実施に関する事項

⑶　安全衛生教育の内容及び実施時期に関する事項

⑷　関係請負人に対する措置の内容及び実施時期に関する事項

⑸　工事安全衛生計画の期間に関する事項

⑹　工事安全衛生計画の見直しに関する事項

5.2.10　工事安全衛生計画の実施等

1)　作業所長は、5.1.6　1)⑹で定める手順に基づき、工事安全衛生計画を適切かつ継続的に実施するものとする。

2)　作業所長は、5.1.6　1)⑹で定める手順に基づき、工事安全衛生計

画を適切かつ継続的に実施するために必要な事項について施工する工事に関する労働者及び関係請負人その他の関係者に周知させるものとする。

5.2.11　緊急事態への対応

作業所長は、あらかじめ、施工する工事において緊急事態が生ずる可能性を評価し、5.1.12で定める措置に従って、適切に対応するものとする。

5.2.12　日常的な点検、改善等

1) 作業所長は、5.1.6　1)(6)で定める手順に基づき、工事安全衛生計画の実施状況等の日常的な点検及び改善を実施するものとする。

2) 作業所長は、一定期間における工事安全衛生計画を作成している場合にあっては、1)の日常的な点検及び改善の結果を、次回の工事安全計画に反映するものとする。

5.2.13　労働災害発生原因の調査等

1) 作業所長は、労働災害、事故等が発生した場合に5.1.6　1)(6)で定める手順に基づき、労働災害、事故等の原因の調査並びに問題点の把握及び改善を実施するものとする。

2) 作業所長は、一定期間における工事安全衛生計画を作成している場合にあっては、1)の労働災害、事故等の原因の調査並びに問題点の把握及び改善の結果を、次回の工事安全衛生計画に反映するものとする。

〔沿革
平成11年11月16日制定
平成18年6月1日改正〕

参考資料3.

危険性又は有害性等の調査等に関する指針

（平成18年3月10日　危険性又は有害性等の調査等に関する指針公示第1号）

1　趣　旨　等

生産工程の多様化・複雑化が進展するとともに、新たな機械設備・化学物質が導入されていること等により、労働災害の原因が多様化し、その把握が困難になっている。

このような現状において、事業場の安全衛生水準の向上を図っていくため、労働安全衛生法（昭和47年法律第57号。以下「法」という。）第28条の2第1項において、労働安全衛生関係法令に規定される最低基準としての危害防止基準を遵守するだけでなく、事業者が自主的に個々の事業場の建設物、設備、原材料、ガス、蒸気、粉じん等による、又は作業行動その他業務に起因する危険性又は有害性等の調査（以下単に「調査」という。）を実施し、その結果に基づいて労働者の危険又は健康障害を防止するため必要な措置を講ずることが事業者の努力義務として規定されたところである。

本指針は、法第28条の2第2項の規定に基づき、当該措置が各事業場において適切かつ有効に実施されるよう、その基本的な考え方及び実施事項について定め、事業者による自主的な安全衛生活動への取組を促進することを目的とするものである。

また、本指針を踏まえ、特定の危険性又は有害性の種類等に関する詳細な指針が別途策定されるものとする。詳細な指針には、「化学物質等による労働者の危険又は健康障害を防止するため必要な措置に関する指針」、機械安全に関して厚生労働省労働基準局長の定めるものが含まれる。

なお、本指針は、「労働安全衛生マネジメントシステムに関する指針」（平成11年労働省告示第53号）に定める危険性又は有害性等の調査及び実施事項の特定の具体的実施事項としても位置付けられるものである。

2　適　　用

本指針は、建設物、設備、原材料、ガス、蒸気、粉じん等による、又は作業行動その他業務に起因する危険性又は有害性（以下単に「危険性又は有害性」という。）であって、労働者の就業に係る全てのものを対象とする。

3　実施内容

事業者は、調査及びその結果に基づく措置（以下「調査等」という。）として、次に掲げる事項を実施するものとする。

⑴　労働者の就業に係る危険性又は有害性の特定

⑵　⑴により特定された危険性又は有害性によって生ずるおそれのある負傷又は疾病の重篤度及び発生する可能性の度合（以下「リスク」という。）の見積り

⑶　⑵の見積りに基づくリスクを低減するための優先度の設定及びリスクを低減するための措置（以下「リスク低減措置」という。）内容の検討

⑷　⑶の優先度に対応したリスク低減措置の実施

4　実施体制等

⑴　事業者は、次に掲げる体制で調査等を実施するものとする。

ア　総括安全衛生管理者等、事業の実施を統括管理する者（事業場トップ）に調査等の実施を統括管理させること。

イ　事業場の安全管理者、衛生管理者等に調査等の実施を管理させること。

ウ　安全衛生委員会等（安全衛生委員会、安全委員会又は衛生委員会をいう。）の活用等を通じ、労働者を参画させること。

エ　調査等の実施に当たっては、作業内容を詳しく把握している職長等に危険性又は有害性の特定、リスクの見積り、リスク低減措置の検討を行わせるように努めること。

オ　機械設備等に係る調査等の実施に当たっては、当該機械設備等に専門的な知識を有する者を参画させるように努めること。

⑵　事業者は、⑴で定める者に対し、調査等を実施するために必要な教育を実施するものとする。

5　実施時期

⑴　事業者は、次のアからオまでに掲げる作業等の時期に調査等を行うものとする。

ア　建設物を設置し、移転し、変更し、又は解体するとき。

イ　設備を新規に採用し、又は変更するとき。

ウ　原材料を新規に採用し、又は変更するとき。

エ　作業方法又は作業手順を新規に採用し、又は変更するとき。

オ　その他、次に掲げる場合等、事業場におけるリスクに変化が生じ、又は生ずるおそれのあるとき。

(ア)　労働災害が発生した場合であって、過去の調査等の内容に問題がある場合

(イ)　前回の調査等から一定の期間が経過し、機械設備等の経年による劣化、労働者の入れ替わり等に伴う労働者の安全衛生に係る知識経験の変化、新たな安全衛生に係る知見の集積等があった場合

(2)　事業者は、(1)のアからエまでに掲げる作業を開始する前に、リスク低減措置を実施することが必要であることに留意するものとする。

(3)　事業者は、(1)のアからエまでに係る計画を策定するときは、その計画を策定するときにおいても調査等を実施することが望ましい。

6　対象の選定

事業者は、次により調査等の実施対象を選定するものとする。

(1)　過去に労働災害が発生した作業、危険な事象が発生した作業等、労働者の就業に係る危険性又は有害性による負傷又は疾病の発生が合理的に予見可能であるものは、調査等の対象とすること。

(2)　(1)のうち、平坦な通路における歩行等、明らかに軽微な負傷又は疾病しかもたらさないと予想されるものについては、調査等の対象から除外して差し支えないこと。

7　情報の入手

(1)　事業者は、調査等の実施に当たり、次に掲げる資料等を入手し、その情報を活用するものとする。入手に当たっては、現場の実態を踏まえ、定常的な作業に係る資料等のみならず、非定常作業に係る資料等も含めるものとする。

ア　作業標準、作業手順書等

イ　仕様書、化学物質等安全データシート（MSDS）等、使用する機械設

備、材料等に係る危険性又は有害性に関する情報

ウ　機械設備等のレイアウト等、作業の周辺の環境に関する情報

エ　作業環境測定結果等

オ　混在作業による危険性等、複数の事業者が同一の場所で作業を実施する状況に関する情報

カ　災害事例、災害統計等

キ　その他、調査等の実施に当たり参考となる資料等

(2)　事業者は、情報の入手に当たり、次に掲げる事項に留意するものとする。

ア　新たな機械設備等を外部から導入しようとする場合には、当該機械設備等のメーカーに対し、当該設備等の設計・製造段階において調査等を実施することを求め、その結果を入手すること。

イ　機械設備等の使用又は改造等を行おうとする場合に、自らが当該機械設備等の管理権原を有しないときは、管理権原を有する者等が実施した当該機械設備等に対する調査等の結果を入手すること。

ウ　複数の事業者が同一の場所で作業する場合には、混在作業による労働災害を防止するために元方事業者が実施した調査等の結果を入手すること。

エ　機械設備等が転倒するおそれがある場所等、危険な場所において、複数の事業者が作業を行う場合には、元方事業者が実施した当該危険な場所に関する調査等の結果を入手すること。

8　危険性又は有害性の特定

(1)　事業者は、作業標準等に基づき、労働者の就業に係る危険性又は有害性を特定するために必要な単位で作業を洗い出した上で、各事業場における機械設備、作業等に応じてあらかじめ定めた危険性又は有害性の分類に則して、各作業における危険性又は有害性を特定するものとする。

(2)　事業者は、(1)の危険性又は有害性の特定に当たり、労働者の疲労等の危険性又は有害性への付加的影響を考慮するものとする。

9　リスクの見積り

(1)　事業者は、リスク低減の優先度を決定するため、次に掲げる方法等により、危険性又は有害性により発生するおそれのある負傷又は疾病の重篤度

及びそれらの発生の可能性の度合をそれぞれ考慮して、リスクを見積もるものとする。ただし、化学物質等による疾病については、化学物質等の有害性の度合及びばく露の量をそれぞれ考慮して見積もることができる。

ア　負傷又は疾病の重篤度とそれらが発生する可能性の度合を相対的に尺度化し、それらを縦軸と横軸とし、あらかじめ重篤度及び可能性の度合に応じてリスクが割り付けられた表を使用してリスクを見積もる方法

イ　負傷又は疾病の発生する可能性とその重篤度を一定の尺度によりそれぞれを数値化し、それらを加算又は乗算等してリスクを見積もる方法

ウ　負傷又は疾病の重篤度及びそれらが発生する可能性等を段階的に分岐していくことによりリスクを見積もる方法

(2)　事業者は、(1)の見積りに当たり、次に掲げる事項に留意するものとする。

ア　予想される負傷又は疾病の対象者及び内容を明確に予測すること。

イ　過去に実際に発生した負傷又は疾病の重篤度ではなく、最悪の状況を想定した最も重篤な負傷又は疾病の重篤度を見積もること。

ウ　負傷又は疾病の重篤度は、負傷や疾病等の種類にかかわらず、共通の尺度を使うことが望ましいことから、基本的に、負傷又は疾病による休業日数等を尺度として使用すること。

エ　有害性が立証されていない場合でも、一定の根拠がある場合は、その根拠に基づき、有害性が存在すると仮定して見積もるよう努めること。

(3)　事業者は、(1)の見積もりを、事業場の機械設備、作業等の特性に応じ、次に掲げる負傷又は疾病の類型ごとに行うものとする。

ア　はさまれ、墜落等の物理的な作用によるもの

イ　爆発、火災等の化学物質の物理的効果によるもの

ウ　中毒等の化学物質等の有害性によるもの

エ　振動障害等の物理因子の有害性によるもの

また、その際、次に掲げる事項を考慮すること。

ア　安全装置の設置、立入禁止措置その他の労働災害防止のための機能又は方策（以下「安全機能等」という。）の信頼性及び維持能力

イ　安全機能等を無効化する又は無視する可能性

ウ　作業手順の逸脱、操作ミスその他の予見可能な意図的・非意図的な誤使用又は危険行動の可能性

10　リスク低減措置の検討及び実施

⑴　事業者は、法令に定められた事項がある場合にはそれを必ず実施するとともに、次に掲げる優先順位でリスク低減措置内容を検討の上、実施するものとする。

ア　危険な作業の廃止・変更等、設計や計画の段階から労働者の就業に係る危険性又は有害性を除去又は低減する措置

イ　インターロック、局所排気装置等の設置等の工学的対策

ウ　マニュアルの整備等の管理的対策

エ　個人用保護具の使用

⑵　⑴の検討に当たっては、リスク低減に要する負担がリスク低減による労働災害防止効果と比較して大幅に大きく、両者に著しい不均衡が発生する場合であって、措置を講ずることを求めることが著しく合理性を欠くと考えられるときを除き、可能な限り高い優先順位のリスク低減措置を実施する必要があるものとする。

⑶　なお、死亡、後遺障害又は重篤な疾病をもたらすおそれのあるリスクに対して、適切なリスク低減措置の実施に時間を要する場合は、暫定的な措置を直ちに講ずるものとする。

11　記　　録

事業者は、次に掲げる事項を記録するものとする。

⑴　洗い出した作業

⑵　特定した危険性又は有害性

⑶　見積もったリスク

⑷　設定したリスク低減措置の優先度

⑸　実施したリスク低減措置の内容

参考資料4.

第11次労働災害防止計画

厚生労働省

1　計画のねらい

労働者の安全と健康はかけがえのないものであり、労働者本人にとってはもちろんのこと、家族、事業場、産業界、そして国全体にとって最大限尊重すべきものである。事業場の生産活動を優先するあまり、労働者の安全と健康の確保がおろそかになってはならないことであり、事業者をはじめとする関係者は、常に労働者の安全と健康の確保を優先しなければならない。労働者自身もこのことを十分に理解し、安全衛生に関わる活動に積極的に取り組み、協力しなければならない。

労働者の安全と健康の確保を目的とする労働安全衛生法（昭和47年法律第57号）においては、事業者が遵守すべき最低基準を義務として示すだけでなく、積極的に労働者の安全と健康を確保する措置を講ずることを求め、また、労働者に対しても必要な事項の遵守や事業者の安全衛生に関する措置への協力に努めなければならないとしている。

労働災害防止を図るためには、国、事業者、労働者をはじめとする関係者が一体となり、対策を総合的かつ計画的に実施する必要がある。このため、国は、労働災害防止についての総合的な計画を長期的な展望に立って策定し、自ら今後とるべき施策を明らかにするとともに、労働災害防止の実施主体である事業者等において取り組むことが求められる事項を示し、その自主的活動を促進することとしているところであり、今般、平成20年度を初年度とし、平成24年度を目標年度とする労働災害防止計画を策定するものである。

事業者、労働者をはじめ、関係者においては、本計画の趣旨、対策の内容等を理解し、自ら積極的に安全衛生水準の向上に努めることが求められる。

2　労働災害を巡る動向

(1)　産業・就業構造、産業現場等の変化

近年の労働災害の発生状況については、産業構造、就業構造、産業現場の変化等が大きな影響を及ぼしている。

産業構造については、1990年代後半からの景気の低迷に伴う製造業の生産活動の減退、建設事業の縮小等の一方で、国民生活の多様化等により、サービス業等の第三次産業の拡大が進んでいる。

就業構造においては、産業構造の変化に伴い、業種ごとの労働者の増減が生じており、非正規雇用の拡大による就業形態の多様化、労働時間分布の長短二極化等が認められる。また、定年年齢の引上げ等により、高年齢労働者が増加し、その就業率は高まっている。さらに、女性の雇用者数は増加傾向にあり、少子化への対応の観点からも、女性健康管理が重要となっている。

一方、産業現場においては、生産工程の多様化、複雑化が進展するとともに、新たな機械設備・化学物質が導入される等、事業場内の危険・有害性が多様化している。

化学物質については、国内外での有害性に係る知見を踏まえて、有害性の評価等を行い、遅滞なく必要な規制を進めていく必要があるとともに、規制等の国際的な動向への対応も必要となっている。さらに、人体に有害なおそれのある化学物質については、近年、有害性が完全に証明されていない時点でも予防的に必要な措置を取るという考え方が国際的にも重視されてきている。

このほか、これまで現場の安全衛生を支えてきた団塊の世代の大量退職、非正規雇用労働者の増加等により安全衛生のノウハウがうまく伝承されないことが懸念されており、加えて、経験年数の短い労働者が増加していること等にも適切な対応が必要である。

さらに、国際的には、国際労働機関（ILO）において、労働者の安全と健康の確保は、ディーセント・ワーク（働きがいのある人間らしい仕事）の実現に向けた課題の一つとして位置付けられている。

(2) 現状分析及び課題

ア 労働災害の発生状況等

平成15年度を初年度とし、平成19年度を目標年度とする労働災害防止計画（以下「前計画」という。）においては、労働災害による死亡者数について年間1,500人を大きく下回ること、労働災害総件数については計画期間中において20％以上減少させることを目標としていたが、死亡者数は、平成18年に初めて1,500人を下回ったことに続いて、平成19年も引き続き減少傾向にあることから、1,500人を大きく下回り、前計画の目標を達成することが見込まれる。

一方、労働災害による休業4日以上の死傷者数（以下「死傷者数」という。）は、昭和53年以来27年間にわたり逐年減少し、その間3分の1となったが、平成18年には28年ぶりに増加し、前計画期間中の減少率は約10％にとどまることが見込まれるなど、目標の達成は困難な状況にあり、今後更なる減少を図るためには予断を許さない状況にある。

(ア) 業種別

主な業種における労働災害の発生状況等は以下のとおりである。

① 製造業

製造業における労働災害は、減少傾向を維持しているものの、全産業の死亡災害のうち、製造業の割合は5分の1、休業4日以上の死傷災害（以下「死傷災害」という。）では4分の1となっている。

起因物別に見ると、一般動力機械、金属加工用機械等の機械による労働災害（「以下「機械災害」という。）が4割近くを占め、その中では指の切断等の障害が残る重篤な労働災害も多い。

また、転倒災害及び墜落・転落災害も多く発生しており、合わせて死傷災害の4分の1を占めている。

このほか、製造業においては派遣労働者や請負人に雇用される労働者（以下「請負労働者」という。）が増加しており、安全衛生の知識に乏しい当該労働者に係る労働災害の増加が懸念されている。また、団塊世代の大量退職等による安全衛生水準の低下等が懸念される。

② 建設業

建設業における労働災害は、減少傾向を維持し、特に死亡災害においてその減少が顕著であるが、依然として全産業の死亡災害のうち、建設業の割合は3分の1以上、死傷災害では5分の1以上となっている。

事故の型別に見ると、墜落・転落災害が、建設業の死亡災害の4割以上、死傷災害の3分の1以上を占めている。また、建設機械等による災害、土砂崩壊災害も減少傾向にあるものの依然として多発している。

このほか、低価格で受注された建設工事において、その一部で労働者の安全衛生の確保に影響を与えることが懸念される。

③　陸上貨物運送事業

陸上貨物運送事業における労働災害は、減少傾向を維持しているものの、全産業の死亡災害及び死傷災害のうち、陸上貨物運送事業の割合はそれぞれ１割以上となっている。

事故の型別に見ると、交通労働災害が死亡災害の３分の２を、荷役作業中の墜落・転落災害が死傷災害の３割を占めている。

④　林業

林業における労働災害は、死傷災害の年千人率（以下「年千人率」という。）が全業種平均の10倍を上回るなど労働災害発生率が著しく高い状況にある。また、死亡災害については、伐木作業中に発生したものが半数以上を占めている。

⑤　第三次産業

第三次産業（交通運輸業、陸上貨物運送事業及び港湾貨物運送業を除く。以下同じ。）における労働災害は、労働者数の増加等を背景に近年微増の傾向にあり、死傷災害の４割に至っている。

業種別に見ると、卸売・小売業においては労働災害が多発し、また、社会福祉施設、通信業等においては増加している。さらに、産業廃棄物処理業等、労働災害発生率が他の業種と比べて高い業種も見られる。

(イ)　事業場規模別

事業場規模別の労働災害の発生状況は、死傷者数で見ると労働者数50人未満の事業場で全体の３分の２を占め、労働者数300人未満で全体の９割以上を占めている。

規模別の年千人率は、労働者数50人未満の事業場は、労働者数300人以上の事業場に比べて約２倍である。また、労働災害発生率の規模間格差は、必ずしも縮小していない。

(ウ)　年齢別

年齢別の労働災害の発生状況は、労働災害全体に占める高年齢労働者の割合で見ると、死亡災害、死傷災害がそれぞれ50歳以上の労働者では６割弱、４割強、60歳以上では３割弱、２割弱となっている。また、50歳以上の労働者の年千人率は20歳～49歳の労働者と比べて高い状況にある。今後、高年齢労働者数のさらなる増加が見込まれることから、高年齢労働者の安全衛生対策の充実が重要となる。

㈤ 事故の型別

事故の型別の労働災害の発生状況は、死亡災害では交通労働災害、墜落・転落災害が多く、死傷災害では墜落・転落災害、はさまれ・巻き込まれ災害及び転倒災害が多い。墜落・転落災害は建設業のほか、製造業、陸上貨物運送事業等においても多発している。また、一度発生すると深刻な被害を出すおそれのある爆発・火災災害も依然として発生している。

イ 労働者の健康を巡る状況等

㈠ 過重労働による健康障害及び精神障害の発生状況等

労働者の健康状況は、定期健康診断によると、脂質異常症、高血圧、糖尿病などに関連する所見を有する労働者が増加しており、およそ2人に1人が有所見という状況にある。

脂質異常症、高血圧、糖尿病などの基礎疾患を有した労働者に、業務による明らかな過重負荷が加わると、脳・心臓疾患を発症することがあり、近年、脳・心臓疾患に係る労災認定件数は年間300件を超え、高い水準で推移している。

また、平成14年厚生労働省実施の労働者健康状況調査によると、職業生活等において強い不安、ストレス等を感じる労働者は6割以上に上っている。さらに、業務による心理的負荷を原因とする精神障害等に係る労災認定件数は増加する傾向にあり、平成18年度は200件を上回っている。

㈡ 職業性疾病の発生状況

じん肺の新規有所見者は､長期的には大幅な減少が見られるものの、ここ数年は減少しておらず、今なお年間約250人発生している。

腰痛は、職業性疾病全体の6割を占めており、高年齢労働者の増加や介護関係業務の増大等により今後増加が懸念される。

振動障害及び騒音障害の労災認定件数は、長期的には減少しているものの、依然としていずれも年間300件以上となっている。

また、熱中症及び酸素欠乏症等により、依然として、毎年それぞれ

20人前後、10人前後の労働者が死亡している。

(ウ) 化学物質等による健康障害の発生状況

化学物質による職業性疾病は、年間約300件と横ばいが続いている。また、一酸化炭素などによる急性中毒で死亡する事案も依然として発生している。

石綿による肺がん及び中皮腫の労災認定件数は、平成18年度には約1,800件と増加している。また、今後も石綿を使用した建築物の解体作業等の増加が予想されることから、これらの作業に従事する労働者の石綿による健康障害の発生が懸念される。

(エ) 産業保健活動、健康づくり及び快適職場づくり対策に係る状況

定期健康診断の有所見率は年々増加し、また、過重労働による健康障害及び精神障害の労災請求・認定件数が増加している。これらの課題に対処するため、事業場における産業保健活動の一層の活性化が求められている。

また、労働力人口が減少する中で、高齢者や女性の就業率を高めていくことが国民的課題の一つになる中、すべての労働者を対象とした心身両面にわたる健康づくりや快適職場づくりはその重要性を増している。

さらに、たばこの規制に関する世界保健機関枠組条約の動向等を踏まえ、受動喫煙の防止対策を一層充実していくことも課題となっている。

ウ　安全衛生全般に関わる状況

(ア) 危険性又は有害性等の調査及びそれに基づく措置の実施状況等

近年の生産工程の複雑化、多様化に伴い、事業場内の危険性又は有害性の要因が多様化している。

このような状況に対応するためには、義務化された最低基準である労働安全衛生関係法令を遵守するのみならず、事業者が事業場における危険性又は有害性の特定、リスクの見積り、リスク低減措置の検討等を行い、それに基づく措置の実施を行う「危険性又は有害性等の調査等」の普及が必要であるが、その実施率は、人材不足、実施方法がわからない等を理由に、労働者数10人以上の事業場で約２割にとどまっている。

(イ) 安全衛生管理活動の状況

雇入れ時教育、作業内容変更時教育をはじめとする安全衛生教育の実施や、安全パトロール等の安全衛生活動は、低調になりつつある。

また、労働安全衛生マネジメントシステムを導入している事業場の割合は、労働者数10人以上の事業場で1割弱にとどまっている。

(ウ) 就業形態の多様化等の状況

短期間で事業場を変わることの多い派遣労働者、請負労働者、短時間労働者等の非正規雇用労働者が増加し、既に3人に1人が非正規雇用労働者となっており、経験年数が短い被災労働者の割合が増加している。

また、高齢化の進展等により、高年齢労働者の割合が今後ますます高まっていくことが予想される。

3 計画における安全衛生対策に係る基本的な考え方

本計画における安全衛生対策については、労働災害全体を減少させるためのリスク低減及び重篤な労働災害の防止という二つの観点から取り組むとともに、目標の設定、計画的な実施等により的確な推進を図ることとする。

(1) 労働災害全体を減少させるためのリスク低減対策の推進

死傷災害等の労働災害全体を一層減少させるため、事業場における危険性又は有害性の特定、リスクの見積り、リスク低減措置の検討等を行い、それに基づく措置の実施を行う「危険性又は有害性等の調査等」が広く定着することが必要であり、その取組を促進する。

(2) 重篤な労働災害を防止するための対策の充実

死亡災害等の重篤な労働災害の一層の減少を図るため、これらの労働災害が多く発生している作業、機械設備等について、労働災害防止対策の効果的な推進を図るとともに、その強化について検討し、必要な対策の充実を図る。

(3) 目標の設定、計画的な実施等による対策の的確な推進

最近の行政においては、計画的な行政運営、評価等が必要であり、平成19年度に批准された「職業上の安全及び健康を促進するための枠組みに関する条約（ILO第187号条約）」においても、同様な考え方が安全衛生の国内計画に求められているため、本計画については、目標の設定、評価等を

行うことにより的確な推進を図る。

4　計画の期間

本計画は、平成20年度を初年度とし、平成24年度を目標年度とする５か年計画とする。

ただし、この計画期間中に労働災害防止に関し、特別の事情が生じた場合は、必要に応じ計画の見直しを行うものとする。

5　計画の目標

⑴　目標

労働災害の防止並びに労働者の健康の確保及び快適職場の形成促進を図り、安全衛生水準の向上を期すために、次の目標を設定する。国、事業者、労働者をはじめとする関係者は、それぞれの立場で、目標達成に向けて積極的に取り組むこととする。

なお、平成24年までの間、これらの目標に向けた逐年での減少等を図る。

ア　死亡者数について、平成24年において、平成19年と比して20％以上減少させること。

イ　死傷者数について、平成24年において、平成19年と比して15％以上減少させること。

ウ　労働者の健康確保対策を推進し、定期健康診断における有所見率の増加傾向に歯止めをかけ、減少に転じさせること。

⑵　重点対策及びその目標

本計画において特に重点とすべき行政施策、それを踏まえて事業場で実施される安全衛生対策等について、以下のとおり定める。

ア　「危険性又は有害性等の調査等」について、作業内容等に即した具体的な実施方法の公表及びその普及、事業場内外の人材養成の促進等を図ることにより、その実施率を着実に向上させること。

イ　化学物質における「危険性又は有害性等の調査等」について、化学物質等安全データシート（以下「MSDS」という。）等を活用することにより、その実施率を着実に向上させること。

ウ　機械災害の防止について、労働災害が多発している又は重篤度の高い労働災害が発生しているなどの機械の種類ごとの安全対策の充実を検討し、必要な措置を講じることにより、機械災害の更なる減少を図ること。

エ　墜落・転落災害の防止について、災害が多い足場、建築物における作業、荷役に係る作業等における墜落・転落災害防止対策の充実について検討し、必要な措置を講じることにより、これらの作業での墜落・転落災害の更なる減少を図ること。

オ　粉じん障害の防止について、トンネル建設工事、アーク溶接作業、金属等の研ま作業等に係る粉じん障害防止対策を重点とした総合的な対策を推進することにより、じん肺新規有所見者数の減少を図ること。

カ　化学物質による健康障害の防止について、化学物質に係る有害業務における作業主任者の選任及び職務遂行の徹底、作業環境管理の徹底、安全衛生教育の促進を図るなど必要な措置を講ずることにより、特定化学物質及び有機溶剤による中毒、一酸化炭素中毒等の化学物質による職業性疾病の減少を図ること。

キ　労働者に対する健康診断について、労働者の自主的な取組を促進するとともに、「健康診断結果に基づき事業者が講ずべき措置に関する指針（平成８年健康診断結果措置指針公示第１号）」に基づく措置を徹底し、高齢者の医療の確保に関する法律（昭和57年法律第80号）に基づく医療保険者が行う措置とも連携することにより、健康診断結果等に基づく健康管理措置の実施率の着実な向上を図ること。

ク　メンタルヘルスについて、過重労働による健康障害防止対策を講じた上で、労働者一人ひとりの気づきを促すための教育、研修等の実施、事業場内外の相談体制の整備、職場復帰対策等を推進することにより、メンタルヘルスケアに取り組んでいる事業場の割合を50％以上とすること。

6　計画における労働災害防止対策

(1)　自主的な安全衛生活動の促進

ア　「危険性又は有害性等の調査等」の実施の促進

(ア)　中小規模事業場に対する支援、担当者の養成等の促進

「危険性又は有害性等の調査等」の適切な実施の促進を図るため、中小規模事業場を重点とした専門家による指導、中小規模事業場や特定の業種等における典型的な作業等に係るマニュアル等の作成を行う

とともに、業界団体による普及活動の支援等を行う。

事業場における担当者の養成、事業場の担当者への指導等を行う専門的人材の養成を促進する。

(イ) 機械の製造者、化学物質の譲渡・提供者等による情報提供の促進

機械については、製造者が「危険性又は有害性等の調査等」を実施し、対策を講じた機械への表示及び機械の譲渡時における「危険性又は有害性等の調査等」の結果を含む使用上の情報の提供を促進する制度について検討を行う。

化学物質については、MSDSの交付による化学物質の危険有害性情報等の提供や化学設備等の改造等の作業を外注する際の注文者による請負業者への情報の提供の徹底を図る。

(ウ) 「危険性又は有害性等の調査等」の実施促進のための情報の提供等の推進

「危険性又は有害性等の調査等」が効果的に実施されるように、労働災害事例、安全衛生に係る活動事例・改善事例等の情報の提供を推進する。

また、「危険性又は有害性等の調査等」を前提とした労働安全衛生関係法令の適用の柔軟化等の検討を行う。

イ　労働安全衛生マネジメントシステムの活用等

「危険性又は有害性等の調査等」の実施とともに、労働安全衛生マネジメントシステムの自主的な導入を促進し、労働災害の防止を図る。

厚生労働省が定めた「労働安全衛生マネジメントシステムに関する指針（平成11年労働省告示第53号）」にそった業種別団体等による自主的なマニュアルの作成を促進する。

さらに、労働安全衛生マネジメントシステムの実施等を要件とした計画届の免除認定制度の一層の周知等を図る。

公共事業等の調達制度において労働安全衛生マネジメントシステム等安全衛生に関する取組を評価する制度の発注者における導入を促進する。

ウ　自主的な安全衛生活動促進のための環境整備等

(ア) 企業において安全衛生が優先される環境の整備の促進

労働者の安全と健康を最優先する「安全文化」について、企業トッ

プをはじめ企業全体への浸透を図る。

企業間取引等において積極的な安全衛生対策の取組が考慮されるなど、安全衛生への積極的な取組が社会的に評価される仕組みについて検討を行う。

また、就業前の学生、労働者の家族等をはじめ、広く国民一般に対して安全衛生の重要性の認識を高めるための広報等を推進する。

(イ) 安全衛生委員会等の活性化等の促進

安全衛生委員会等における「危険性又は有害性等の調査等」、安全衛生に係る計画の作成・実施・評価・改善等に関する事項の調査審議の徹底を図り、安全衛生委員会等の活性化を促進する。

低調になりつつある安全パトロール等の日常的な安全衛生活動の充実を促進する。

自主的な安全衛生活動を促進するため、安全衛生情報の提供の充実を図る。

事業場における労働災害の記録の制度化を図り、これらの記録を活用した再発防止対策の徹底を図る。

エ 情報の共有化の推進等

労働災害事例、化学物質の危険有害性等の情報を広く提供し、関係者がこれらの情報を共有できるようにすること等により、企業等における労働災害防止対策の充実を図るとともに、労働災害防止の重要性等について国民、企業の認識を高め、業界団体、企業等の積極的な労働災害防止活動への取組を促進する。

(2) 特定災害対策

ア 機械災害防止対策

(ア) 機械の設計段階等での「危険性又は有害性等の調査等」の実施促進等

労働安全衛生法第28条の2の規定及び「機械の包括的な安全基準に関する指針（平成19年7月31日付け基発第0731001号）」に基づき、機械の設計、製造及び使用段階における機械の「危険性又は有害性等の調査等」の実施を促進する。機械の譲渡時における「危険性又は有害性等の調査等」の結果を含む使用上の情報の提供を促進する。

機械の製造者がこれらの取組を行った場合の機械への表示、譲渡時における使用上の情報の提供等を促進する制度について検討を行う。

(イ) 労働災害多発機械等の対策の充実

労働災害が多発している、又は重篤度の高い労働災害が発生しているなどの機械について、機械の種類ごとの安全対策の充実について検討を行い、必要な措置を講じる。

(ウ) 構造規格の計画的な見直し

技術の進展、性能規定化等の観点から、機械等の構造規格の見直しを計画的に行う。

イ 墜落・転落災害防止対策

(ア) 足場先行工法、手すり先行工法の普及

足場の組立・解体作業における手すり先行工法、木造家屋等低層住宅建築工事を対象にした足場先行工法の普及を図る。

(イ) 足場からの墜落・転落災害防止対策の充実

検討を進めている足場からの墜落防止措置に関する新たな安全対策に基づく墜落・転落災害防止対策について、周知徹底を図る。

(ウ) 建築物、車両等からの墜落・転落災害の防止対策の充実

建設業以外でも発生している建築物や荷役作業中の車両等からの墜落・転落災害の防止対策の充実について検討を行い、必要な措置を講じる。

ウ 交通労働災害防止対策

(ア) ガイドラインの徹底等

運転実態と労働災害発生の関係に関する調査結果を踏まえ、交通労働災害防止のためのガイドラインの周知徹底等を図る。

(イ) リアルタイム遠隔安全衛生管理手法の開発・普及

IT技術を活用してトラックの走行状況をリアルタイムに把握し、運転者に必要な安全衛生管理のための指示を行う「リアルタイム遠隔安全衛生管理手法」を開発し、その成果の普及を図る。

(ウ) 関係行政機関との連携

国土交通省、警察庁等関係行政機関との連携を図り、交通労働災害防止対策の徹底を図る。

エ 爆発・火災災害防止対策

ガス、蒸気及び粉じんに起因する爆発・火災災害については、労働安

全衛生関係法令に定める措置の徹底を図るとともに、MSDS等を活用した、化学物質に係る「危険性又は有害性等の調査等」の普及促進を図る。

⑶　労働災害多発業種対策

ア　製造業対策

㋐　「危険性又は有害性等の調査等」の実施促進

広く「危険性又は有害性等の調査等」の適切な実施の促進を図る。特に、中小規模事業場を重点とした専門家による指導、中小規模事業場における典型的な作業等に係るマニュアル等の作成、業界団体による普及活動の支援等を行う。

㋑　機械災害、墜落・転落災害等の労働災害多発分野における対策の徹底

労働災害が多発している機械等の安全対策、建築物等からの墜落・転落災害の防止対策等の充実について検討を行い、必要な措置を講じる。

㋒　IT技術を活用した安全衛生管理手法の普及促進

団塊の世代の大量退職に伴う安全衛生分野の知識、技術、ノウハウの喪失、労働者の熟練度の低下等に対応するため、PDA（個人用の携帯端末）、ICタグ等のIT技術を活用して安全衛生の確保のための情報提供、警告等を可能とする「IT技術を活用した安全衛生管理手法」の普及促進を図る。

㋓　就業形態の多様化等に対する対応

雇入れ時等の安全衛生教育を徹底するとともに、経験年数が短い労働者等作業に慣れていない者に対して、実際の機械等を使用して労働災害を模擬的に実体験させること等を通じて作業における危険に対する感受性を向上させる危険感受性向上教育を推進する。

請負労働者等が混在する作業での労働災害の発生を防止するため、作業間の連絡調整をはじめとする法令及び「製造業における元方事業者による総合的な安全衛生管理のための指針（平成18年8月1日付け基発第0801010号）」に基づく措置の周知徹底を図る。

また、化学物質を製造し、又は取り扱う設備の改造等の作業の際の労働災害を防止するため、注文者による請負業者への情報提供の徹底

や注文者、事業者等が行う非定常作業時の安全衛生対策の徹底を図る。

派遣労働者については、関係法令に基づく派遣元・派遣先の措置義務の履行の徹底を図る。

イ　建設業対策

(ア)　元方事業者による統括管理の充実

重層的な請負構造が見られる建設業における労働災害を防止するため、引き続き、元方事業者による統括安全衛生管理の徹底を図る。特に、中小地場総合工事業者の現場においては、大手総合工事業者の現場に比べて労働災害発生率が高いことから、その指導力の向上等を図る。

(イ)　専門工事業者の安全衛生管理能力等の向上

専門工事業者の自律的な安全衛生管理能力の向上を図るため、専門業種別のマニュアルの活用等により、「危険性又は有害性等の調査等」の適切な実施の促進等を図る。

(ウ)　発注者による安全衛生への配慮の促進

建設工事の発注者による安全衛生への配慮の促進として、安全衛生対策経費の確保や公共事業等の調達制度において労働安全衛生マネジメントシステム等に対する取組を評価する制度の導入促進等を図る。

(エ)　墜落・転落災害防止対策等の強化等

木造家屋等低層住宅建築工事を対象とした足場先行工法、足場の組立・解体作業における手すり先行工法の普及を図るとともに、足場からの墜落・転落災害防止対策の周知徹底を図る。また、建築物の開口部、梁等からの墜落、スレート屋根の踏み抜きなどによる墜落・転落災害防止対策等、労働災害が多発している作業等の安全対策の充実について検討を行い、必要な措置を講じる。

建設機械災害防止対策として、クレーン機能付きドラグ・ショベルの一層の普及、危険検知システムの工事現場への普及、転倒時等の運転者防護措置の導入等を促進する。

土砂崩壊災害防止対策として、発注者に対して、「土止め先行工法ガイドライン（平成15年12月17日付け基安発第1217001号）」に基づく工法を採用するよう要請することにより、土止め先行工法の一層の普及定着を図る。

ウ　陸上貨物運送事業対策

㈠　交通労働災害防止対策の推進

交通労働災害防止のためのガイドラインの周知徹底等を図る。

「リアルタイム遠隔安全衛生管理手法」を開発し、その成果の普及を図る。

国土交通省、警察庁等関係行政機関との連携を図り、交通労働災害防止対策の徹底を図る。

交通労働災害防止のための安全な運行について、荷主関係者とトラック事業者との連携を促進する。

㈡　荷役作業に係る墜落・転落災害等防止対策の強化

作業ごとのマニュアルの活用等により、「危険性又は有害性等の調査等」の適切な実施を促進する。

荷役作業中のトラック等からの墜落・転落災害防止対策の充実について検討し、必要な措置を講じる。

エ　林業対策

作業ごとのマニュアルの活用等により、「危険性又は有害性等の調査等」の普及促進を図る。

死亡災害が多発しているかかり木の処理作業等の安全対策の充実について検討を行い、必要な措置を講じる。

近年導入されている高性能林業機械等の大型林業機械について、安全対策の周知徹底を図る。

オ　第三次産業対策

㈠　労働災害多発業種等の対策の推進

卸売・小売業、社会福祉施設、廃棄物処理業等の労働災害の多発している業種、増加している業種、労働災害発生率の高い業種等について、業種別モデル安全衛生管理規程、労働災害防止のためのガイドライン等を活用した対策を推進する。

㈡　「危険性又は有害性等の調査等」の実施促進

「危険性又は有害性等の調査等」について、中小規模事業場を重点とした専門家による指導、中小規模事業場における典型的な作業等に係るマニュアル等の作成、業界団体による普及活動の支援等を行う。

㈢　交通労働災害防止対策の推進

交通労働災害防止対策のためのガイドライン等の周知徹底を図るとともに、運転者教育の実施について必要な支援、援助等を行う。

㈣ 労働災害事例等を活用した自主的な安全衛生活動の促進

労働災害事例等の安全衛生情報の公開を進めるとともに、これらの情報を活用した自主的な安全衛生活動を促進する。

カ その他の業種対策

港湾貨物運送事業、鉱業その他の労働災害発生率の高い業種についても、引き続き積極的に業種の実態等を踏まえた労働災害防止対策を推進する。

⑷ 職業性疾病（石綿及び化学物質関係を除く。）等の予防対策

ア 粉じん障害防止対策

対策の見直しが行われたトンネル建設工事やじん肺新規有所見者が多く発生しているアーク溶接作業、金属等の研ま作業等に係る粉じん障害防止対策を重点として、粉じん障害の実態を踏まえた総合的な対策を推進する。

トンネル建設工事については、工事に従事する労働者への粉じんへのばく露を低減するため、坑の大きさ等に応じた効果的な換気の実施、「ずい道等建設工事における粉じん対策に関するガイドライン（平成12年12月26日付け基発第768号の２）」方式の粉じん濃度測定及びこの測定結果に基づく換気装置の風量の増加等必要な措置の実施、コンクリート等を吹き付ける場所における作業等での電動ファン付き呼吸用保護具の使用、適切な発破退避時間の確保等の対策の徹底を図る。

また、個人サンプラーによる粉じん濃度測定方法等についての調査研究を行い、その成果を踏まえて粉じんばく露低減対策の検討を行う。

イ 腰痛予防対策

腰痛の発生が多い介護作業等を重点に、適切な介護用機器の導入等腰部への負担を軽減する具体的手法を検討し、「職場における腰痛予防対策指針（平成６年９月６日付け基発第547号）」の必要な見直しを行い、その周知徹底を図る。

事業者及び労働者に各作業の腰痛危険度を具体的に認識させる手法の検討を行い、その普及促進を図る。

ウ 振動・騒音障害防止対策

振動障害の防止については、振動工具の振動のレベルに応じた作業時間基準に基づく作業管理等を含めた振動障害防止対策の普及促進を図る。また、振動工具の使用者が的確に振動レベル等の情報を把握することができるよう、製造者等による振動工具への振動レベルの表示の促進を図る。

騒音障害の防止については、騒音レベルの低減化の推進等「騒音障害防止のためのガイドライン（平成4年10月1日付け基発第546号）」に基づく作業環境管理等の徹底を図る。

エ　熱中症予防対策及び酸素欠乏症等防止対策

熱中症の予防については、具体的な対策についての検討を行い、ガイドラインとしてまとめるとともに、その対策の普及を図る。また、熱中症が多く発生している業種、時期等を重点とした対策の普及促進を図る。

酸素欠乏症等の防止については、酸素欠乏危険場所であることの認識の向上、作業内容等に応じた手順の確認等、その防止対策の徹底を図る。

オ　その他の職業性疾病等の予防対策

電離放射線障害の防止については、被ばくの低減化等の対策の徹底を図る。

VDT作業における健康障害の防止については、引き続き「VDT作業における労働衛生管理のためのガイドライン（平成14年4月5日付け基発第0405001号）」の周知徹底を図る。

今後発生が危惧されている新型インフルエンザ等の新たな伝染性の疾病については、関係機関との連携のもと、発生に備えた危機管理体制の構築を推進する。

(5)　石綿障害予防対策

ア　全面禁止の徹底等

製造等の全面禁止の措置の徹底を図る。なお、例外的に全面禁止の措置が猶予されている特殊な用途の石綿製品については、安全の確保に配慮しつつ非石綿製品への代替化を促進し、当該猶予措置を撤廃する。

イ　解体作業等におけるばく露防止対策の徹底

建築物の解体作業や建築物に吹き付けられた石綿等の損傷等による労働者のばく露防止対策の徹底を図る。また、吹付け石綿等の除去作業における電動ファン付き呼吸用保護具の使用の義務付けなど石綿ばく露防止対策等の充実についての検討を行い、必要な措置を講じる。

ウ　離職者の健康管理対策の推進

交付要件の見直しが行われた石綿に係る健康管理手帳について、広くその周知を図るとともに、診断技術の向上を図り、健康診断実施医療機関の拡大を行うなど、健康診断の実施体制を整備し、労働者の離職後の健康管理措置を適切に推進する。

さらに、職業性間接ばく露者に係る離職後の健康管理の在り方についての検討結果を踏まえ、必要な措置を講じる。

(6)　化学物質対策

ア　化学物質による労働災害の防止対策

(ア)　危険性又は有害性等の調査等の普及促進

MSDS等を活用した化学物質に係る「危険性又は有害性等の調査等」の普及促進を図る。このための基盤として、危険性又は有害性があるとされている物質について、海外の動向も踏まえ、計画的に化学品の分類及び表示に関する世界調和システム（GHS）に基づく分類を行い、モデルMSDSの作成を行うとともに、表示対象物質及び文書交付対象物質の拡大について検討し、その推進を図る。また、事例集の作成、研修の実施、モデル事業場の選定等の支援を行う。

(イ)　化学物質による健康障害防止に係る措置の徹底

特定化学物質、有機溶剤、一酸化炭素等の化学物質による健康障害を防止するため、作業主任者の選任及び職務遂行の徹底等、法令に定める措置の徹底を図るとともに、安全衛生教育の促進を図るなど、必要な措置を講ずる。

(ウ)　作業環境管理の一層の推進

作業環境中の種々の有害要因を取り除いて良好な作業環境を確保するため、適切に作業環境測定を行い、結果の評価を行うとともに、その評価結果に基づき、事後措置を徹底することにより、作業環境管理の一層の推進を図る。

イ　化学物質管理対策

(ア)　リスク評価に基づく化学物質管理の一層の推進

発がんのおそれがある物質等については有害物ばく露作業報告制度等に基づき、国においてリスク評価を行い、リスクが高いとされた化学物質等については順次規制を行うとともに、規制と自主管理の適切な組合せによる化学物質管理を一層推進する。

新規化学物質の有害性調査や、国による有害性調査の結果、動物に対する発がん性等が判明した物質については、健康障害を防止するための対策について指導を行う。

(イ) 国際動向を踏まえた化学物質管理の在り方の検討及びその推進

化学物質管理については、全世界的な課題として捉え、国際的な協調の下で進められる動きもある。

よって、化学物質管理の在り方については、2002年の持続可能な開発に関する世界サミット（WSSD）における長期的な化学物質管理に関する国際合意、その目標実現のための「国際的な化学物質管理のための戦略的アプローチ（SAICM）」、「化学物質の登録、評価、認可及び制限に関する規制（REACH）」等の国際的な動向を踏まえ、官民の役割分担を含め検討を行い、対応を進める。

(7) メンタルヘルス対策及び過重労働による健康障害防止対策

ア メンタルヘルス対策

職場におけるメンタルヘルス対策について、労働者のメンタルヘルス不調に対する早期の気づき等を促すための教育、研修等の実施を促進するとともに、相談体制の整備、事業場外資源との連携の促進、職場復帰のための対策の推進を図る。

メンタルヘルス対策及び職場復帰のための対策に取り組み、成果をあげている事業場の事例を収集し、分析を行うことにより、他の事業場においても取組が可能な具体的かつ効果的な手法の検討を行い、その普及を図る。

精神障害に関する労災認定事案等について、再発防止の検討を中心とした調査を実施し、これらの調査結果を活用した再発防止対策の徹底を図る。

さらに、自殺対策基本法（平成18年法律第85号）に基づく取組が政府一体となって推進されているところであるが、職場におけるメンタルヘルス対策は労働者の自殺の予防にも資するという観点から、メンタルヘルス対策を通じた自殺予防の一層の推進を図る。

(ア) 相談体制の整備

職場の相談体制を強化するため、すべての事業場において事業場内の管理監督者や産業保健スタッフに対し、労働者のメンタルヘルス不調についての気づき、職場環境等の把握と改善及び相談対応、個人情報の保護、うつ病等の早期発見・早期治療に係る教育、研修を促進することにより、事業場内相談体制の整備を図る。

また、職場においてメンタルヘルスの不調を感じた労働者がいつでも相談できるようにするため、メンタルヘルス相談担当者の配置や事業場外資源の有効な活用についての啓発指導を行う。

(イ) 事業場外資源との連携の促進

事業場外資源であるメンタルヘルス相談の専門機関について、一定の要件を満たしたものについて登録・公表することにより、メンタルヘルスに係る優良な事業場外資源の確保を図り、その利用を促進する。

長時間労働者に対する面接指導、メンタルヘルスの相談、周囲の気づきなどを端緒としてメンタルヘルス不調者が発見された場合において、迅速に医療機関や専門相談機関に取り継がれるような仕組みを構築し、積極的な利用の促進を図る。

(ウ) 職場復帰のための対策の推進

厚生労働省が平成16年に作成した「心の健康問題により休業した労働者の職場復帰支援の手引き」を充実し、円滑な職場復帰が図られるよう対策を推進する。

職場復帰については産業医と精神科医の連携が不可欠であるため、産業医と精神科医のネットワークの強化を図る。

イ 過重労働による健康障害防止対策

(ア) 長時間労働の抑制

長時間にわたる過重な労働は疲労の蓄積をもたらす最も重要な要因と考えられ、脳・心臓疾患の発症との関連性が強いという医学的知見を踏まえ、長時間にわたる過重な労働を排除するため、時間外・休日労働の削減、年次有給休暇の取得促進などの労働時間等の設定の改善により、長時間労働を容認しない社会的気運を醸成する。また、過重労働による業務上の疾病が発生した場合の原因究明及び再発防止対策の徹底を図る。

(イ) 面接指導の徹底等

長時間労働による疲労の蓄積が認められる者に対し、すべての事業場において医師による面接指導及びその結果に基づく措置の徹底を図るため、産業医の選任義務を有する事業場における事後措置までの実施の徹底を図るとともに、産業医の選任義務のない労働者数50人未満の事業場においても面接指導及びその結果に基づく措置が適切に実施されるよう、地域産業保健センターにおける面接指導の実施体制を整備し、その活用を促進する。

(8) 産業保健活動、健康づくり及び快適職場づくり対策

ア 産業保健活動の活性化

(ア) 産業医等の選任等の徹底

労働者の健康の確保を図る上で、産業医や衛生管理者等の活動が重要であることから、その選任による労働衛生上の効果を十分に説明すること等により、産業医や衛生管理者等の選任及び職務遂行の徹底を図る。

(イ) 産業保健活動の充実

産業医等の産業保健スタッフに対する研修や相談等を実施する産業保健推進センター及び労働者数50人未満の事業場に対する産業保健サービスを提供する地域産業保健センター事業の有効活用や、その連携を図ることにより、地域における産業保健活動の活性化を図る。

メンタルヘルス、過重労働等産業保健を巡る課題が多様化していることから、産業医に対する研修の充実を図ること等により、職業性疾病に加えて過重労働、メンタルヘルス、生活習慣病等幅広い課題に対する産業医活動の促進を図る。

事業場における産業保健活動の展開には、産業医が保健師等の産業保健スタッフと連携して活動する必要があることから、保健師等の産業保健スタッフの積極的な活用及び連携の促進を図る。

これらの取組に加え、地域・職域連携推進協議会を活用した地域保健との連携強化及び高齢者の医療の確保に関する法律に基づく医療保険者が行う措置との連携を図りつつ、健康診断の実施及びその結果に基づく健康管理の徹底を図る。この際、労働者が、事業者の行う健康診断を受診するとともに、健康診断の結果及び保健指導を利用して、その健康の保持に努めるよう、普及啓発を行う。

イ　健康づくり対策

すべての労働者を対象とした心身両面にわたる健康づくりのため、中小規模事業場においても取り組みやすいような仕組みとするために改正した「事業場における労働者の健康保持増進のための指針（昭和63年健康保持増進のための指針公示第１号）」に基づき、健康づくり対策に係る目標の設定と評価の明確化及びその計画的な推進等による健康づくりの一層の普及・定着を図る。

なお、その推進に当たっては、地域・職域連携推進協議会を活用した地域保健との連携強化及び高齢者の医療の確保に関する法律に基づく医療保険者が行う措置との連携を図る。

ウ　快適職場づくり対策

(ア)　職場の快適化の推進

これまでの空気環境や温熱条件等に対するハード面の対策にとどまらず、職場の人間関係などのソフト面の観点から職場の快適化に資する方法・手段について調査研究を行い、総合的な快適職場づくりに向けた快適職場指針の見直しについての検討を行う。

(イ)　受動喫煙防止対策の推進

受動喫煙による健康への影響についての周知、受動喫煙防止のための効果的な手法の普及等により、適切な受動喫煙防止対策の徹底を図る。また、国内外の情勢等を踏まえつつ、受動喫煙の防止対策の充実についての検討を行う。

(9)　安全衛生管理対策の強化について

ア　安全衛生教育の効果的な推進等

(ア)　雇入れ時等の安全衛生教育の徹底等

経験年数が短い労働者が被災する労働災害の割合が増加していること等を踏まえて、雇入れ時や作業内容変更時等の安全衛生教育の徹底を図るとともに、危険感受性向上教育の促進を図る。

(イ)　熟練労働者からの知識、技能等の伝承の促進

団塊の世代の大量退職等により、安全衛生分野の知識、技術、ノウハウの喪失が懸念されること等から、「IT 技術を活用した安全衛生管理手法」の普及促進等を図る。

(ウ)　安全衛生担当者の能力向上と評価等

安全管理者等の安全衛生担当者の能力向上教育を促進する。また、安全衛生担当者の能力の自主的な第三者による評価等により、安全衛生担当者の能力の向上・評価及び活動の活性化を図る。

(エ)　「危険性又は有害性等の調査等」に係る人材養成の促進

「危険性又は有害性等の調査等」の普及促進のため、事業場内の担当者の養成、事業場担当者への指導等を行う専門的人材の養成を促進する。

イ　中小規模事業場対策の推進

中小規模事業場に対して、あらゆる機会を利用して安全衛生に対する認識の向上を図るとともに、中小規模事業場を対象とした安全衛生対策の普及、そのための支援等を推進する。

また、安全衛生対策を実施するための環境づくりなどのための内部人材の養成、外部の人材・機関の活用の促進、情報の提供等を推進する。これらについては、中小規模事業場が協力して、集団的に取り組むことが有効であることから、その促進を図る。

(ア)　注文者の安全衛生面の配慮の促進等

中小規模事業場では、他の企業からの注文による生産等を行っている場合が多く、注文者が注文に当たって受注事業者の安全衛生の状況に配慮することは、受注事業者の安全衛生に対する認識、安全衛生水準の向上に資することから、好事例の収集、提供等によりその促進を図る。

(イ)　中小規模事業場を対象とした安全衛生対策の普及等

中小規模事業場が多い労働災害多発業種等に対して、多発災害の防止対策の徹底を図るとともに、中小規模事業場向けの安全衛生対策として、中小規模事業場において「危険性又は有害性等の調査等」の適切な実施を促進するためのマニュアルの作成、中小規模事業場でも取り組みやすい仕組みとなった健康づくり対策の普及・定着、化学物質の管理を担当する者の能力向上等を図る。

これらの対策の推進のため、中小規模事業場における基本的な安全衛生対策の実施、ノウハウの蓄積等のための集団的な取組に対する支援、「危険性又は有害性等の調査等」の実施、健康づくり対策の推進等自主的な安全衛生対策に対する支援等を行う。

労使による労働災害防止活動を推進するという観点から、労災防止指導員を効果的に活用することにより、中小規模事業場等における安全衛生管理の向上を図る。

(ウ) 中小規模事業場における内部人材の養成等

「危険性又は有害性等の調査等」の適切な実施のための事業場における担当者の養成、管理監督者に対するメンタルヘルス教育の実施等、中小規模事業場の安全衛生対策を推進するための事業場内の人材の養成を促進する。

安全衛生に関する人材の確保が困難な中小規模事業場における安全衛生水準の確保・向上を図るため、外部の専門機関等による安全衛生業務の代行等についての検討を行う。

(エ) 情報提供の推進

労働災害事例等の安全衛生情報の提供を進めるとともに、これらの情報を活用した自主的安全衛生活動の促進を図る。

ウ 就業形態の多様化等に対する対策

(ア) 雇入れ時等の安全衛生教育の徹底・危険感受性向上教育の促進

派遣労働者、請負労働者及び短時間労働者に係る労働災害の防止を図るため、雇入れ時や作業内容変更時等の安全衛生教育の徹底及び危険感受性向上教育の促進を図る。

(イ) 製造業の元方事業者による作業間の連絡調整等の徹底

製造業の事業場において、請負労働者等が混在する作業での作業間の連絡調整をはじめとする法令及び「製造業の元方事業者による総合的な安全衛生管理のための指針」に基づく措置の周知徹底を図る。

また、派遣労働者については、関係法令に基づく派遣元・派遣先の措置義務の履行の徹底を図る。

エ 高年齢労働者対策等の推進

高年齢労働者の活用、雇用機会の確保に伴い、高年齢労働者の安全と健康の確保が重要となっていることから、事業場における対策の推進に当たって必要な取組事例の収集、身体的特性等についての調査研究及びその結果の提供等を労使とも連携しつつ推進する。また、地域保健で実施されるサービス及び高齢者の医療の確保に関する法律に基づく医療保険者が行う措置との連携を図りつつ、事業場の健康づくりの一層の普及・定着を図る。

また、母性保護の見地から、妊産婦の危険有害業務の就業制限の徹底を図る。

(ア) 作業環境等の改善等に係る対策の普及

高年齢労働者の身体的特性に配慮した安全衛生対策は、すべての労働者の労働災害防止にも資するものであり、一層の推進が必要である。このため、高年齢労働者の身体的特性に配慮した作業環境、作業方法等の改善及び快適職場の形成等を促進するとともに、これらの当該取組事例の収集及び公表を推進する。

(イ) 高年齢労働者の身体的特性等についての調査研究の推進等

高年齢労働者の身体的特性等についての調査研究等を推進し、その結果等を広く提供することにより、事業場における高年齢労働者に配慮した安全衛生対策の実施の促進を図るとともに、これらの成果も踏まえて、効果的な高年齢労働者の安全衛生対策等についての検討を行う。

オ グローバル化への対応

(ア) 国際動向を踏まえた対策の推進

諸外国、国際機関等において、安全衛生に関する新たな知見が得られた場合、新たに規制が行われた場合等に、情報を速やかに把握し、必要な対応を迅速・的確に実施する。

(イ) 国際協力、協調的な取組の推進

独立行政法人国際協力機構（JICA）等の関係機関と連携しつつ、アジア圏を重点とした安全衛生分野の国際協力を積極的に推進する。また、労働安全衛生マネジメントシステムに関し、諸外国との協調的な取組を推進する。

(ウ) 外国人労働者対策の推進

日本の安全衛生関係情報を外国語で提供すること等により、コミュニケーションギャップの解消等の対策を推進する。

(10) 効率的・効果的な施策の推進について

ア 労働安全衛生研究の促進

安全衛生対策は、常に国内外の最新の知見に基づいて推進していく必要があることから、労働安全衛生に関する調査研究機関等と協力し、労働災害防止、職業性疾病予防等に関する調査研究、労働災害の調査・分析、国内外の情報の収集等を行い、これによって得られた知見に基づいて安全衛生対策の充実・強化を図るとともに、広く安全衛生分野の研究の振興を図る。

イ　地域における労働災害多発業種等対策の推進

都道府県労働局及び労働基準監督署において、地域の産業構造等により労働災害が多発している業種や中小規模事業場集団等がある場合には、それらを重点対象として計画的かつ効果的に労働災害防止対策を推進することにより、労働災害の減少を図る。

ウ　関係機関との連携等

(ア)　労働災害防止団体等の活動の促進

労働災害防止団体等の安全衛生関係団体が、事業場等のニーズを踏まえた有効な支援サービスの開発を進める等、独自に行う安全衛生活動を推進することを促進する。

特に、労働災害防止団体が、関係業種の実態を踏まえ、本計画等を踏まえた効果的な事業展開を図るため、各関係業種別の目標を含む計画を策定し、「危険性又は有害性等の調査等」の普及促進等、中小規模事業場への安全衛生対策の普及に配慮しつつ労働災害防止活動に取り組むことを促進する。

(イ)　関係行政機関との連携

交通労働災害防止対策、石綿障害予防対策等については、安全、環境、健康等の他の行政施策との連携によって、効果的に推進することができる場合が多いことから、厚生労働本省、都道府県労働局、労働基準監督署のそれぞれの段階において、他の関係行政機関との緊密な連携を図る。

エ　各対策の効果の分析・評価等

本計画に基づいて実施する対策の進捗状況、成果、目標の達成状況等について評価を行うとともに、その結果を踏まえて対策の内容、手法等について適宜見直しを行う。

改訂版　Q & A ⑩で学ぶ
建設工事の安全衛生管理

2008年11月20日　第1版第1刷発行
2012年9月10日　第2版第1刷発行

編　著　建設工事安全技術研究会

発行者　松　林　久　行

発行所　株式会社大成出版社

東京都世田谷区羽根木1—7—11
〒156-0042　電話(03)3321—4131(代)
http://www.taisei-shuppan.co.jp/

印刷　亜細亜印刷

ISBN 978-4-8028-3068-3